15일에 완성하

바빠
중학수학
특강

# 바쁜 중학생을 위한

$y=ax+b$

# 빠른 일차함수

이지스에듀

지은이 | 징검다리 교육연구소, 임영선

징검다리 교육연구소는 바쁜 친구들을 위한 빠른 학습법을 연구하는 이지스에듀의 공부 연구소입니다. 아이들이 기계적으로 공부하지 않도록, 두뇌가 활성화되는 과학적 학습 설계가 적용된 책을 만듭니다.

임영선 선생님은 교학사와 천재교육에서 중고등 수학 교과서와 참고서를 기획, 개발했고 디딤돌, 개념원리, 비상교육 등에서 중고등 수학 참고서를 집필, 검토한 수학 전문가이다. 2011년도부터 수능 연계 교재인 'EBS 수능특강', 'EBS 수능완성' 등의 책임 편집자로 활동하고 있다. 또한 조카에게 직접 중학수학을 가르치며 느꼈던 지도 노하우와 수학 교재를 개발한 노하우를 집대성해 《바쁜 중학생을 위한 빠른 일차방정식》과 《바쁜 중학생을 위한 빠른 일차함수》를 집필하였다.

**바빠 중학수학 특강** — 15일에 완성하는 영역별 연산 프로그램
## 바쁜 중학생을 위한 빠른 일차함수

초판 1쇄 발행 2024년 5월 30일
초판 2쇄 발행 2024년 7월 25일
지은이 징검다리 교육연구소, 임영선
발행인 이지연                            제조국명 대한민국
펴낸곳 이지스퍼블리싱(주)
출판사 등록번호 제313-2010-123호
주소 서울시 마포구 잔다리로 109 이지스빌딩 5층(우편번호 04003)
대표전화 02-325-1722                   팩스 02-326-1723
이지스퍼블리싱 홈페이지 www.easyspub.com   이지스에듀 카페 www.easysedu.co.kr
바빠 아지트 블로그 blog.naver.com/easyspub   인스타그램 @easys_edu
페이스북 www.facebook.com/easyspub2014   이메일 service@easyspub.co.kr

본부장 조은미   기획 및 책임 편집 박지연 | 김현주, 정지연, 이지혜   교정 교열 서은아, 정혜선
표지 및 내지 디자인 손한나   그림 김학수   전산편집 이츠북스   인쇄 보광문화사   독자지원 오경신, 박애림
**영업 및 문의** 이주동, 김요한(support@easyspub.co.kr)   마케팅 박정현, 한송이, 이나리

ISBN 979-11-6303-585-5 53410
가격 16,800원

• **이지스에듀**는 이지스퍼블리싱(주)의 교육 브랜드입니다.
  (이지스에듀는 학생들을 탈락시키지 않고 모두 목적지까지 데려가는 책을 만듭니다!)

# " 펑펑 쏟아져야 눈이 쌓이듯, 공부도 집중해야 실력이 쌓인다. "

### 바쁜 중학생을 위한 최고의 수학 특강 교재!
### 명강사들이 적극 추천하는 '바쁜 중학생을 위한 빠른 일차함수'

중학함수를 본격적으로 배우는 '일차함수' 단원을 개념 이해와 적용 훈련을 통해 쉽게 익히도록 구성되어 있습니다. 이 책을 통해 중학수학에 대한 두려움을 떨치고 수학 실력이 한층 더 향상되리라 생각되어 강력 추천합니다.

박지현 원장 | 대치동 현수학학원

고등수학의 꽃이라고 불리는 함수의 초석을 다지는 첫 번째 단원이 바로 중학수학의 '일차함수'입니다. 일차함수는 이차함수, 삼차함수로 이어지는 기초 개념이기 때문에 잘 익혀 두는 것이 중요합니다. 중학수학 심화 문제집을 풀기 전, 이 책을 꼭 풀 것을 권합니다.

최영수 원장 | 대치동 수학의 열쇠 본원

중학수학 학기별 연산 책은 많지만, 취약한 영역만 집중하여 연습할 수 있는 책이 없어서 아쉬웠어요. 그래서 '바빠 중학 일차함수' 출간이 무척 반갑습니다. 학원에서도 '일차함수'만 단기간에 완성할 수 있는 특강 교재가 필요했는데 이 책이 안성맞춤이네요.

정경이 원장 | 꿈이있는뜰 문래학원

함수가 어렵다고 말하는 아이들은 함수에 대한 기억이 조각조각 되어 있는 경우가 많습니다. 이 책은 조각난 기억의 함수 퍼즐을 하나로 딱 맞추어 줄 문제집입니다. '바빠 중학 일차함수'로 일차함수의 개념부터 활용 문제까지 한 권으로 총정리하기를 바랍니다.

김민경 원장 | 동탄 더원수학

함수의 개념을 다지는 연산 훈련뿐 아니라 그래프를 그리는 연습과 그래프를 제대로 읽어내는 것까지 충분히 구성한 점이 눈에 띕니다. 이 책으로 공부하면 일차함수의 식을 보고 그래프를 바로 떠올릴 수 있을 만큼 자신감이 생기고 학교 시험 대비도 쉬워질 것입니다.

신화정 선생 | 삼성동 다른수학학원

'바빠 중학 일차함수'는 중등 선행을 준비하는 예비 중학생부터 중1, 현행 학습 중인 중2, 기초가 부족해 복습이 필요한 중3 학생들에게 모두 필요한 교재입니다. '일차함수'가 부족하다고 생각된다면 유형별로 잘 정리되어 있으니 꼭 풀어 보세요. 절대 강추합니다.

서은아 선생 | 광진 공부방

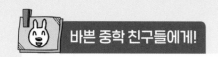 

# 고등수학까지 좌우하는
# '일차함수'를 탄탄하게!
## 일차함수만 한 권으로 집중해서 끝낸다!

**중고등 수포자가
많아지는 이유,
'일차함수'부터
제대로 잡자!**

수포자의 대부분이 중3과 고1 때 수학을 포기한다고 하는데 그 중 가장 큰 이유가 함수라고 합니다. 그런데 고등수학의 80% 이상이 함수입니다. 따라서 함수를 포기한다는 것은 고등수학을 포기한다는 것과 같습니다.

수학은 계통성이 강한 과목으로, 중1부터 중3까지 많은 단원이 연계되어 있습니다. 중1 때 '좌표평면과 그래프'로 함수의 기초를 익히고, 중2 때 본격적으로 '일차함수'를 배우는데 이때 함수 개념을 확실하게 잡지 못한다면 중3 때 배우는 '이차함수'는 물론 고등학교에서 배우는 함수까지 해내지 못하게 됩니다. 따라서 수포자가 되지 않으려면 함수의 기본 개념을 놓치지 않도록 '일차함수'부터 확실하게 잡고 넘어가는 것이 중요합니다.

**'일차함수'만 모아
한 권에 끝낸다!**

중학수학 전문학원에서는 기본적으로 중2 1학기 교재의 '일차함수' 단원을 뽑아 여러 번 풀리고, '일차함수' 특강을 하는 곳도 많습니다. 그 이유는 중2 수학에서 '일차함수' 단원의 개념을 가장 어려워하기 때문입니다.

이 책, '바빠 중학 일차함수'는 일차함수가 약한 중학생을 위한 맞춤용 교재입니다. 함수의 기초부터 차근차근 이해할 수 있도록 개념을 설명하여 혼자서도 충분히 학습할 수 있습니다. 개념을 이해하고 유형별로 충분한 개념 적용 훈련을 한 다음 시험에 나오는 문제까지 해결하니, 이 책을 마치고 나면 일차함수에 자신감이 생길 것입니다.

**'일차함수'의 개념 먼저 이해한 후 문제 해결력을 키운다!**

'일차함수' 단원에서는 함수의 뜻을 시작으로 함숫값, 절편, 기울기 등의 새로운 용어를 배우게 됩니다. 이때 개념 먼저 제대로 이해하고 넘어가야 문제에 응용하는 능력이 생깁니다. 이 책에서는 자세한 개념 설명과 용어 정리로 함수의 기본 개념부터 숙지하고 넘어가도록 도와줍니다.

또한 '일차함수' 단원에서 중요한 일차함수의 그래프를 그리는 연습과 그래프를 제대로 읽어내는 훈련을 합니다. 일차함수의 그래프가 쉬워지면 일차함수의 활용 문제를 해결하는 힘도 생기고 더 이상 일차함수가 어렵지 않게 될 것입니다.

개념부터 활용까지 한 번에 콕!

**혼자 봐도 이해된다! 선생님이 옆에 있는 것 같다.**

이 책은 각 단계의 개념마다 친절한 설명과 함께 '바빠 꿀팁'부터 실수를 줄여 주는 '앗! 실수'까지 담았습니다. 그리고 각 개념에 나오는 핵심 용어를 명시해 정확하게 알고 그 위에 새로운 개념을 쌓을 수 있습니다. 또한 책 곳곳에 힌트를 제시해 혼자 푸는데도 선생님이 얼굴을 맞대고 알려주시는 것 같은 효과를 얻을 수 있습니다.

**펑펑 쏟아져야 눈이 쌓이듯, 공부도 집중해야 실력이 쌓인다!**

'바빠 중학 일차함수'는 같은 시간을 들여도 더 효과적으로 실력을 쌓는 학습법을 제시합니다.

간단한 연습만으로 충분한 단계는 빠르게 확인하고 넘어가고, 더 많은 학습량이 필요한 단계는 충분한 훈련이 가능하도록 확대하여 구성했습니다. 또한 하루에 1~3단계씩 15~24일 안에 풀 수 있도록 구성하여 단기간 집중적으로 학습할 수 있습니다. 집중해서 공부하면 전체 맥락을 쉽게 이해할 수 있어서 한 권을 모두 푸는 데 걸리는 시간도 줄어들고, 펑펑 쏟아져야 눈이 쌓이듯, 실력도 차곡차곡 쌓입니다.

일차함수만 한 권에 모아 총정리!

'바빠 중학 일차함수'로 일차함수의 개념부터 활용 문제까지 완성하고 넘어가 보세요!

## 1단계 | 공부의 시작은 계획부터! — 나만의 맞춤형 공부 계획을 먼저 세워요!

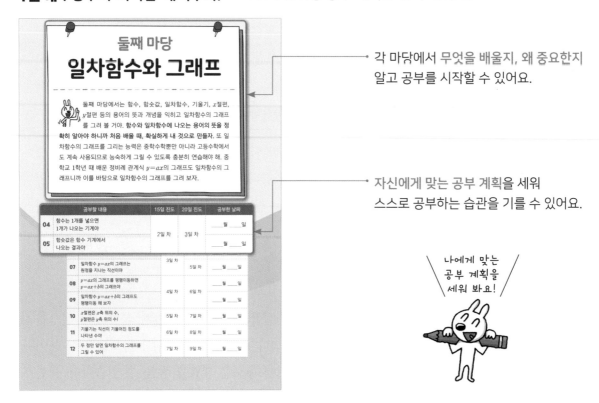

각 마당에서 무엇을 배울지, 왜 중요한지
알고 공부를 시작할 수 있어요.

자신에게 맞는 공부 계획을 세워
스스로 공부하는 습관을 기를 수 있어요.

나에게 맞는
공부 계획을
세워 봐요!

## 2단계 | 개념을 먼저 이해하자! — 각각의 주제마다 친절한 핵심 개념 설명이 있어요!

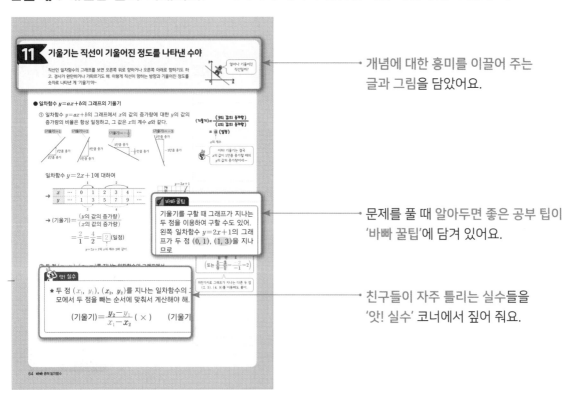

개념에 대한 흥미를 이끌어 주는
글과 그림을 담았어요.

문제를 풀 때 알아두면 좋은 공부 팁이
'바빠 꿀팁'에 담겨 있어요.

친구들이 자주 틀리는 실수들을
'앗! 실수' 코너에서 짚어 줘요.

## 3단계 | 체계적인 훈련! — 쉬운 문제부터 유형별로 풀다 보면 개념이 잡혀요!

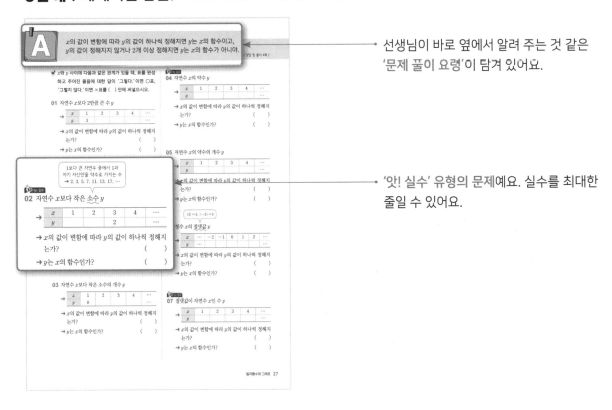

선생님이 바로 옆에서 알려 주는 것 같은 '문제 풀이 요령'이 담겨 있어요.

'앗! 실수' 유형의 문제예요. 실수를 최대한 줄일 수 있어요.

## 4단계 | 시험에는 이렇게 나온다 — 여기 있는 문제만 다 풀어도 학교 시험 문제없어요!

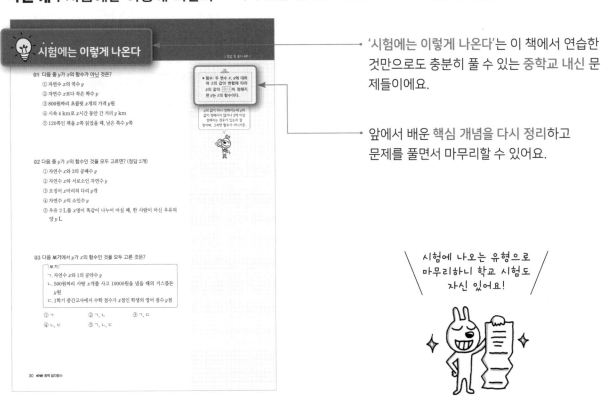

'시험에는 이렇게 나온다'는 이 책에서 연습한 것만으로도 충분히 풀 수 있는 중학교 내신 문제들이에요.

앞에서 배운 핵심 개념을 다시 정리하고 문제를 풀면서 마무리할 수 있어요.

시험에 나오는 유형으로 마무리하니 학교 시험도 자신 있어요!

# 《바빠 중학수학》 시리즈를
# 효과적으로 보는 방법

<바빠 중학수학> 시리즈는 **기초 완성용, 취약한 영역 보충용, 총정리용**으로 구성되어 있습니다.

## 1. 중학수학을 처음 공부한다면? – '바빠 중학연산', '바빠 중학도형'

중학수학의 기초를 탄탄하게 다질 수 있는 가장 쉬운 중학수학 문제집입니다. 각 학년별로 1학기 과정이 '바빠 중학연산' 두 권, 2학기 과정이 '바빠 중학도형' 한 권으로 구성되어 있습니다.
[중학연산 1권 → 중학연산 2권 → 중학도형] 순서로 공부해, 중학수학의 기초를 완성하세요!

## 2. 취약한 영역만 빠르게 보강하려면? – '바빠 중학 일차방정식', '바빠 중학 일차함수'

일차방정식이 힘들다면 '바빠 중학 일차방정식'을, 일차함수에서 막힌다면 '바빠 중학 일차함수'를 선택하여 집중 훈련하세요. 기초 개념부터 활용 문제까지 모두 잡을 수 있는 책이므로 자신이 취약한 영역을 선택하여 학습 결손을 빠르게 보충하세요.

## 3. 중학수학을 총정리하고 싶다면? – '바빠 중학수학 총정리', '바빠 중학도형 총정리'

고등수학에서 필요한 중학수학 내용만 추려내어 정리한 책입니다. 중학수학의 핵심 개념을 초단기로 복습할 수 있는 책이므로 바쁜 예비 고1이라면 고등수학을 선행하기 전에 이 책으로 총정리하고 넘어가세요!
중학 3개년 도형 영역을 총정리하는 '바빠 고등수학으로 연결되는 중학도형 총정리'도 있습니다.

★**학원이나 공부방 선생님이라면?**
'바빠 중학수학' 시리즈는 초단기 예습과 초단기 복습이 가능한 책입니다.
**과제용**이나 **방학용 특강 교재**로 활용하세요!

## 바쁜 중학생을 위한 빠른 일차함수

# 《바빠 중학 일차함수》
# 나에게 맞는 방법 찾기

| 나는 어떤 학생인가? | 권장 진도 |
|---|---|
| ✔ 예습을 하는 중1 또는 예비 중학생이다.<br>✔ 일차함수의 용어가 헷갈리고 개념 이해가 안 된다.<br>✔ 일차함수에서 계산 실수가 자주 나온다. | 24일 진도 권장 |
| ✔ 일차함수의 그래프를 그리는 게 힘들다.<br>✔ 일차함수의 그래프가 주어진 문제나 일차함수의 활용 문제에서 막힌다. | 20일 진도 권장 |
| ✔ 중학수학에 자신이 있지만, 일차함수를 완벽하게 마스터하고 싶다. | 15일 진도 권장 |

**권장 진도표** ▶ 15일, 20일, 24일 진도 중 나에게 맞는 진도로 공부하세요!

| ✓ | 1일 차 | 2일 차 | 3일 차 | 4일 차 | 5일 차 | 6일 차 | 7일 차 |
|---|---|---|---|---|---|---|---|
| 15일 진도 | 01~03 | 04~05 | 06~07 | 08~09 | 10 | 11 | 12 |
| 20일 진도 | 01~02 | 03 | 04~05 | 06 | 07 | 08~09 | 10 |

| ✓ | 8일 차 | 9일 차 | 10일 차 | 11일 차 | 12일 차 | 13일 차 | 14일 차 |
|---|---|---|---|---|---|---|---|
| 15일 진도 | 13~14 | 15~17 | 18 | 19 | 20~21 | 22 | 23 |
| 20일 진도 | 11 | 12 | 13 | 14 | 15~16 | 17 | 18 |

| ✓ | 15일 차 | 16일 차 | 17일 차 | 18일 차 | 19일 차 | 20일 차 |
|---|---|---|---|---|---|---|
| 15일 진도 | 24 끝 | | | | | |
| 20일 진도 | 19 | 20 | 21 | 22 | 23 | 24 끝 |

*24일 진도는 하루에 1과씩 공부하면 됩니다.

# 첫째 마당
# 좌표평면과 그래프

중학교 1학년 때 좌표와 그래프에 대한 개념을 놓쳤거나 자신감이 없어서 걱정되는 친구들을 위해 첫째 마당을 준비했어. 일차함수를 배우는 데 필요한 좌표와 그래프에 대한 개념만을 추렸으니 가볍게 정리해 보자. 그럼 점의 위치를 숫자로 나타내는 직교좌표계의 세계로 한걸음 내디뎌 볼까~

| | 공부할 내용 | 15일 진도 | 20일 진도 | 공부한 날짜 |
|---|---|---|---|---|
| 01 | 점의 위치를 숫자로 나타낸 것이 좌표야 | 1일 차 | 1일 차 | ____월 ____일 |
| 02 | $x$좌표와 $y$좌표의 부호로 점이 속하는 사분면을 알 수 있어 | | | ____월 ____일 |
| 03 | 그래프로 변화의 흐름을 한눈에 볼 수 있어 | | 2일 차 | ____월 ____일 |

# 01 점의 위치를 숫자로 나타낸 것이 좌표야

프랑스의 철학자인 데카르트(1596~1650)는 어느 날 파리가 천장에 앉은 걸 보고 생각에 잠겼어. '파리가 오른쪽으로 몇 칸, 위로 몇 칸에 앉았는지 세어 볼까?' 그리고 파리의 위치를 정확하게 나타내는 방법을 고민하다가 생각해 낸 것이 바로 좌표야. 점의 정확한 위치를 숫자로 나타내볼까~

## ● 수직선 위의 점의 좌표

① 수직선 위의 점이 나타내는 수를 그 점의 좌표라고 한다.

② 수직선 위의 점 P의 좌표가 $a$일 때, 기호로 P($a$)와 같이 나타낸다.
수직선 위의 좌표가 0인 점을 원점 O라 한다. → O(0)
└→ Origin(기원, 태생)의 첫 글자야.

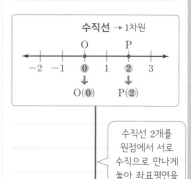

수직선 2개를 원점에서 서로 수직으로 만나게 놓아 좌표평면을 만들어.

## ● 순서쌍과 좌표평면 위의 점의 좌표

① **순서쌍**: 순서를 생각하여 두 수를 짝 지어 나타낸 것 → (2, 3)과 (3, 2)는 달라!

② **좌표평면**: 좌표축($x$축, $y$축)이 정해져 있는 평면
가로의 수직선 ←┘  └→ 세로의 수직선

③ 좌표평면 위의 점 P에서 $x$축, $y$축에 각각 수선을 그어 이 수선이 $x$축, $y$축과 만나는 점에 대응하는 수가 각각 $a$, $b$일 때, 순서쌍 $(a, b)$를 점 P의 좌표라 하고 기호 P($a$, $b$)로 나타낸다.
이때 $a$를 점 P의 $x$좌표, $b$를 점 P의 $y$좌표라고 한다.

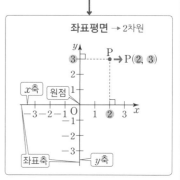

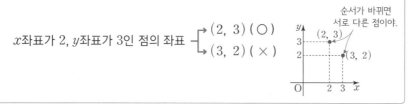

**앗! 실수**

★ 좌표평면 위의 점의 좌표를 순서쌍으로 나타낼 때 $x$좌표와 $y$좌표의 순서에 주의해.

$x$좌표가 2, $y$좌표가 3인 점의 좌표 ┌→ (2, 3) (○)
                                    └→ (3, 2) (×)

순서가 바뀌면 서로 다른 점이야.

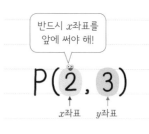

반드시 $x$좌표를 앞에 써야 해!

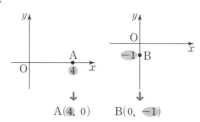

$$P(2, 3)$$
$x$좌표  $y$좌표

④ 좌표축 위의 점의 좌표는 다음과 같다.
원점 O → O(0, 0)
$x$축 위의 점 → ($x$좌표, 0)
                └→ $y$좌표가 0
$y$축 위의 점 → (0, $y$좌표)
                └→ $x$좌표가 0

A(4, 0)     B(0, −1)

✔ 다음 수직선 위의 세 점 A, B, C의 좌표를 기호로 나타내시오. [01~02]

**01**

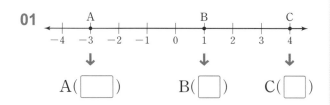

A(☐)    B(☐)    C(☐)

**02**

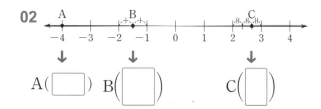

A(☐)  B(☐)    C(☐)

✔ 다음 세 점 A, B, C를 수직선 위에 각각 나타내시오.

[03~04]

**03** A($-1$), B($0$), C($3$)

| | | | | | | | | |
|---|---|---|---|---|---|---|---|---|
| $-4$ | $-3$ | $-2$ | $-1$ | $0$ | $1$ | $2$ | $3$ | $4$ |

**04** A($-2$), B($-\dfrac{1}{3}$), C($\dfrac{7}{2}$)

| | | | | | | | | |
|---|---|---|---|---|---|---|---|---|
| $-4$ | $-3$ | $-2$ | $-1$ | $0$ | $1$ | $2$ | $3$ | $4$ |

✔ 다음 좌표평면 위의 세 점 A, B, C의 좌표를 기호로 나타내시오. [05~06]

앗! 실수

**05**

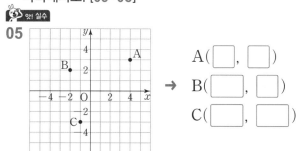

→  A(☐, ☐)
   B(☐, ☐)
   C(☐, ☐)

**06**

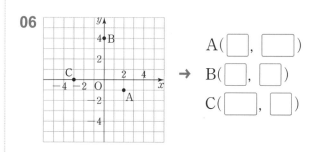

→  A(☐, ☐)
   B(☐, ☐)
   C(☐, ☐)

**07** 네 점 A($1$, $3$), B($-4$, $2$), C($-2$, $-5$), D($3$, $-3$), E($1$, $0$)을 좌표평면 위에 나타내시오.

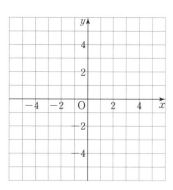

좌표평면 위의 점 → $(x$좌표, $y$좌표$)$　$x$축 위의 점 → $(x$좌표, $0)$　$y$축 위의 점 → $(0, y$좌표$)$

(직사각형의 넓이)=(가로의 길이)×(세로의 길이), (삼각형의 넓이)$=\dfrac{1}{2}×$(밑변의 길이)×(높이)

| 정답 및 풀이 2쪽 |

✔ 좌표평면 위에 있는 다음 점의 좌표를 구하시오.
[01~06]

**01** $x$좌표가 2, $y$좌표가 6인 점

**02** $x$좌표가 4, $y$좌표가 $-4$인 점

**03** 원점

**04** $x$축 위에 있고, $x$좌표가 $-5$인 점

**05** $y$축 위에 있고, $y$좌표가 9인 점

**06** $y$축 위에 있고, $y$좌표가 $-7$인 점

✔ 다음 점을 좌표평면 위에 나타내고, 각 점을 꼭짓점으로 하는 도형의 넓이를 구하시오. [07~09]

**07** $A(-4, 3), B(-4, -2), C(4, -2),$
　　$D(4, 3)$

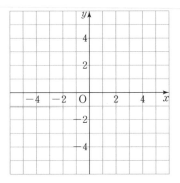

**08** $A(-3, 4), B(-3, -3), C(5, -3)$

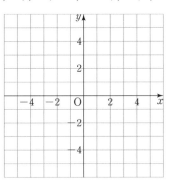

**09** $A(0, 3), B(-4, -3), C(2, -3)$

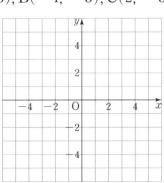

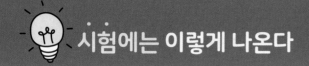

## 시험에는 이렇게 나온다

**01** 다음 중 아래 수직선 위의 점의 좌표를 나타낸 것으로 옳지 <u>않은</u> 것은?

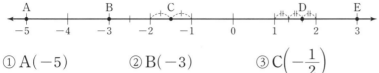

① A($-5$)       ② B($-3$)       ③ C$\left(-\dfrac{1}{2}\right)$

④ D$\left(\dfrac{5}{3}\right)$       ⑤ E($3$)

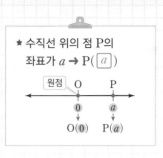

**02** 다음 중 오른쪽 좌표평면 위의 점의 좌표를 나타낸 것으로 옳지 <u>않은</u> 것은?

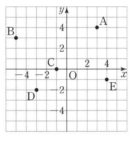

① A($3,\ 4$)       ② B($-5,\ 3$)

③ C($-1,\ 0$)       ④ D($-2,\ -3$)

⑤ E($4,\ -1$)

**03** 점 ($2a-4,\ 6$)이 $y$축 위의 점일 때, $a$의 값은?

① 1       ② 2       ③ 3       ④ 4       ⑤ 5

**04** 세 점 A($3,\ 2$), B($-2,\ 5$), C($-2,\ -1$)을 꼭짓점으로 하는 삼각형 ABC의 넓이는?

① 11       ② 12       ③ 13       ④ 14       ⑤ 15

먼저 좌표평면 위에 세 점을 찍어서 삼각형을 그려 봐.

● **사분면**

① 좌표평면은 좌표축에 의하여 네 개의 부분으로 나누어지는데 그 네 부분을 각각

제1사분면, 제2사분면, 제3사분면, 제4사분면

이라 한다.

이때 <u>좌표축 위의 점</u>은 어느 사분면에도 속하지 않는다.
→ $x$축 위의 점, $y$축 위의 점, 원점

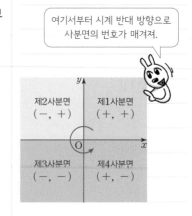

여기서부터 시계 반대 방향으로 사분면의 번호가 매겨져.

| | |
|---|---|
| 제2사분면 $(-, +)$ | 제1사분면 $(+, +)$ |
| 제3사분면 $(-, -)$ | 제4사분면 $(+, -)$ |

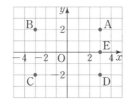

점 A$(3, 2)$는 제 $\boxed{1}$ 사분면 위의 점이다.

점 B$(-3, 2)$는 제 $\boxed{2}$ 사분면 위의 점이다.

점 C$(-3, -2)$는 제 $\boxed{3}$ 사분면 위의 점이다.

점 D$(3, -2)$는 제 $\boxed{4}$ 사분면 위의 점이다.

점 E$(3, 0)$은 어느 사분면에도 속하지 않는다.

**앗! 실수**

★ $x$좌표와 $y$좌표 중 어느 하나라도 0이면 그 점은 어느 사분면에도 속하지 않으니까 주의해.

$\underset{y축\ 위의\ 점}{(0, 2)}$  $\underset{x축\ 위의\ 점}{(2, 0)}$  $\underset{원점}{(0, 0)}$ → 모두 어느 사분면에도 속하지 않는다.

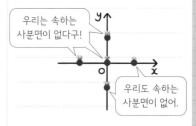

우리는 속하는 사분면이 없다구!

우리도 속하는 사분면이 없어.

② **사분면 위의 점의 좌표의 부호**

| | $x$좌표의 부호 | $y$좌표의 부호 | |
|---|---|---|---|
| 제1사분면 | $+$ | $+$ | 예 A$(3, 2)$ |
| 제2사분면 | $-$ | $\oplus$ | 예 B$(-3, 2)$ |
| 제3사분면 | $\ominus$ | $-$ | 예 C$(-3, -2)$ |
| 제4사분면 | $\oplus$ | $\ominus$ | 예 D$(3, -2)$ |

**바빠 꿀팁**

점의 좌표가 문자로 주어지더라도 점이 속하는 사분면을 구할 수 있어. 우선 점의 $x$좌표와 $y$좌표의 부호를 파악한 후 이를 이용하여 점이 속하는 사분면을 구하면 돼.

$a > 0$, $b < 0$일 때,
점 $(-a, b)$가 속하는 사분면은
$(-a, b) \longrightarrow (-, -)$
$\longrightarrow$ 제3사분면

제1사분면 → ( +, + )    제2사분면 → ( −, + )    제3사분면 → ( −, − )    제4사분면 → ( +, − )
좌표축 위의 점은 어느 사분면에도 속하지 않아.

| 정답 및 풀이 2쪽 |

✔ 다음 점을 좌표평면 위에 나타내고, 어느 사분면 위의 점인지 말하시오. [01~06]

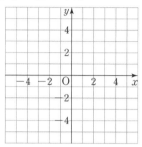

**01** $A(4, 3)$

**02** $B(2, -5)$

**03** $C(-1, 3)$

**04** $D(-4, -2)$

**05** $E(-2, 0)$

**06** $F(0, 5)$

✔ 다음 점의 $x$좌표와 $y$좌표의 부호를 ◯ 안에 써넣고, 점이 속하는 사분면을 구하시오. [07~10]

| 점의 좌표의 부호 | 점이 속하는 사분면 |
| --- | --- |

**07** $(1, 6)$  ⟶ $(+, ◯)$ ⟶ 제 ☐ 사분면

**08** $(-3, -8)$ ⟶ $(◯, ◯)$ ⟶ 제 ☐ 사분면

**09** $(-7, 2)$ ⟶ $(◯, ◯)$ ⟶ 제 ☐ 사분면

**10** $(5, -9)$ ⟶ $(◯, ◯)$ ⟶ 제 ☐ 사분면

✔ 다음 점에 대하여 물음에 답하시오. [11~15]

| | | |
| --- | --- | --- |
| $A(-5, 7)$ | $B(3, -3)$ | $C(-1, 0)$ |
| $D(9, 6)$ | $E(0, 0)$ | $F(-4, -10)$ |
| $G(2, -1)$ | $H\left(-\dfrac{1}{2}, \dfrac{1}{3}\right)$ | $I\left(0, \dfrac{2}{5}\right)$ |

**11** 제1사분면 위의 점을 모두 고르시오.

**12** 제2사분면 위의 점을 모두 고르시오.

**13** 제3사분면 위의 점을 모두 고르시오.

**14** 제4사분면 위의 점을 모두 고르시오.

**15** 어느 사분면에도 속하지 않는 점을 모두 고르시오.

$(-, -)$

✔ $a>0$, $b>0$일 때, 다음 점의 $x$좌표와 $y$좌표의 부호를 ◯ 안에 써넣고, 점이 속하는 사분면을 구하시오. [01~03]

점의 좌표의 부호 ／ 점이 속하는 사분면

**01** $(a, b)$  $\rightarrow (\bigcirc, \bigcirc) \rightarrow$ 제 ▢ 사분면

**02** $(-a, b)$  $\rightarrow (\bigcirc, \bigcirc) \rightarrow$ 제 ▢ 사분면

**03** $(-a, -b)$ $\rightarrow (\bigcirc, \bigcirc) \rightarrow$ 제 ▢ 사분면

✔ 점 $(a, b)$가 제3사분면 위의 점일 때, 다음 점의 $x$좌표와 $y$좌표의 부호를 ◯ 안에 써넣고, 점이 속하는 사분면을 구하시오. [07~09]

점의 좌표의 부호 ／ 점이 속하는 사분면

**07** $(-a, b)$  $\rightarrow (\bigcirc, \bigcirc) \rightarrow$ 제 ▢ 사분면

**08** $(a, -b)$  $\rightarrow (\bigcirc, \bigcirc) \rightarrow$ 제 ▢ 사분면

**09** $(-a, -b)$ $\rightarrow (\bigcirc, \bigcirc) \rightarrow$ 제 ▢ 사분면

✔ $a<0$, $b>0$일 때, 다음 점의 $x$좌표와 $y$좌표의 부호를 ◯ 안에 써넣고, 점이 속하는 사분면을 구하시오. [04~06]

점의 좌표의 부호 ／ 점이 속하는 사분면

**04** $(a, b)$  $\rightarrow (\bigcirc, \bigcirc) \rightarrow$ 제 ▢ 사분면

**05** $(a, -b)$  $\rightarrow (\bigcirc, \bigcirc) \rightarrow$ 제 ▢ 사분면

**06** $(-a, -b)$ $\rightarrow (\bigcirc, \bigcirc) \rightarrow$ 제 ▢ 사분면

✔ 점 $(a, b)$가 제4사분면 위의 점일 때, 다음 점의 $x$좌표와 $y$좌표의 부호를 ◯ 안에 써넣고, 점이 속하는 사분면을 구하시오. [10~12]

점의 좌표의 부호 ／ 점이 속하는 사분면

**10** $(b, a)$  $\rightarrow (\bigcirc, \bigcirc) \rightarrow$ 제 ▢ 사분면

**11** $(a, -b)$  $\rightarrow (\bigcirc, \bigcirc) \rightarrow$ 제 ▢ 사분면

**12** $(ab, b)$  $\rightarrow (\bigcirc, \bigcirc) \rightarrow$ 제 ▢ 사분면

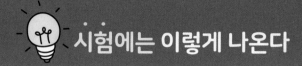 

| 정답 및 풀이 3쪽 |

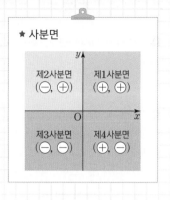

**01** 다음 중 제2사분면 위의 점은?

① $(-3, -5)$      ② $(-6, 8)$      ③ $(2, 4)$

④ $(7, 0)$      ⑤ $\left(\dfrac{1}{4}, -\dfrac{3}{2}\right)$

**02** 다음 중 점의 좌표와 그 점이 속하는 사분면을 바르게 짝 지은 것은?

① $(0, 6)$ ➡ 제4사분면      ② $(-2, 9)$ ➡ 제1사분면

③ $(7, -10)$ ➡ 제2사분면      ④ $(-5, 11)$ ➡ 제4사분면

⑤ $(-1, -12)$ ➡ 제3사분면

좌표축 위의 점은
어느 사분면에도 속하지
않는다는 것을
기억해!

**03** $a>0$, $b<0$일 때, 다음 중 제3사분면 위의 점은?

① $(a, -b)$      ② $(b, a)$      ③ $(-a, -b)$

④ $(a, ab)$      ⑤ $\left(\dfrac{b}{a}, b\right)$

**04** 점 $(a, b)$가 제3사분면 위의 점일 때, 점 $(ab, a+b)$는 어느 사분면 위의 점인가?

① 제1사분면            ② 제2사분면

③ 제3사분면            ④ 제4사분면

⑤ 어느 사분면에도 속하지 않는다.

그래프로 변화의 흐름을 한눈에 볼 수 있어

● **변수**: $x$, $y$와 같이 여러 가지로 변하는 값을 나타내는 문자 ← 변수와는 달리 일정한 값을 나타내는 문자는 상수라고 해.

● **그래프**: 두 변수 $x$, $y$의 순서쌍 $(x, y)$를 좌표로 하는 점 전체를 좌표평면 위에 나타낸 것

다음 표는 주전자의 물을 끓이기 시작한 지 $x$초 후의 물의 온도 $y$ ℃를 나타낸 것이다. 두 변수 $x$와 $y$ 사이의 관계를 좌표평면 위에 그래프로 나타내 보자.

| $x$(초) | 1 | 2 | 3 | 4 | 5 |
|---|---|---|---|---|---|
| $y$(℃) | 30 | 50 | 70 | 90 | 100 |

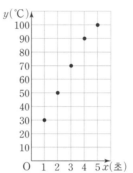

위의 표에서 순서쌍 $(x, y)$를 모두 구하면

→ $(1, 30)$, $(2, 50)$, $(3, \boxed{70})$,

  $(4, \boxed{90})$, $(5, \boxed{100})$

이므로 이것을 좌표로 하는 점을 좌표평면 위에 나타내면 그래프는 위의 그림과 같다.

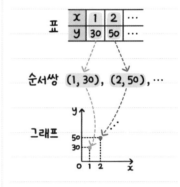

● **그래프의 해석**

일상에서 나타나는 다양한 상황을 점, 선, 꺾은선, 곡선 등의 그래프로 나타낼 수 있다. 이때 그래프를 해석하면 두 양 사이의 증가와 감소, 변화의 빠르기 등을 쉽게 파악할 수 있다.

자동차의 속력과 시간 사이의 관계를 나타낸 아래의 그래프에서 시간이 지남에 따른 속력의 변화를 해석해 보자.

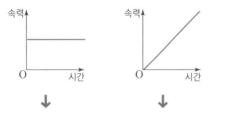

속력이 변하지     속력이 일정하게     속력이 일정하게
않는다. ← 일정하다.    $\boxed{증가}$ 한다.     $\boxed{감소}$ 한다.

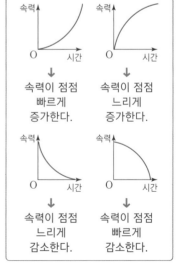

**A** 그래프 그리기 → 두 변수 $x$, $y$의 순서쌍 $(x, y)$를 점으로 하는 점을 모두 좌표평면 위에 찍어.

| 정답 및 풀이 3쪽 |

✔ 민혁이는 달리기를 하면서 스마트 워치를 차고 분당 맥박수를 측정했다. 다음 물음에 답하시오. [01·02]

**01** 민혁이가 달리기를 시작한 지 $x$분 후 측정된 분당 맥박수를 $y$회라 하면 $x$와 $y$ 사이의 관계는 다음 표와 같다.

| $x$(분) | 1 | 2 | 3 | 4 | 5 | 6 | 7 | 8 |
|---|---|---|---|---|---|---|---|---|
| $y$(회) | 80 | 120 | 140 | 120 | 110 | 100 | 90 | 90 |

위의 표에서 순서쌍 $(x, y)$를 모두 구하시오.

**02** 01에서 구한 순서쌍 $(x, y)$를 좌표로 하는 점을 다음 좌표평면 위에 나타내시오.

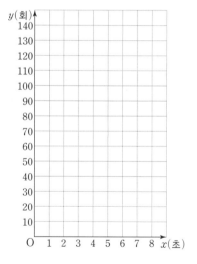

✔ 40 L의 물이 들어 있는 물탱크에서 매초 5 L씩 물을 빼낼 때, 물을 빼내기 시작한 지 $x$초 후 물뱅크에 남아 있는 물의 양을 $y$ L라 한다. 다음 물음에 답하시오.

[03~05]

**03** 다음 표를 완성하시오.

| $x$(초) | 1 | 2 | 3 | 4 | 5 | 6 | 7 | 8 |
|---|---|---|---|---|---|---|---|---|
| $y$(L) | | | | | | | | |

**04** 위의 표에서 순서쌍 $(x, y)$를 모두 구하시오.

**05** 04에서 구한 순서쌍 $(x, y)$를 좌표로 하는 점을 다음 좌표평면 위에 나타내시오.

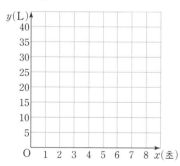

**B** 그래프에서 $x$축과 $y$축이 각각 무엇을 나타내는지 확인하고, 주어진 상황에 알맞은 그래프를 찾아 봐.

| 정답 및 풀이 4쪽 |

✔ 다음 상황에 가장 알맞은 그래프를 **보기**에서 고르시오. [01~04]

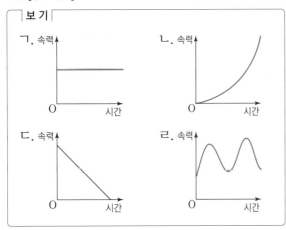

ㄱ. 속력 / 시간
ㄴ. 속력 / 시간
ㄷ. 속력 / 시간
ㄹ. 속력 / 시간

**01** 민우가 일정하게 속력을 유지하면서 걷고 있다.

**02** 브레이크를 밟은 자동차의 속력이 일정하게 감소하여 멈추었다.

**03** 내리막길에서 자전거를 타고 있는 도현이의 속력이 점점 빠르게 증가한다.

**04** 연주가 강아지를 데리고 뛰다 걷다를 반복하면서 산책하고 있다.

---

**물통에 일정한 속력으로 물을 넣는 경우**

① 물통의 폭이 일정하면 → 물의 높이가 일정하게 높아진다.
② 물통의 폭이 위로 갈수록 점점 넓어지면 → 물의 높이가 점점 느리게 높아진다.
③ 물통의 폭이 위로 갈수록 점점 좁아지면 → 물의 높이가 점점 빠르게 높아진다.

✔ 주어진 물통에 시간당 일정한 양의 물을 넣을 때, 물의 높이를 시간에 따라 나타낸 그래프로 알맞은 것을 찾아 연결하시오. [05~08]

**05**

·     · 높이 / 시간

**06**
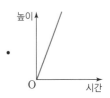
·     · 높이 / 시간

**07**
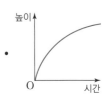
·     · 높이 / 시간

**08**
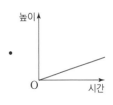
·     · 높이 / 시간

✔ 다음 그래프는 지안이가 집에서 출발하여 버스를 타고 눈썰매장에 도착할 때까지 집에서 출발한 지 $x$분 후 집에서 떨어진 거리를 $y$ km라 할 때, $x$와 $y$ 사이의 관계를 나타낸 것이다. ☐ 안에 알맞은 수를 써넣으시오. [01~03]

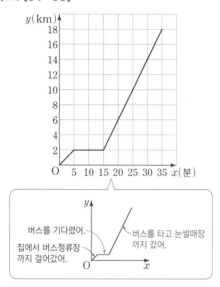

**01** 지안이네 집에서 버스정류장까지의 거리는 ☐ km이다.

**02** 지안이네 집에서 눈썰매장까지의 거리는 ☐ km이다.

**03** 지안이는 버스정류장에서 버스를 ☐ 분 동안 기다렸다.

✔ 다음 그래프는 지안이가 눈썰매장에 입장해서 눈썰매를 한 번 타는 동안 $x$초 후의 높이를 $y$ m라 할 때, $x$와 $y$ 사이의 관계를 나타낸 것이다. ☐ 안에 알맞은 수를 써넣으시오. [04~06]

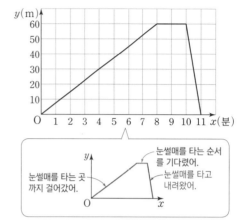

**04** 눈썰매를 타는 곳의 높이는 ☐ m이다.

**05** 지안이는 눈썰매를 타려고 위에서 ☐ 분 동안 기다렸다.

**06** 지안이는 눈썰매를 탄 지 ☐ 분 만에 내려왔다.

**01** 다음 중 오른쪽 그림과 같은 물통에 시간당 일정한 양의 물을 넣을 때, 물의 높이를 시간에 따라 나타낸 그래프로 알맞은 것은?

①

②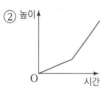

③

④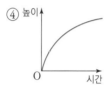

⑤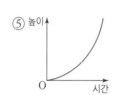

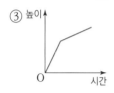

> ★ 물통에 일정한 속력으로 물을 넣을 때, 물통의 폭이 일정하면
> → 물의 높이가 [일정]하게 높아진다.

> 물통의 모양을 살펴보면 '폭이 좁은 부분' → '폭이 넓은 부분' 순으로 물이 채워지고, 두 부분 다 폭이 일정하다는 걸 알 수 있어.

**02** 소민이네 가족은 집에서 출발하여 고속도로 휴게소에 들렀다가 할머니 댁에 가서 놀고 다시 집으로 돌아왔다. 오른쪽 그래프는 소민이네 가족이 집에서 출발한 지 $x$시간 후 집에서 떨어진 거리를 $y$ km라 할 때, $x$와 $y$ 사이의 관계를 나타낸 것이다. 다음 중 옳지 <u>않은</u> 것은?

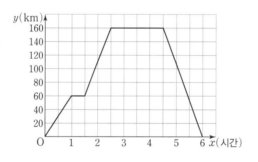

> $x$축과 $y$축이 각각 무엇을 나타내는지 확인하는 게 먼저야. 좌표를 읽어 필요한 값을 구해 봐.

① 소민이네 집에서 할머니 댁까지의 거리는 160 km이다.

② 휴게소에 머문 시간은 30분이다.

③ 출발한 지 2시간 30분 후에 할머니 댁에 도착했다.

④ 할머니 댁에 머문 시간은 2시간이다.

⑤ 할머니 댁에서 출발하여 집에 오는 데 2시간이 걸렸다.

# 둘째 마당
# 일차함수와 그래프

둘째 마당에서는 함수, 함숫값, 일차함수, 기울기, $x$절편, $y$절편 등의 용어의 뜻과 개념을 익히고 일차함수의 그래프를 그려 볼 거야. **함수와 일차함수에 나오는 용어의 뜻을 정확히 알아야 하니까 처음 배울 때, 확실하게 내 것으로 만들자.** 또 일차함수의 그래프를 그리는 능력은 중학수학뿐만 아니라 고등수학에서도 계속 사용되므로 능숙하게 그릴 수 있도록 충분히 연습해야 해. 중학교 1학년 때 배운 정비례 관계식 $y=ax$의 그래프도 일차함수의 그래프니까 이를 바탕으로 일차함수의 그래프를 그려 보자.

| | 공부할 내용 | 15일 진도 | 20일 진도 | 공부한 날짜 |
|---|---|---|---|---|
| 04 | 함수는 1개를 넣으면 1개가 나오는 기계야 | 2일 차 | 3일 차 | ____월 ____일 |
| 05 | 함숫값은 함수 기계에서 나오는 결과야 | | | ____월 ____일 |
| 06 | 일차함수는 $y=ax+b$ 꼴이야 | 3일 차 | 4일 차 | ____월 ____일 |
| 07 | 일차함수 $y=ax$의 그래프는 원점을 지나는 직선이야 | | 5일 차 | ____월 ____일 |
| 08 | $y=ax$의 그래프를 평행이동하면 $y=ax+b$의 그래프야 | 4일 차 | 6일 차 | ____월 ____일 |
| 09 | 일차함수 $y=ax+b$의 그래프도 평행이동해 보자 | | | ____월 ____일 |
| 10 | $x$절편은 $x$축 위의 수, $y$절편은 $y$축 위의 수! | 5일 차 | 7일 차 | ____월 ____일 |
| 11 | 기울기는 직선이 기울어진 정도를 나타낸 수야 | 6일 차 | 8일 차 | ____월 ____일 |
| 12 | 두 점만 알면 일차함수의 그래프를 그릴 수 있어 | 7일 차 | 9일 차 | ____월 ____일 |

하나의 버튼에 하나의 음료수가 나오는 '자판기'가 있다고 해 보자. 이 자판기의 버튼을 눌렀을 때 음료수가 하나도 나오지 않거나 여러 개가 나오는 경우에는 고장 난 거야.
수학에서 이처럼 수를 하나씩 넣을 때마다 오직 하나의 수가 나오는 기계를 뭐라고 하냐면~

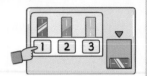

● 함수의 뜻

두 변수 $x$, $y$에 대하여 $x$의 값이 변함에 따라 $y$의 값이 하나씩 정해지는 대응 관계가 있을 때, $y$를 $x$의 함수라고 한다.

기호 $y = f(x)$ ← $f$는 함수를 뜻하는 영어 단어 function(기능)의 첫 글자야.

> 함수(函 상자 함, 數 셀 수)는 수를 하나씩 넣을 때마다 반드시 수가 하나씩 나오는 기능을 하는 기계 상자이다.

자연수 $x$보다 1만큼 큰 자연수 $y$

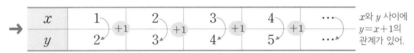

$x$와 $y$ 사이에 $y = x+1$의 관계가 있어.

→ $x$의 값이 변함에 따라 $y$의 값이 하나씩 정해진다.

→ $y$는 $x$의 함수 이다.

### 앗! 실수

★ $x$의 값이 하나 정해지는데 $y$의 값이 정해지지 않는 경우가 있으면 함수가 아니야.

자연수 $x$보다 1만큼 작은 자연수 $y$

| $x$ | 1 | 2 | 3 | 4 | ⋯ |
|---|---|---|---|---|---|
| $y$ | 없다. | 1 | 2 | 3 | ⋯ |

→ $y$는 $x$의 함수가 아니다.

$x$의 값이 1일 때, 자연수 $y$의 값이 정해지지 않아.

★ $x$의 값이 하나 정해지는데 $y$의 값이 2개 이상 정해지는 경우가 있어도 함수가 아니야.

자연수 $x$의 배수 $y$

| $x$ | 1 | 2 | ⋯ |
|---|---|---|---|
| $y$ | 1, 2, 3, ⋯ | 2, 4, 6, ⋯ | ⋯ |

→ $y$는 $x$의 함수가 아니다.

$x$의 값이 하나 정해질 때, $y$의 값이 2개 이상 정해져.

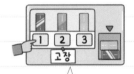

> 버튼을 하나 눌렀는데 음료수가 나오지 않는 고장 난 자판기 → 함수×

> 버튼을 하나 눌렀는데 음료수가 2개 나오는 고장 난 자판기 → 함수×

● 함수의 관계식

두 변수 $x$, $y$와 두 상수 $a$, $b$에 대하여

① **정비례 관계**: $y = ax \, (a \neq 0)$ → $y = 2x$, $y = -3x$, $y = \frac{1}{4}x$, ⋯

② **반비례 관계**: $y = \frac{a}{x} \, (a \neq 0)$ → $y = \frac{1}{x}$, $y = -\frac{4}{x}$, $y = \frac{12}{x}$, ⋯

③ $y = ax+b$ → $y = x+1$, $y = 2x-3$, $y = 6$, ⋯

$x$의 값이 변함에 따라 $y$의 값이 달라지지 않아도 정해지기만 하면 함수야.

⇨ ①, ②, ③은 $x$의 값이 변함에 따라 $y$의 값이 하나씩 정해지므로 $y$는 $x$의 함수 이다.

> 정비례 관계: 두 변수 $x$, $y$에 대하여 $x$가 2배, 3배, 4배, ⋯가 됨에 따라 $y$도 2배, 3배, 4배, ⋯가 되는 관계
> → $y = ax$ ($a$는 상수, $a \neq 0$) 꼴
>
> 반비례 관계: 두 변수 $x$, $y$에 대하여 $x$가 2배, 3배, 4배, ⋯가 됨에 따라 $y$는 $\frac{1}{2}$배, $\frac{1}{3}$배, $\frac{1}{4}$배, ⋯가 되는 관계
> → $y = \frac{a}{x}$ ($a$는 상수, $a \neq 0$) 꼴

**A** $x$의 값이 변함에 따라 $y$의 값이 하나씩 정해지면 $y$는 $x$의 함수이고, $y$의 값이 정해지지 않거나 2개 이상 정해지면 $y$는 $x$의 함수가 아니야.

✔ $x$와 $y$ 사이에 다음과 같은 관계가 있을 때, 표를 완성하고 주어진 물음에 대한 답이 '그렇다.'이면 ○표, '그렇지 않다.'이면 ×표를 ( ) 안에 써넣으시오.

**01** 자연수 $x$보다 2만큼 큰 수 $y$

→
| $x$ | 1 | 2 | 3 | 4 | ⋯ |
|---|---|---|---|---|---|
| $y$ | 3 | | | | ⋯ |

→ $x$의 값이 변함에 따라 $y$의 값이 하나씩 정해지는가? ( )

→ $y$는 $x$의 함수인가? ( )

> 1보다 큰 자연수 중에서 1과 자기 자신만을 약수로 가지는 수
> → 2, 3, 5, 7, 11, 13, 17, ⋯

앗 실수
**02** 자연수 $x$보다 작은 소수 $y$

→
| $x$ | 1 | 2 | 3 | 4 | ⋯ |
|---|---|---|---|---|---|
| $y$ | | | 2 | | ⋯ |

→ $x$의 값이 변함에 따라 $y$의 값이 하나씩 정해지는가? ( )

→ $y$는 $x$의 함수인가? ( )

**03** 자연수 $x$보다 작은 소수의 개수 $y$

→
| $x$ | 1 | 2 | 3 | 4 | ⋯ |
|---|---|---|---|---|---|
| $y$ | 0 | | | | ⋯ |

→ $x$의 값이 변함에 따라 $y$의 값이 하나씩 정해지는가? ( )

→ $y$는 $x$의 함수인가? ( )

앗 실수
**04** 자연수 $x$의 약수 $y$

→
| $x$ | 1 | 2 | 3 | 4 | ⋯ |
|---|---|---|---|---|---|
| $y$ | | | | | ⋯ |

→ $x$의 값이 변함에 따라 $y$의 값이 하나씩 정해지는가? ( )

→ $y$는 $x$의 함수인가? ( )

**05** 자연수 $x$의 약수의 개수 $y$

→
| $x$ | 1 | 2 | 3 | 4 | ⋯ |
|---|---|---|---|---|---|
| $y$ | | | | | ⋯ |

→ $x$의 값이 변함에 따라 $y$의 값이 하나씩 정해지는가? ( )

→ $y$는 $x$의 함수인가? ( )

> $|3|=3, \ |-3|=3$

**06** 정수 $x$의 절댓값 $y$

→
| $x$ | ⋯ | $-2$ | $-1$ | 0 | 1 | 2 | ⋯ |
|---|---|---|---|---|---|---|---|
| $y$ | ⋯ | | | | | | ⋯ |

→ $x$의 값이 변함에 따라 $y$의 값이 하나씩 정해지는가? ( )

→ $y$는 $x$의 함수인가? ( )

앗 실수
**07** 절댓값이 자연수 $x$인 수 $y$

→
| $x$ | 1 | 2 | 3 | 4 | ⋯ |
|---|---|---|---|---|---|
| $y$ | | | | | ⋯ |

→ $x$의 값이 변함에 따라 $y$의 값이 하나씩 정해지는가? ( )

→ $y$는 $x$의 함수인가? ( )

**B** 두 변수 $x$와 $y$ 사이에 정비례, 반비례 관계가 있을 때 $y$는 $x$의 함수인지, 아닌지 직접 확인해 보자.

| 정답 및 풀이 5쪽 |

✔ $x$와 $y$ 사이에 다음과 같은 관계가 있을 때, 표와 관계식을 완성하고, $y$가 $x$의 함수이면 ○표, 함수가 아니면 ×표를 ( ) 안에 써넣으시오.

**01** 1000원짜리 물 $x$병의 가격 $y$원

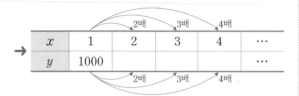

관계식: $y=$ ⬚

➡ $y$는 $x$의 함수인가? ( )

**02** 한 변의 길이가 $x$ cm인 정삼각형의 둘레의 길이 $y$ cm

| $x$ | 1 | 2 | 3 | 4 | ⋯ |
|---|---|---|---|---|---|
| $y$ | | | | | ⋯ |

관계식: $y=$ ⬚

➡ $y$는 $x$의 함수인가? ( )

(소금의 양) $=\dfrac{(소금물의 농도)}{100} \times (소금물의 양)$

**03** 20 %의 소금물 $x$ g에 들어 있는 소금의 양 $y$ g

| $x$ | 100 | 200 | 300 | 400 | ⋯ |
|---|---|---|---|---|---|
| $y$ | | | | | ⋯ |

관계식: $y=$ ⬚

➡ $y$는 $x$의 함수인가? ( )

**04** 넓이가 36 cm²인 직사각형의 가로, 세로의 길이가 각각 $x$ cm, $y$ cm

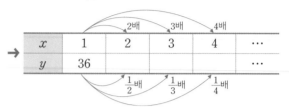

관계식: $y=$ ⬚

➡ $y$는 $x$의 함수인가? ( )

**05** 연필 12자루를 $x$명이 똑같이 나누어 가질 때, 한 명이 가지게 되는 연필 $y$자루

| $x$ | 1 | 2 | 3 | 4 | ⋯ |
|---|---|---|---|---|---|
| $y$ | | | | | ⋯ |

관계식: $y=$ ⬚

➡ $y$는 $x$의 함수인가? ( )

(시간) $=\dfrac{(거리)}{(속력)}$

**06** 시속 $x$ km로 60 km의 거리를 가는 데 걸리는 시간 $y$시간

| $x$ | 1 | 2 | 3 | 4 | ⋯ |
|---|---|---|---|---|---|
| $y$ | | | | | ⋯ |

관계식: $y=$ ⬚

➡ $y$는 $x$의 함수인가? ( )

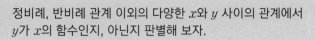

정비례, 반비례 관계 이외의 다양한 $x$와 $y$ 사이의 관계에서 $y$가 $x$의 함수인지, 아닌지 판별해 보자.

✔ $x$와 $y$ 사이에 다음과 같은 관계가 있을 때, 표와 관계식을 완성하고, $y$가 $x$의 함수이면 ○표, 함수가 아니면 ×표를 (  ) 안에 써넣으시오. [01~03]

**01** 길이가 20 cm인 테이프를 $x$ cm 사용하고 남은 테이프의 길이 $y$ cm

| $x$ | 1 | 2 | 3 | 4 | ⋯ |
|---|---|---|---|---|---|
| $y$ | 19 | | | | ⋯ |

관계식: $y=$ ☐

→ $y$는 $x$의 함수인가?  (  )

(정사각형의 넓이)=(한 변의 길이)$^2$

**02** 한 변의 길이가 $x$ cm인 정사각형의 넓이 $y$ cm$^2$

| $x$ | 1 | 2 | 3 | 4 | ⋯ |
|---|---|---|---|---|---|
| $y$ | | | | | ⋯ |

관계식: $y=$ ☐

→ $y$는 $x$의 함수인가?  (  )

**03** 나이 차가 2살인 형과 동생의 $x$년 후의 나이 차 $y$살

| $x$ | 1 | 2 | 3 | 4 | ⋯ |
|---|---|---|---|---|---|
| $y$ | | | | | ⋯ |

관계식: $y=$ ☐

→ $y$는 $x$의 함수인가?  (  )

✔ $x$와 $y$ 사이에 다음과 같은 관계가 있을 때, $y$가 $x$의 함수이면 ○표, 함수가 아니면 ×표를 (  ) 안에 써넣으시오. [04~09]

**04** 돼지 $x$마리의 다리 수 $y$개  (  )

**05** 자연수 $x$를 2로 나눈 나머지 $y$  (  )

**06** 자연수 $x$보다 작은 홀수 $y$  (  )

**07** 키가 $x$ cm인 학생의 몸무게 $y$ kg  (  )

24시간

**08** 하루 중 낮의 길이가 $x$시간일 때, 밤의 길이 $y$시간  (  )

(원의 넓이)=$\pi \times$(반지름의 길이)$^2$

**09** 반지름의 길이가 $x$ cm인 원의 넓이 $y$ cm$^2$  (  )

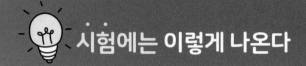

**01** 다음 중 $y$가 $x$의 함수가 <u>아닌</u> 것은?

① 자연수 $x$의 역수 $y$

② 자연수 $x$보다 작은 짝수 $y$

③ 800원짜리 초콜릿 $x$개의 가격 $y$원

④ 시속 4 km로 $x$시간 동안 간 거리 $y$ km

⑤ 120쪽인 책을 $x$쪽 읽었을 때, 남은 쪽수 $y$쪽

> ★ 함수: 두 변수 $x$, $y$에 대하여 $x$의 값이 변함에 따라 $y$의 값이 [하나]씩 정해지면 $y$는 $x$의 함수이다.

> $x$의 값이 하나 정해지는데 $y$의 값이 정해지지 않거나 2개 이상 정해지는 경우가 있는지 잘 찾아봐. 그러면 함수가 아니거든.

**02** 다음 중 $y$가 $x$의 함수인 것을 모두 고르면? (정답 2개)

① 자연수 $x$와 3의 공배수 $y$

② 자연수 $x$와 서로소인 자연수 $y$

③ 오징어 $x$마리의 다리 $y$개

④ 자연수 $x$의 소인수 $y$

⑤ 우유 2 L를 $x$명이 똑같이 나누어 마실 때, 한 사람이 마신 우유의 양 $y$ L

**03** 다음 **보기**에서 $y$가 $x$의 함수인 것을 모두 고른 것은?

> **보 기**
> ㄱ. 자연수 $x$와 1의 공약수 $y$
> ㄴ. 500원짜리 사탕 $x$개를 사고 10000원을 냈을 때의 거스름돈 $y$원
> ㄷ. 1학기 중간고사에서 수학 점수가 $x$점인 학생의 영어 점수 $y$점

① ㄱ       ② ㄱ, ㄴ       ③ ㄱ, ㄷ

④ ㄴ, ㄷ       ⑤ ㄱ, ㄴ, ㄷ

# 05 함숫값은 함수 기계에서 나오는 결과야

## ● 함숫값

함수 $y=f(x)$에서 $x$의 값에 따라 하나씩 정해지는 $y$의 값, 즉 $f(x)$를 $x$에서의 함숫값이라고 한다.

함수 $y=f(x)$의 $x=a$일 때의 $y$의 값, 즉 함숫값 → 기호 $f(a)$

$f(x)$에 $x$ 대신 $a$를 대입하면 얻을 수 있어.

같은 $x$ 자리에 같은 값을 대입해.

함수 $f(x)=x+1$일 때,

$$f(1)=1+1=\boxed{2}$$

$$f(2)=2+1=\boxed{3}$$

$$f(3)=3+1=\boxed{4}$$

같은 $x$ 자리에 같은 값을 대입해.

함수 $f(x)=2x$일 때,

$$f(-1)=2\times(-1)=\boxed{-2}$$

음수를 대입할 때는 괄호에 넣어서 대입해.

$$f(1)=2\times1=\boxed{2}$$

$$f\left(\frac{1}{2}\right)=2\times\frac{1}{2}=\boxed{1}$$

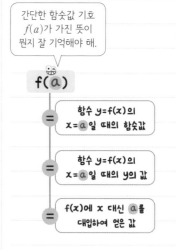

간단한 함숫값 기호 $f(a)$가 가진 뜻이 뭔지 잘 기억해야 해.

$f(a)$
= 함수 $y=f(x)$의 $x=a$일 때의 함숫값
= 함수 $y=f(x)$의 $x=a$일 때의 $y$의 값
= $f(x)$에 $x$ 대신 $a$를 대입하여 얻은 값

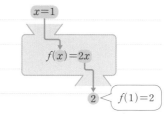

## ● 함숫값이 주어질 때, 미지수의 값 구하기

함수 $f(x)$의 식과 주어진 함숫값을 이용하여 식을 세운 후 미지수의 값을 구한다.

같은 $x$ 자리에 같은 값을 대입해.

함수 $f(x)=x+1$에 대하여 $f(a)=8$일 때, $a$의 값은

$f(x)=x+1$에 $x=a$를 대입하여 얻은 함숫값이 8이다.

❶ $f(x)=x+1$에 $x=a$ 대입하기 → $f(a)=\boxed{a+1}=8$이므로

❷ $a$의 값 구하기 → $a=\boxed{7}$

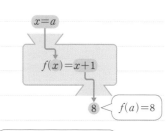

아하! $x$의 값을 이용하여 $y$의 값을 구한 것처럼 거꾸로 $y$의 값을 이용하여 $x$의 값도 구할 수 있구나~

✔ 함수 $y=f(x)$에 대하여 $f(x)=-x$일 때, 다음 □ 안에 알맞은 수를 써넣으시오. [01~06]

**01** $x=2$일 때의 함숫값 → $f(2)=$ □

$f(x)=-x$에 $x$ 대신 2를 대입해서 구해.

**02** $x=6$일 때의 $y$의 값 → $f(6)=$ □

**03** $x=-1$일 때의 함숫값 → $f(-1)=$ □

음수를 대입할 때는 괄호에 넣어서 대입해야 해.

**04** $x=-3$일 때의 $y$의 값 → $f(-3)=$ □

**05** $x=\dfrac{1}{3}$일 때의 함숫값 → $f\left(\dfrac{1}{3}\right)=$ □

**06** $x=-\dfrac{1}{4}$일 때의 $y$의 값 → $f\left(-\dfrac{1}{4}\right)=$ □

✔ 함수 $y=f(x)$에 대하여 $f(x)=x-1$일 때, 다음 □ 안에 알맞은 수를 써넣으시오. [07~12]

**07** $x=1$일 때의 함숫값 → $f($ □ $)=$ □

**08** $x=5$일 때의 $y$의 값 → $f($ □ $)=$ □

**09** $x=-2$일 때의 $y$의 값 → $f($ □ $)=$ □

**10** $x=-6$일 때의 함숫값 → $f($ □ $)=$ □

**11** $x=\dfrac{3}{2}$일 때의 함숫값 → $f($ □ $)=$ □

**12** $x=-\dfrac{1}{3}$일 때의 $y$의 값 → $f($ □ $)=$ □

☑ 주어진 함수 $f(x)$에 대하여 다음 값을 구하시오.

**01** $f(x)=3x$일 때, $f(2)$의 값

**02** $f(x)=-2x$일 때, $f(-2)$의 값

**03** $f(x)=6x$일 때, $f\left(\dfrac{1}{3}\right)$의 값

**04** $f(x)=\dfrac{1}{2}x$일 때, $f(-4)$의 값

**05** $f(x)=2x+3$일 때, $f(3)$의 값

> $f(0)$, $f(1)$의 값을 각각 구해서 더해.

**06** $f(x)=4x$일 때, $f(0)+f(1)$의 값

**07** $f(x)=\dfrac{2}{x}$일 때, $f(2)$의 값

> $f(x)=(-10)\div x$에 $x=\dfrac{1}{2}$을 대입해서 구해.

**08** $f(x)=-\dfrac{10}{x}$일 때, $f\left(\dfrac{1}{2}\right)$의 값

**09** $f(x)=\dfrac{6}{x}+1$일 때, $f(-2)$의 값

**10** $f(x)=\dfrac{9}{x}$일 때, $f(-1)+f(3)$의 값

**11** $f(x)=$(자연수 $x$를 3으로 나눈 나머지)일 때, $f(5)$의 값

**12** $f(x)=$(자연수 $x$보다 작은 소수의 개수)일 때, $f(6)$의 값

## C

함숫값이 $f(a)=$(수) 꼴로 주어지면
❶ 함수의 식에 $x$ 대신 $a$를 대입하여 $f(a)$를 $a$에 대한 식으로 나타낸 후 ❷ $a$의 값을 구해.

| 정답 및 풀이 8쪽 |

✔ 함수 $f(x)=x+2$에 대하여 다음을 만족시키는 $a$의 값을 구하시오. [01~03]

**01** $f(a)=4$

**02** $f(a)=-2$

**03** $f(a)=1$

✔ 함수 $f(x)=-5x$에 대하여 다음을 만족시키는 $a$의 값을 구하시오. [04~06]

**04** $f(a)=5$

**05** $f(a)=-10$

**06** $f(a)=-\frac{5}{3}$

✔ 함수 $f(x)=2x-1$에 대하여 다음을 만족시키는 $a$의 값을 구하시오. [07~09]

**07** $f(a)=1$

**08** $f(a)=-5$

**09** $f(a)=0$

✔ 함수 $f(x)=\frac{12}{x}$에 대하여 다음을 만족시키는 $a$의 값을 구하시오. [10~12]

**10** $f(a)=4$

**11** $f(a)=-2$

**12** $f(a)=\frac{1}{2}$

D 함수의 식에 모르는 상수 $a$가 있고 함숫값이 주어지면
❶ 함숫값을 이용하여 $a$에 대한 일차방정식을 얻은 후 ❷ $a$의 값을 구해.

| 정답 및 풀이 8쪽 |

✔ 함수 $y=f(x)$에 대하여 다음 값을 구하시오.

(단, $a$는 상수)

**01** $f(x)=ax$이고 $f(2)=-6$일 때, $a$의 값

> $f(x)=ax$이므로 $f(2)=2a=-6$에서
> $a=\boxed{\phantom{00}}$

**02** $f(x)=ax$이고 $f(3)=2$일 때, $a$의 값

**03** $f(x)=x+a$이고 $f(-1)=5$일 때, $a$의 값

**04** $f(x)=x+a$이고 $f(4)=-3$일 때, $a$의 값

**05** $f(x)=\dfrac{a}{x}$이고 $f(2)=7$일 때, $a$의 값

**06** $f(x)=\dfrac{a}{x}$이고 $f(6)=-\dfrac{1}{3}$일 때, $a$의 값

**07** $f(x)=ax$이고 $f(3)=12$일 때, $f(2)$의 값

> $f(x)=ax$이므로 $f(3)=3a=12$에서
> $a=\boxed{\phantom{00}}$
> 따라서 $f(x)=\boxed{\phantom{0}}x$이므로 $f(2)=\boxed{\phantom{0}}$

**08** $f(x)=ax$이고 $f(-1)=6$일 때, $f(5)$의 값

**09** $f(x)=x+a$이고 $f(3)=1$일 때, $f(-2)$의 값

**10** $f(x)=x+a$이고 $f(4)=0$일 때, $f(10)$의 값

**11** $f(x)=\dfrac{a}{x}$이고 $f(4)=5$일 때, $f(-2)$의 값

**12** $f(x)=\dfrac{a}{x}$이고 $f(6)=\dfrac{1}{2}$일 때, $f(-3)$의 값

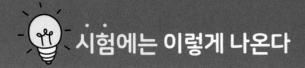
**01** 함수 $f(x)=-3x$에 대하여 다음 중 옳지 <u>않은</u> 것은?

① $f(0)=0$  ② $f(1)=-3$  ③ $f(-2)=6$

④ $f\left(-\dfrac{1}{3}\right)=1$  ⑤ $f\left(\dfrac{5}{6}\right)=-15$

★ $f(\textcircled{a})$
→ 함수 $f(x)$의 $x=\boxed{a}$
  일 때의 함숫값
→ 함수 $f(x)$의 $x=\boxed{a}$
  일 때의 $y$의 값
→ $f(x)$에 $x$ 대신 $\boxed{a}$를
  대입하여 얻은 값

**02** 함수 $f(x)=-\dfrac{24}{x}+2$에 대하여 $f(8)$의 값은?

① $-5$  ② $-3$  ③ $-1$  ④ $1$  ⑤ $3$

**03** 함수 $f(x)=$ (자연수 $x$의 약수의 개수)에 대하여 $f(6)+f(7)$의 값은?

① $5$  ② $6$  ③ $7$  ④ $8$  ⑤ $9$

**04** 함수 $f(x)=x+6$에 대하여 $f(-3)=a$, $f(b)=-2$일 때, $a+b$의 값은?

① $-5$  ② $-4$  ③ $-3$  ④ $-2$  ⑤ $-1$

**05** 함수 $f(x)=\dfrac{a}{x}$에 대하여 $f(2)=-6$일 때, $f(3)$의 값은?

(단, $a$는 상수)

① $-6$  ② $-4$  ③ $-3$  ④ $-2$  ⑤ $-1$

먼저 $f(2)=-6$을 이용하여
$a$의 값을 구해.

# 06 일차함수는 $y=ax+b$ 꼴이야

2$x+1$은 일차식, 2$x+1=0$은 일차방정식, 2$x+1>0$은 일차부등식이야.
이처럼 함수에도 앞에 '일차'가 붙는 일차함수가 있어.
일차함수의 식이 어떻게 생겼을지 감이 오지? 추측이 과연 맞았는지 확인해 볼까~

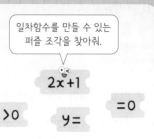

일차함수를 만들 수 있는 퍼즐 조각을 찾아줘.

$2x+1$    $>0$    $y=$    $=0$

---

● 일차함수

함수 $y=f(x)$에서 $y$가 $x$에 대한 일차식으로 나타내어질 때, 즉
$$\underline{y=ax+b}\,(a, b는 상수, a\neq0)$$
<sub>$y=(x$에 대한 일차식) 꼴</sub>

일 때, 이 함수를 $x$에 대한 일차함수라고 한다.

$$y=2x+1,\ y=-3x,\ y=\frac{1}{4}x-5$$

는 모두 $x$에 대한 일차 함수이다.

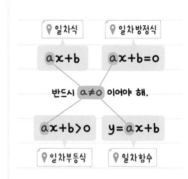

일차식   일차방정식
$ax+b$   $ax+b=0$
반드시 $a\neq0$ 이어야 해.
$ax+b>0$   $y=ax+b$
일차부등식   일차함수

> **앗! 실수**
>
> ★ $y$가 $x$에 대한 일차식으로 나타나지 않으면 일차함수가 아니야.
>
> → $y=3\,(\times)$     $y=x^2+1\,(\times)$     $y=\dfrac{1}{x}-1\,(\times)$
>
> 차수가 0이므로    차수가 2이므로    분모에 $x$가 있으므로
> 일차식이 아니야.    일차식이 아니야.    일차식이 아니야.

> **바빠꿀팁**
>
> 함수의 식이 $y=(x$에 대한 식) 꼴로 주어지지 않는 경우에는 $y$항은 좌변으로, 나머지 항은 우변으로 이항한 후 생각해.
>
> $x+y=1$
> $\xrightarrow{\text{이항}} y=-x+1$ (일차함수)

● 일차함수의 함숫값

함수 $f(x)=ax+b$에서 $x=k$일 때의 함숫값 → $f(k)=ak+b$
<sub>$x=k$를 대입해.</sub>

함수 $f(x)=ax+1$에 대하여 $f(2)=7$일 때, 상수 $a$의 값은
<sub>$f(x)=ax+1$에 $x=2$를 대입하여 얻은 함숫값이 7이다.</sub>

$\xrightarrow[\ x=2\ \text{대입하기}\ ]{❶\,f(x)=ax+1\text{에}}$ $f(2)=\boxed{2a+1}=7$이므로
<sub>$a$에 대한 일차방정식을 얻어.</sub>

$\xrightarrow{❷\,a\text{의 값 구하기}}$ $a=\boxed{3}$

> **바빠꿀팁**
>
> 함수 $f(x)=ax+b$에 대하여 $f(1)=0, f(-1)=2$일 때, 두 상수 $a, b$의 값을 구하려면 어떻게 해야 할까? 먼저
> $f(1)=a+b=0$ …… ㉠
> $f(-1)=-a+b=2$ …… ㉡
> 과 같이 $a, b$에 대한 두 일차방정식을 얻은 다음 ㉠, ㉡을 연립하여 $a, b$의 값을 각각 구하면 돼.

## A

$y$가 $x$에 대한 일차함수 → $y=(x$에 대한 일차식$)$
→ $y=ax+b$ (단, $a\neq0$)

| 정답 및 풀이 9쪽 |

✔ 다음 중 $y$가 $x$에 대한 일차함수인 것에는 ○표, 일차함수가 아닌 것에는 ×표를 (  ) 안에 써넣으시오.

**01** $y=5x$ (  )

**02** $y=4x+3$ (  )

앗! 실수

**03** $y=-8$ (  )

앗! 실수

**04** $y=x^2+2x-1$ (  )

**05** $y=\frac{x}{3}-2$ (  )

앗! 실수

**06** $y=\frac{2}{x}+6$ (  )

분모에 $x$가 있으므로 일차식이 아니야.

괄호를 풀고 정리한 후 생각해.

**07** $y=3(x+2)-3x$ (  )

**08** $y=x(x+1)$ (  )

**09** $y=x^2-(x^2-x+7)$ (  )

$y=(x$에 대한 식$)$ 꼴로 만들어서 생각해.

**10** $2x+y=9$ (  )

**11** $6x+y=6x+5$ (  )

**12** $4x+1=x-y$ (  )

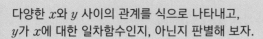
다양한 $x$와 $y$ 사이의 관계를 식으로 나타내고,
$y$가 $x$에 대한 일차함수인지, 아닌지 판별해 보자.

| 정답 및 풀이 9쪽 |

✔ $x$와 $y$ 사이의 관계가 다음과 같을 때, 관계식을 완성하고, $y$가 $x$에 대한 일차함수이면 ○표, 일차함수가 아니면 ×표를 (  ) 안에 써넣으시오. [01~04]

**01** 하루 중 낮의 길이가 $x$시간일 때, 밤의 길이 $y$시간

→ 관계식: $y=$ ☐      (    )

**02** 500원짜리 연필 $x$개와 1000원짜리 공책 한 권의 가격 $y$원

→ 관계식: $y=$ ☐      (    )

**03** 한 변의 길이가 $x$ cm인 정사각형의 넓이 $y$ cm$^2$

→ 관계식: $y=$ ☐      (    )

**04** 초속 $x$ m로 300 m의 거리를 가는 데 걸리는 시간 $y$초

→ 관계식: $y=$ ☐      (    )

✔ $x$와 $y$ 사이에 다음과 같은 관계가 있을 때, $y$가 $x$에 대한 일차함수이면 ○표, 일차함수가 아니면 ×표를 (  ) 안에 써넣으시오. [05~10]

**05** 매달 3만 원씩 $x$개월 동안 받은 용돈 $y$원 (    )

**06** 고양이 $x$마리와 앵무새 1마리의 다리의 개수 $y$ (    )

**07** 가로의 길이가 $x$ cm, 세로의 길이가 6 cm인 직사각형이 둘레의 길이 $y$ cm (    )

**08** 160쪽인 수학 문제집을 매일 5쪽씩 $x$일 동안 풀었을 때, 남은 쪽수 $y$쪽 (    )

**09** 넓이가 20 cm$^2$인 삼각형의 밑변의 길이가 $x$ cm일 때, 높이 $y$ cm (    )

**10** $x$각형에서 외각의 크기의 합 $y°$ (    )

✔ 주어진 일차함수 $f(x)$에 대하여 다음 값을 구하시오.

**01** $f(x)=3x+7$일 때, $f(2)$의 값

**02** $f(x)=-4x-9$일 때, $f(-2)$의 값

**03** $f(x)=\dfrac{2}{3}x-4$일 때, $f(9)$의 값

**04** $f(x)=6x-2$일 때, $f(0)+f(3)$의 값

**05** $f(x)=-5x+3$일 때, $f(-1)+f(1)$의 값

**06** $f(x)=2x+3$이고 $f(a)=1$일 때, $a$의 값

**07** $f(x)=5x-10$이고 $f(a)=5$일 때, $a$의 값

**08** $f(x)=-3x+8$이고 $f(a)=2$일 때, $a$의 값

**09** $f(x)=-6x-2$이고 $f(a)=0$일 때, $a$의 값

**10** $f(x)=\dfrac{1}{2}x-5$이고 $f(a)=-1$일 때, $a$의 값

함수의 식에 모르는 상수 $a$, $b$가 있고 함숫값이 주어지면
❶ 함수의 식에 함숫값을 대입하여 $a$, $b$에 대한 일차방정식을 얻은 후 ❷ $a$, $b$의 값을 구해.

| 정답 및 풀이 10쪽 |

✔ 주어진 일차함수 $f(x)$에 대하여 다음 값을 구하시오. (단, $a$는 상수) [01~05]

**01** $f(x)=4x+a$이고 $f(1)=3$일 때, $a$의 값

**02** $f(x)=ax-3$이고 $f(2)=7$일 때, $a$의 값

**03** $f(x)=ax+9$이고 $f\left(\dfrac{1}{2}\right)=6$일 때, $a$의 값

**04** $f(x)=-8x+a$이고 $f(-1)=5$일 때, $f(1)$의 값

**05** $f(x)=ax+2$이고 $f(-3)=14$일 때, $f(-4)$의 값

✔ 주어진 일차함수 $f(x)$에 대하여 다음 값을 구하시오. (단, $a$, $b$는 상수) [06~09]

**06** $f(x)=ax+b$이고 $f(1)=1$, $f(2)=3$일 때, $a$, $b$의 값

> $f(x)=ax+b$이므로
> $f(1)=a+b=1$ ⋯⋯ ㉠
> $f(2)=\boxed{\phantom{xxx}}=3$ ⋯⋯ ㉡
> ㉡−㉠을 하면 $a=\boxed{\phantom{x}}$
> $a=\boxed{\phantom{x}}$를 ㉠에 대입하면 $b=\boxed{\phantom{xx}}$

**07** $f(x)=ax+b$이고 $f(0)=9$, $f(-3)=0$일 때, $a$, $b$의 값

**08** $f(x)=ax+b$이고 $f(1)=-1$, $f(-1)=9$일 때, $a$, $b$의 값

**09** $f(x)=ax+b$이고 $f(2)=9$, $f(3)=15$일 때, $a+b$의 값

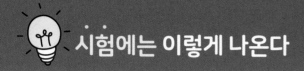

**01** 다음 중 $y$가 $x$에 대한 일차함수인 것을 모두 고르면? (정답 2개)

① $y=\dfrac{8}{x}$　　　② $y=x^2-4x$　　　③ $y=\dfrac{1}{6}-2x$

④ $y-x=3-x$　　　⑤ $y=x^2-x(x+5)$

> ★ $y$가 $x$에 대한 일차함수
> → $y=(x$에 대한 [일]차식)
> → $y=ax+b$ (단, $a\neq0$)

**02** 다음 중 $y$가 $x$에 대한 일차함수가 <u>아닌</u> 것은?

① 2000원짜리 사과 $x$개와 5000원짜리 바나나 1송이의 가격이 $y$원 이다.

② 사탕 60개를 $x$명에게 나누어 줄 때, 한 명이 받게 되는 사탕은 $y$개 이다.

③ 반지름의 길이가 $x$ cm인 원의 둘레의 길이는 $y$ cm이다.

④ 가로의 길이가 12 cm, 세로의 길이가 $x$ cm인 직사각형의 넓이는 $y$ cm²이다.

⑤ 100 km 떨어진 목적지를 향해 시속 $x$ km로 6시간 동안 갔을 때, 남은 거리가 $y$ km이다.

**03** 일차함수 $f(x)=\dfrac{3}{4}x-2$에 대하여 $f(a)=4$일 때, $a$의 값은?

① 8　　　② 10　　　③ 12　　　④ 14　　　⑤ 16

> ★ 일차함수 $f(x)=ax+b$
> 에서 $x=k$일 때의 함숫값
> → $f(k)=a\boxed{k}+b$

**04** 일차함수 $f(x)=ax+b$에 대하여 $f(2)=-1$, $f(-2)=7$일 때, $b-a$의 값은? (단, $a$, $b$는 상수)

① 1　　　② 2　　　③ 3　　　④ 4　　　⑤ 5

# 07 일차함수 $y=ax$의 그래프는 원점을 지나는 직선이야

1학년 때 배웠던 정비례 관계 $y=ax\,(a\neq0)$의 그래프 기억하지? 원점을 지나는 직선이고, $a>0$이면 오른쪽 위로 향하고, $a<0$이면 오른쪽 아래로 향했어. 이게 바로 일차함수 $y=ax\,(a\neq0)$의 그래프야. 거저먹을 수 있겠지?

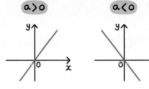

● 함수의 그래프

함수 $y=f(x)$에서 $x$의 값과 그 값에 따라 정해지는 $y$의 값의 순서쌍 $(x,\ y)$를 좌표로 하는 점 전체를 좌표평면 위에 나타낸 것

$x$의 값이 몇 개의 수이면 그래프는 몇 개의 점이 되지만
$x$의 값의 범위가 수 전체이면 그래프는 직선 또는 곡선이 되기도 해.

● 일차함수 $y=ax\,(a\neq0)$의 그래프

① 원점 O$(0,\ 0)$을 지나는 직선이다. ← 특별한 언급이 없으면 $x$의 값의 범위는 수 전체이고, 이때 일차함수 $y=ax$의 그래프는 직선이야.

② $a$의 부호에 따른 $y=ax\,(a\neq0)$의 그래프의 특징은 다음과 같다.

| | $a>0$일 때 | $a<0$일 때 |
|---|---|---|
| 그래프 | (그래프) | (그래프) |
| 그래프의 모양 | 오른쪽 위로 향하는 직선 ↗ | 오른쪽 아래 로 향하는 직선 ↘ |
| 지나는 사분면 | 제1사분면과 제 3 사분면 | 제2사분면과 제 4 사분면 |
| 증가, 감소 | $x$의 값이 증가할 때, $y$의 값도 증가 | $x$의 값이 증가할 때, $y$의 값은 감소 |

**바빠 꿀팁**

한 점을 지나는 직선은 무수히 많지만 서로 다른 두 점을 지나는 직선은 1개뿐이야. 일차함수 $y=ax\,(a\neq0)$의 그래프는 원점을 반드시 지나고 점 $(1,\ a)$도 지나는 직선이니까 이 두 점을 이용하여 쉽게 그릴 수 있어.

③ $a$의 절댓값이 클수록 $y$축에 가깝다. ← $a$의 절댓값이 작을수록 $x$축에 가까워.

세 일차함수 $y=2x$, $y=x$, $y=-\dfrac{1}{2}x$의 그래프 중 $y$축에 가장 가까운 함수는 $y=2x$ 이다.

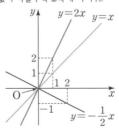

$|2|>|1|>\left|-\dfrac{1}{2}\right|$이므로
$a$의 절댓값이 가장 큰 함수와 일치해.

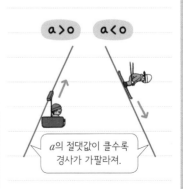

$a$의 절댓값이 클수록 경사가 가팔라져.

일차함수 $y=ax$의 그래프는 순서쌍 $(x, ax)$를 좌표로 하는 점을 좌표평면 위에 나타낸 거야.
$x$의 값이 몇 개의 수이면 그래프는 몇 개의 점, $x$의 값의 범위가 수 전체이면 그래프는 직선이 돼.

| 정답 및 풀이 11쪽 |

✔ 일차함수 $y=3x$에 대하여 물음에 답하시오. [01~04]

**01** 다음 표를 완성하시오.

| $x$ | $-2$ | $-1$ | 0 | 1 | 2 |
|---|---|---|---|---|---|
| $y$ | | | 0 | | |

**02** 위의 표에서 순서쌍 $(x, \ y)$를 좌표로 하는 점을 좌표평면 위에 나타내시오.

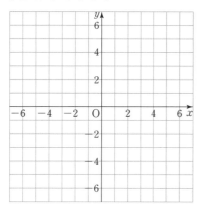

**03** $x$의 값의 범위가 수 전체일 때, 일차함수 $y=3x$ 의 그래프를 **02**의 좌표평면 위에 그리시오.

**04** 일차함수 $y=3x$의 그래프가 지나는 사분면을 구하시오.

✔ 일차함수 $y=-2x$에 대하여 물음에 답하시오. [05~08]

**05** 다음 표를 완성하시오.

| $x$ | $-2$ | $-1$ | 0 | 1 | 2 |
|---|---|---|---|---|---|
| $y$ | | | 0 | | |

**06** 위의 표에서 순서쌍 $(x, \ y)$를 좌표로 하는 점을 좌표평면 위에 나타내시오.

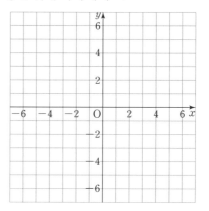

**07** $x$의 값의 범위가 수 전체일 때, 일차함수 $y=-2x$ 의 그래프를 **06**의 좌표평면 위에 그리시오.

**08** 일차함수 $y=-2x$의 그래프가 지나는 사분면을 구하시오.

일차함수 $y=ax$의 그래프는 원점 $(0, 0)$과 점 $(1, a)$를 지나는 직선으로 그리면 돼.
$a$가 정수가 아니면 점 $(1, a)$ 대신 $x$좌표, $y$좌표가 모두 정수인 다른 점을 찾아 그리면 편리해.

| 정답 및 풀이 12쪽 |

✔ 다음 보기의 함수의 그래프가 지나는 두 점의 좌표를 구하여 그래프를 그리고, 물음에 답하시오.

┌ 보 기 ┐

$y=x$          $y=6x$          $y=\dfrac{1}{4}x$

$y=-x$        $y=-3x$        $y=-\dfrac{1}{5}x$

**01** $y=x \rightarrow (0, \boxed{\phantom{0}}), (1, \boxed{\phantom{0}})$

**02** $y=6x \rightarrow (0, \boxed{\phantom{0}}), (1, \boxed{\phantom{0}})$

> 분모 4를 $x$좌표로 하면 $y$좌표도 정수인 점을 얻을 수 있어.

**03** $y=\dfrac{1}{4}x \rightarrow (0, \boxed{\phantom{0}}), (4, \boxed{\phantom{0}})$

**04** $y=-x \rightarrow (0, \boxed{\phantom{0}}), (1, \boxed{\phantom{0}})$

**05** $y=-3x \rightarrow (0, \boxed{\phantom{0}}), (1, \boxed{\phantom{0}})$

> 분모 5를 $x$좌표로 하면 $y$좌표도 정수인 점을 얻을 수 있어.

**06** $y=-\dfrac{1}{5}x \rightarrow (0, \boxed{\phantom{0}}), (5, \boxed{\phantom{0}})$

> 01~06에서 구한 두 점을 지나는 직선을 그으면 돼.

**07** 다음 좌표평면 위에 **보기**의 함수의 그래프를 모두 그리시오.

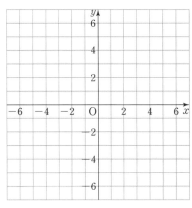

**08** 함수의 그래프가 제1사분면과 제3사분면을 지나는 함수를 모두 고르시오.

**09** $x$의 값이 증가할 때, $y$의 값은 감소하는 함수를 모두 고르시오.

**10** 함수의 그래프가 $y$축에 가장 가까운 함수를 고르시오.

> $|6| > |-3| > |1| = |-1| > \left|\dfrac{1}{4}\right| > \left|-\dfrac{1}{5}\right|$
> 일차함수 $y=ax$의 그래프는 $a$의 절댓값이 클수록 $y$축에 가깝다는 게 확인되지?

## C

점 $(p,\ q)$가 함수 $y=ax\,(a\neq 0)$의 그래프 위의 점이다.
→ $y=ax$에 $x=p$, $y=q$를 대입하면 등식이 성립한다. → $q=ap$

| 정답 및 풀이 12쪽 |

✔ 다음 중 일차함수 $y=4x$의 그래프 위의 점인 것에는 ○표, 아닌 것에는 ×표를 ( ) 안에 써넣으시오. [01~02]

**01** $(4,\ 1)$ ( )

> $y=4x$에 $x=4$, $y=1$을 대입해서 등식이 성립하는지 확인해.

**02** $\left(\frac{1}{2},\ 2\right)$ ( )

✔ 다음 중 일차함수 $y=-\frac{2}{3}x$의 그래프 위의 점인 것에는 ○표, 아닌 것에는 ×표를 ( ) 안에 써넣으시오. [03~04]

**03** $(3,\ -2)$ ( )

**04** $(-6,\ -4)$ ( )

✔ 일차함수 $y=-2x$의 그래프가 다음 점을 지날 때, $a$의 값을 구하시오. [05~06]

**05** $(3,\ a)$

> $y=-2x$에 $x=3$, $y=a$를 대입해서 $a$의 값을 구해.

**06** $(a,\ 14)$

✔ 일차함수 $y=\frac{3}{4}x$의 그래프가 다음 점을 지날 때, $a$의 값을 구하시오. [07~08]

**07** $(-4,\ a)$

**08** $(a,\ -2)$

**D** 함수 $y=ax\,(a\neq0)$의 그래프가 점 $(p,\ q)$를 지난다.
→ $y=ax$에 $x=p,\ y=q$를 대입하면 등식이 성립한다. → $q=ap$

✔ 일차함수 $y=ax$의 그래프가 다음 점을 지날 때, 상수 $a$의 값을 구하시오. [01~05]

**01** $(-1,\ 3)$

> $y=ax$에 $x=-1,\ y=3$을 대입해서 $a$의 값을 구해.

**02** $(5,\ 10)$

**03** $(3,\ -12)$

**04** $(-3,\ -5)$

**05** $\left(\dfrac{1}{3},\ 3\right)$

✔ 일차함수 $y=ax$의 그래프가 다음과 같을 때, 상수 $a$의 값을 구하시오. [06~08]

**06**
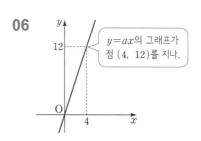

> $y=ax$의 그래프가 점 $(4,\ 12)$를 지나.

**07**
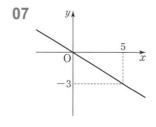

**08**
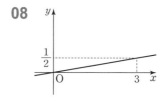

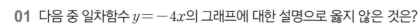 
**01** 다음 중 일차함수 $y=-4x$의 그래프에 대한 설명으로 옳지 <u>않은</u> 것은?

① 원점을 지나는 직선이다.

② 점 $(-1,\ 4)$를 지난다.

③ 오른쪽 위로 향하는 직선이다.

④ 제2사분면과 제4사분면을 지난다.

⑤ $x$의 값이 증가하면 $y$의 값은 감소한다.

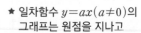

★ 일차함수 $y=ax(a\neq0)$의 그래프는 원점을 지나고
① $a>0$이면 오른쪽 [위]로 향하는 직선이다.
② $a<0$이면 오른쪽 [아래]로 향하는 직선이다.

**02** 다음 일차함수의 그래프 중 $y$축에 가장 가까운 것은?

① $y=-3x$　　　② $y=-\dfrac{3}{2}x$　　　③ $y=-x$

④ $y=2x$　　　⑤ $y=\dfrac{9}{2}x$

★ 일차함수 $y=ax(a\neq0)$의 그래프는 $a$의 절댓값이 [클]수록 $y$축에 가깝다.

**03** 다음 중 일차함수 $y=-\dfrac{2}{5}x$의 그래프 위의 점은?

① $(-10,\ -4)$　　② $(-2,\ 5)$　　③ $\left(1,\ -\dfrac{5}{2}\right)$

④ $(5,\ 2)$　　　⑤ $(15,\ -6)$

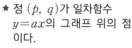

★ 점 $(p,\ q)$가 일차함수 $y=ax$의 그래프 위의 점이다.
→ $q=ap$

**04** 일차함수 $y=ax$의 그래프가 오른쪽 그림과 같을 때, 상수 $a$의 값은?

① $-\dfrac{8}{3}$　　　② $-\dfrac{4}{3}$

③ $-\dfrac{3}{4}$　　　④ $\dfrac{3}{4}$

⑤ $\dfrac{4}{3}$

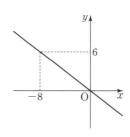

$x$의 각 값에 대하여 일차함수 $y=x+1$의 함숫값은 일차함수 $y=x$의 함숫값보다 항상 1만큼 커. 그러면 일차함수 $y=x$의 그래프 위의 점들과 일차함수 $y=x+1$의 그래프 위의 점들 사이에는 어떤 관계가 있을까? 도미노처럼 일제히 위로 올라가지 않을까~

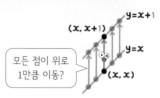

모든 점이 위로 1만큼 이동?

● 일차함수 $y=ax+b\,(a\neq0)$의 그래프

① 일차함수 $y=ax+b\,(a\neq0)$의 그래프는 일차함수 $y=ax\,(a\neq0)$의 그래프를 $y$축의 방향으로 $b$만큼 평행이동한 직선이다.

$$y=ax \xrightarrow[b\text{만큼 평행이동}]{y\text{축의 방향으로}} y=ax+b$$

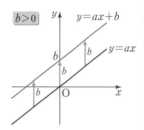

② $b>0$이면 $y$축의 양의 방향(↑)으로 이동
$b<0$이면 $y$축의 음의 방향(↓)으로 이동

평행이동은 한 도형을 일정한 방향으로 일정한 거리만큼 이동하는 것이다.

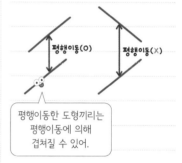

평행이동한 도형끼리는 평행이동에 의해 겹쳐질 수 있어.

두 일차함수 $y=x$와 $y=x+1$에 대하여

| $x$ | $-2$ | $-1$ | $0$ | $1$ | $2$ |
|---|---|---|---|---|---|
| $y=x$ | $-2$ | $-1$ | $0$ | $1$ | $2$ |
| $y=x+1$ | $-1$ | $0$ | $1$ | $2$ | $3$ |

→ $x$의 각 값에 대하여 일차함수 $y=x+1$의 함숫값은 일차함수 $y=x$의 함숫값보다 항상 1만큼 크다.

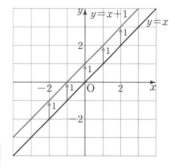

→ 일차함수 $y=x+1$의 그래프는 일차함수 $y=x$의 그래프를

$y$축의 방향으로 ⎯1⎯ 만큼 평행이동

한 것이다.

→ $y=x \xrightarrow[\boxed{1}\text{만큼 평행이동}]{y\text{축의 방향으로}} y=x+1$

왼쪽 표에서 두 일차함수 $y=x$, $y=x+1$의 그래프가 지나는 점의 좌표는 다음과 같아.

| $y=x$ | $y=x+1$ |
|---|---|
| $(-2,\ -2)$ | $(-2,\ -1)$ |
| $(-1,\ -1)$ | $(-1,\ 0)$ |
| $(0,\ 0)$ | $(0,\ 1)$ |
| $(1,\ 1)$ | $(1,\ 2)$ |
| $(2,\ 2)$ | $(2,\ 3)$ |

$x$좌표가 같을 때, $y$좌표는 항상 1만큼 커.

$x$의 값의 범위가 수 전체일 때도 마찬가지야.

$$y=x+1 \xrightarrow[-1\text{만큼 평행이동}]{y\text{축의 방향으로}} y=x$$

거꾸로 생각할 수도 있어야 해.

일차함수 $y=ax$의 그래프는 좌표평면 위에 점 $(x, ax)$를 모두 찍어 나타낸 직선이고,
일차함수 $y=ax+b$의 그래프는 좌표평면 위에 점 $(x, ax+b)$를 모두 찍어 나타낸 직선이야.

| 정답 및 풀이 13쪽 |

✔ 두 일차함수 $y=x$, $y=x+2$에 대하여 다음 물음에 답하시오. [01~02]

**01** 다음 표를 완성하고, ☐ 안에 알맞은 수를 써넣으시오.

| $x$ | $-2$ | $-1$ | $0$ | $1$ | $2$ |
|---|---|---|---|---|---|
| $y=x$ | $-2$ | $-1$ | $0$ | $1$ | $2$ |
| $y=x+2$ | | | $2$ | | |

→ $x$의 각 값에 대하여 일차함수 $y=x+2$의 함숫값은 일차함수 $y=x$의 함숫값보다 항상 ☐ 만큼 크다.

**02** 위의 표를 이용하여 $x$의 값의 범위가 수 전체일 때, 일차함수 $y=x+2$의 그래프를 좌표평면 위에 그리고, ☐ 안에 알맞은 수를 써넣으시오.

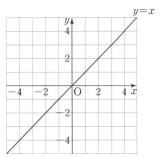

→ 일차함수 $y=x+2$의 그래프는 일차함수 $y=x$의 그래프를 $y$축의 방향으로 ☐ 만큼 평행이동한 것이다.

✔ 두 일차함수 $y=2x$, $y=2x-1$에 대하여 다음 물음에 답하시오. [03~04]

**03** 다음 표를 완성하고, ☐ 안에 알맞은 수를 써넣으시오.

| $x$ | $-2$ | $-1$ | $0$ | $1$ | $2$ |
|---|---|---|---|---|---|
| $y=2x$ | $-4$ | $-2$ | $0$ | $2$ | $4$ |
| $y=2x-1$ | | | $-1$ | | |

→ $x$의 각 값에 대하여 일차함수 $y=2x-1$의 함숫값은 일차함수 $y=2x$의 함숫값보다 항상 ☐ 만큼 작다.

**04** 위의 표를 이용하여 $x$의 값의 범위가 수 전체일 때, 일차함수 $y=2x-1$의 그래프를 좌표평면 위에 그리고, ☐ 안에 알맞은 수를 써넣으시오.

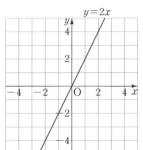

→ 일차함수 $y=2x-1$의 그래프는 일차함수 $y=2x$의 그래프를 $y$축의 방향으로 ☐ 만큼 평행이동한 것이다.

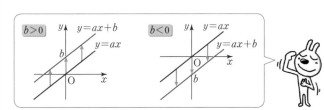

**B** $y=ax \xrightarrow{\substack{y축의 \ 방향으로 \\ b만큼 \ 평행이동}} y=ax+b$

✔ 다음 보기의 함수의 그래프는 일차함수 $y=\dfrac{1}{2}x$의 그래프를 $y$축의 방향으로 얼마만큼 평행이동한 것인지 구하여 그래프를 그리시오. [01~04]

┌─ 보기 ─────────────────────┐
$y=\dfrac{1}{2}x+1 \qquad y=\dfrac{1}{2}x+3 \qquad y=\dfrac{1}{2}x-4$
└────────────────────────────┘

**01** $y=\dfrac{1}{2}x \xrightarrow{\substack{y축의 \ 방향으로 \\ \boxed{\phantom{0}}만큼 \ 평행이동}} y=\dfrac{1}{2}x+1$

**02** $y=\dfrac{1}{2}x \xrightarrow{\substack{y축의 \ 방향으로 \\ \boxed{\phantom{0}}만큼 \ 평행이동}} y=\dfrac{1}{2}x+3$

**03** $y=\dfrac{1}{2}x \xrightarrow{\substack{y축의 \ 방향으로 \\ \boxed{\phantom{0}}만큼 \ 평행이동}} y=\dfrac{1}{2}x-4$

> 01~03에서 구한 평행이동에 맞게 직선을 그어 봐.

**04** 다음 좌표평면 위에 **보기**의 함수의 그래프를 모두 그리시오.

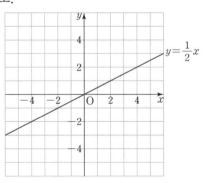

✔ 일차함수와 그 그래프의 평행이동이 다음과 같을 때, ☐ 안에 알맞은 수나 식을 써넣으시오. [05~10]

**05** $y=2x \xrightarrow{\substack{y축의 \ 방향으로 \\ \boxed{\phantom{0}}만큼 \ 평행이동}} y=2x+5$

**06** $y=-3x \xrightarrow{\substack{y축의 \ 방향으로 \\ \boxed{\phantom{0}}만큼 \ 평행이동}} y=-3x-\dfrac{1}{3}$

**07** $y=5x \xrightarrow{\substack{y축의 \ 방향으로 \\ 7만큼 \ 평행이동}} y=5x+\boxed{\phantom{0}}$

**08** $y=\dfrac{3}{4}x \xrightarrow{\substack{y축의 \ 방향으로 \\ -\frac{1}{4}만큼 \ 평행이동}} y=\dfrac{3}{4}x-\boxed{\phantom{0}}$

**09** $y=4x \xrightarrow{\substack{y축의 \ 방향으로 \\ -10만큼 \ 평행이동}} y=\boxed{\phantom{0000}}$

**10** $y=-2x \xrightarrow{\substack{y축의 \ 방향으로 \\ \frac{2}{3}만큼 \ 평행이동}} y=\boxed{\phantom{0000}}$

**C**

점 $(p, q)$가 함수 $y=ax+b\,(a\neq0)$의 그래프 위의 점이다.
→ $y=ax+b$에 $x=p$, $y=q$를 대입하면 등식이 성립한다. → $q=ap+b$

| 정답 및 풀이 14쪽 |

✔ 다음 중 일차함수 $y=2x-3$의 그래프 위의 점인 것에는 ○표, 아닌 것에는 ×표를 ( ) 안에 써넣으시오. [01~02]

**01** $(2,\ 1)$ ( )

$y=2x-3$에 $x=2$, $y=1$을 대입해서 등식이 성립하는지 확인해

**02** $\left(\frac{1}{2},\ -1\right)$ ( )

✔ 다음 중 일차함수 $y=-3x+4$의 그래프 위의 점인 것에는 ○표, 아닌 것에는 ×표를 ( ) 안에 써넣으시오. [03~04]

**03** $(-3,\ -5)$ ( )

**04** $\left(\frac{2}{3},\ 2\right)$ ( )

✔ 다음 일차함수의 그래프가 주어진 점을 지날 때, 상수 $a$의 값을 구하시오. [05~09]

**05** $y=4x+1$ $(a,\ -3)$

$y=4x+1$에 $x=a$, $y=-3$을 대입해서 $a$의 값을 구해.

**06** $y=3x-4$ $(a,\ 2a)$

**07** $y=2x+a$ $(1,\ -2)$

**08** $y=-\frac{1}{2}x+a$ $(6,\ 5)$

**09** $y=ax-3$ $(-2,\ 7)$

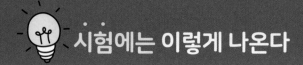 
**01** 다음 일차함수의 그래프 중 일차함수 $y=\dfrac{5}{3}x$의 그래프를 평행이동 한 그래프와 겹쳐지는 것을 모두 고르면? (정답 2개)

① $y=-\dfrac{5}{3}x-5$  ② $y=-\dfrac{3}{5}x-1$  ③ $y=\dfrac{3}{5}x+2$

④ $y=\dfrac{5}{3}x-3$  ⑤ $y=\dfrac{5}{3}x+\dfrac{1}{2}$

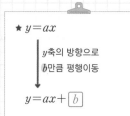

★ $y=ax$

  $y$축의 방향으로 $b$만큼 평행이동

$y=ax+\boxed{b}$

상수항만 다른 일차함수의 그래프끼리는 평행이동에 의해 서로 겹쳐질 수 있어~

**02** 다음 중 일차함수 $y=-4x+2$의 그래프 위의 점이 <u>아닌</u> 것은?

① $(-3, 14)$  ② $(-2, 10)$  ③ $\left(\dfrac{1}{2}, 2\right)$

④ $\left(\dfrac{3}{4}, -1\right)$  ⑤ $(1, -2)$

★ 점 $(p, q)$가 일차함수 $y=ax+b$의 그래프 위에 있다.

→ $q=ap+b$

**03** 점 $(a, a+1)$이 일차함수 $y=-2x+4$의 그래프 위의 점일 때, $a$의 값은?

① 1  ② 2  ③ 3  ④ 4  ⑤ 5

★ 일차함수 $y=ax+b$의 그 래프가 점 $(p, q)$를 지난 다.

→ $q=ap+b$

**04** 일차함수 $y=ax+6$의 그래프가 두 점 $(-1, 4)$, $(b, -2)$를 지날 때, $a+b$의 값을 구하시오. (단, $a$는 상수)

먼저 그래프가 점 $(-1, 4)$를 지나는 것을 이용해서 $a$의 값을 구해.

# 09 일차함수 $y=ax+b$의 그래프도 평행이동해 보자

● 일차함수의 그래프의 평행이동

일차함수 $y=ax+b\,(a\neq0)$의 그래프를 $y$축의 방향으로 $c$만큼 평행이동한 그래프의 식은 $y=ax+b+c$이다.

$$y=ax+b \xrightarrow[c\text{만큼 평행이동}]{y\text{축의 방향으로}} y=ax+b+\boxed{c}$$

두 일차함수 $y=x+1$과 $y=x+3$에 대하여

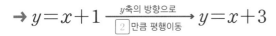

| $x$ | $-2$ | $-1$ | $0$ | $1$ | $2$ |
|---|---|---|---|---|---|
| $y=x+1$ | $-1$ | $0$ | $1$ | $2$ | $3$ |
| $y=x+3$ | $1$ | $2$ | $3$ | $4$ | $5$ |

→ $x$의 각 값에 대하여 일차함수 $y=x+3$의 함숫값은 일차함수 $y=x+1$의 함숫값보다 항상 2만큼 크다.

→ 일차함수 $y=x+3$의 그래프는 일차함수 $y=x+1$의 그래프를 $y$축의 방향으로 $\boxed{2}$ 만큼 평행이동 한 것이다.

→ $y=x+1 \xrightarrow[\boxed{2}\text{만큼 평행이동}]{y\text{축의 방향으로}} y=x+3$

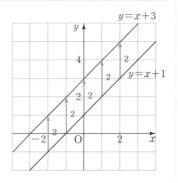

바빠 꿀팁

왼쪽 표에서 두 일차함수 $y=x+1$, $y=x+3$의 그래프가 지나는 점의 좌표는 다음과 같아.

| $y=x+1$ | $y=x+3$ |
|---|---|
| $(-2,\ -1)$ | $(-2,\ 1)$ |
| $(-1,\ 0)$ | $(-1,\ 2)$ |
| $(0,\ 1)$ | $(0,\ 3)$ |
| $(1,\ 2)$ | $(1,\ 4)$ |
| $(2,\ 3)$ | $(2,\ 5)$ |

$x$좌표가 같을 때, $y$좌표는 항상 2만큼 커.
$x$의 값의 범위가 수 전체일 때도 마찬가지야.

$$y=x+3 \xrightarrow[-2\text{만큼 평행이동}]{y\text{축의 방향으로}} y=x+1$$

거꾸로 생각할 수도 있어야 해.

● 일차함수의 그래프를 평행이동한 그래프 위의 점

일차함수 $y=ax+b\,(a\neq0)$의 그래프를 $y$축의 방향으로 $c$만큼 평행이동한 그래프가 점 $(p,\ q)$를 지날 때,

$$y=ax+b \xrightarrow[\text{구하기}]{\text{평행이동한 그래프의 식}} y=ax+b+c$$

$$\xrightarrow[x=p,\ y=q\ \text{대입}]{\text{점}\ (p,\ q)\text{를 지나므로}} q=ap+b+c$$

평행이동한 일차함수의 그래프의 식을 먼저 구해야 해. 그 다음 그래프가 지나는 점을 대입하자~

✔ 두 일차함수 $y=x-1$, $y=x+2$에 대하여 다음 물음에 답하시오. [01~02]

**01** 다음 표를 완성하고, ☐ 안에 알맞은 수를 써넣으시오.

| $x$ | $-2$ | $-1$ | $0$ | $1$ | $2$ |
|---|---|---|---|---|---|
| $y=x-1$ | $-3$ | $-2$ | $-1$ | $0$ | $1$ |
| $y=x+2$ | | | $2$ | | |

→ $x$의 각 값에 대하여 일차함수 $y=x+2$의 함숫값은 일차함수 $y=x-1$의 함숫값보다 항상 ☐만큼 크다.

**02** 위의 표를 이용하여 $x$의 값의 범위가 수 전체일 때, 두 일차함수 $y=x-1$, $y=x+2$의 그래프를 좌표평면 위에 그리고, ☐ 안에 알맞은 수를 써넣으시오.

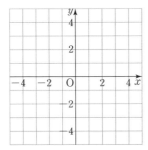

→ 일차함수 $y=x+2$의 그래프는 일차함수 $y=x-1$의 그래프를 $y$축의 방향으로 ☐만큼 평행이동한 것이다.

✔ 일차함수와 그 그래프의 평행이동이 다음과 같을 때, ☐ 안에 알맞은 수나 식을 써넣으시오. [03~08]

**03** $y=-x+1 \xrightarrow[\square\text{만큼 평행이동}]{y\text{축의 방향으로}} y=-x+2$

**04** $y=2x-2 \xrightarrow[\square\text{만큼 평행이동}]{y\text{축의 방향으로}} y=2x-5$

**05** $y=3x-2 \xrightarrow[4\text{만큼 평행이동}]{y\text{축의 방향으로}} y=3x+\boxed{\phantom{0}}$

**06** $y=\dfrac{1}{2}x+3 \xrightarrow[-6\text{만큼 평행이동}]{y\text{축의 방향으로}} y=\dfrac{1}{2}x-\boxed{\phantom{0}}$

**07** $y=4x+5 \xrightarrow[-4\text{만큼 평행이동}]{y\text{축의 방향으로}} y=\boxed{\phantom{00}}$

**08** $y=-\dfrac{2}{3}x-7 \xrightarrow[3\text{만큼 평행이동}]{y\text{축의 방향으로}} y=\boxed{\phantom{00}}$

**B**

$y=ax+b \xrightarrow[c\text{만큼 평행이동}]{y\text{축의 방향으로}} y=ax+b+c$

✔ 일차함수와 그 그래프의 평행이동이 다음과 같을 때, 상수 $k$의 값을 구하시오. [01~04]

**01** $y=x+k \xrightarrow[1\text{만큼 평행이동}]{y\text{축의 방향으로}} y=x+3$

일차함수 $y=x+k$의 그래프를 $y$축의 방향으로 1만큼 평행이동한 그래프의 식은

$y=x+k+\boxed{\phantom{0}}$

따라서 $k+\boxed{\phantom{0}}=3$이므로 $k=\boxed{\phantom{0}}$

**02** $y=-2x+k \xrightarrow[7\text{만큼 평행이동}]{y\text{축의 방향으로}} y=-2x+4$

**03** $y=3x+k \xrightarrow[-9\text{만큼 평행이동}]{y\text{축의 방향으로}} y=3x-3$

**04** $y=-\dfrac{4}{3}x+k \xrightarrow[-4\text{만큼 평행이동}]{y\text{축의 방향으로}} y=-\dfrac{4}{3}x-2$

✔ 일차함수와 그 그래프의 평행이동이 다음과 같을 때, 두 상수 $a$, $b$의 값을 각각 구하시오. [05~08]

**05** $y=ax+1 \xrightarrow[1\text{만큼 평행이동}]{y\text{축의 방향으로}} y=x+b$

일차함수 $y=ax+1$의 그래프를 $y$축의 방향으로 1만큼 평행이동한 그래프의 식은

$y=ax+1+\boxed{\phantom{0}}$, 즉 $y=ax+\boxed{\phantom{0}}$

따라서 $a=\boxed{\phantom{0}}$, $b=\boxed{\phantom{0}}$

**06** $y=ax-2 \xrightarrow[8\text{만큼 평행이동}]{y\text{축의 방향으로}} y=3x+b$

**07** $y=ax+3 \xrightarrow[-2\text{만큼 평행이동}]{y\text{축의 방향으로}} y=-5x+b$

**08** $y=ax-4 \xrightarrow[-5\text{만큼 평행이동}]{y\text{축의 방향으로}} y=-\dfrac{3}{2}x+b$

일차함수 $y=ax+b$의 그래프를 $y$축의 방향으로 $c$만큼 평행이동한 그래프가
점 $(p, q)$를 지난다. → $y=ax+b+c$에 $x=p$, $y=q$를 대입하면 등식이 성립한다.

| 정답 및 풀이 15쪽 |

✔ 다음 중 일차함수 $y=3x-1$의 그래프를 $y$축의 방향으로 2만큼 평행이동한 그래프 위의 점인 것에는 ○표, 아닌 것에는 ×표를 ( ) 안에 써넣으시오. [01~02]

**01** $(2, 7)$                                    (   )

> 먼저 평행이동한 그래프의 식을 구한 후 점의 좌표를 대입해.

**02** $(-1, -4)$                              (   )

✔ 다음 중 일차함수 $y=-\dfrac{1}{2}x+2$의 그래프를 $y$축의 방향으로 $-5$만큼 평행이동한 그래프 위의 점인 것에는 ○표, 아닌 것에는 ×표를 ( ) 안에 써넣으시오.
[03~04]

**03** $(4, -5)$                                 (   )

**04** $(-10, 3)$                              (   )

✔ 다음 일차함수의 그래프를 $y$축의 방향으로 [ ] 안의 수만큼 평행이동한 그래프가 주어진 점을 지날 때, 상수 $a$의 값을 구하시오. [05~09]

**05** $y=2x+5$ $[3]$ $(-1, a)$

**06** $y=-x+3$ $[-2]$ $(a, 4)$

**07** $y=-4x+a$ $[2]$ $(2, 3)$

**08** $y=ax+2$ $[3]$ $(1, -3)$

**09** $y=-2x-6$ $[a]$ $(-2, 1)$

**01** 일차함수 $y=-2x+1$의 그래프를 $y$축의 방향으로 $-7$만큼 평행이동하였더니 일차함수 $y=ax+b$의 그래프가 되었다. 이때 두 상수 $a$, $b$에 대하여 $a+b$의 값은?

① $-8$     ② $-7$     ③ $-6$     ④ $-5$     ⑤ $-4$

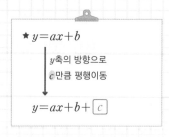

★ $y=ax+b$

$y$축의 방향으로
$c$만큼 평행이동

$y=ax+b+\boxed{c}$

**02** 일차함수 $y=ax-3$의 그래프를 $y$축의 방향으로 $8$만큼 평행이동하였더니 일차함수 $y=6x+b$의 그래프가 되었다. 이때 상수 $a$, $b$에 대하여 $a-b$의 값은?

① $-3$     ② $-1$     ③ $1$     ④ $3$     ⑤ $5$

**03** 다음 중 일차함수 $y=-3x-1$의 그래프를 $y$축의 방향으로 $5$만큼 평행이동한 그래프 위의 점이 <u>아닌</u> 것은?

① $(-2,\ 10)$          ② $(-1,\ 7)$          ③ $(0,\ 4)$

④ $\left(\dfrac{1}{3},\ 3\right)$          ⑤ $(3,\ -4)$

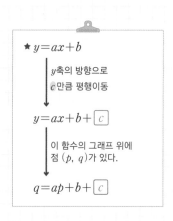

★ $y=ax+b$

$y$축의 방향으로
$c$만큼 평행이동

$y=ax+b+\boxed{c}$

이 함수의 그래프 위에
점 $(p,\ q)$가 있다.

$q=ap+b+\boxed{c}$

**04** 일차함수 $y=-5x+2$의 그래프를 $y$축의 방향으로 $k$만큼 평행이동한 그래프가 점 $(-2,\ 6)$을 지날 때, 상수 $k$의 값은?

① $-9$     ② $-6$     ③ $-3$     ④ $3$     ⑤ $6$

# $x$절편은 $x$축 위의 수, $y$절편은 $y$축 위의 수!

난 $x$좌표가 0이야. 그럼 $y$좌표는?

난 $y$좌표가 0이야. 그럼 $x$좌표는?

원점을 지나지 않는 일차함수의 그래프는 $x$축, $y$축과 각각 다른 한 점에서 만나게 돼. 이 특별한 두 점의 좌표는 쉽게 구할 수 있어. 그 방법은 $x$축 위의 점은 항상 $y$좌표가 0이고, $y$축 위의 점은 항상 $x$좌표가 0임을 이용하는 거야.

● 일차함수의 그래프에서 $x$절편, $y$절편

① $x$절편: 일차함수의 그래프가 $x$축과 만나는 점의 $x$좌표

② $y$절편: 일차함수의 그래프가 $y$축과 만나는 점의 $y$좌표

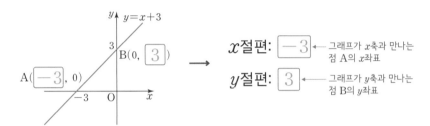

$x$절편: $\boxed{-3}$ ← 그래프가 $x$축과 만나는 점 A의 $x$좌표

$y$절편: $\boxed{3}$ ← 그래프가 $y$축과 만나는 점 B의 $y$좌표

$x$절편, $y$절편(截 끊을 절, 片 조각 편)은 직선이 $x$축, $y$축에 의해 잘린 조각의 끝 점이 위치한 좌표축 위의 수이다.

원점을 지나는 직선은 원점에서 $x$축, $y$축과 동시에 만나니까 $x$절편, $y$절편이 모두 0이야.

● 일차함수의 식 $y=ax+b\,(a\neq0)$에서 $x$절편, $y$절편 구하기

① $x$절편: $y=ax+b$에서 $y=0$일 때의 $x$의 값 즉, $-\dfrac{b}{a}$

② $y$절편: $y=ax+b$에서 $x=0$일 때의 $y$의 값 즉, 상수항 $b$

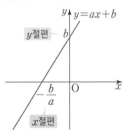

$y$절편
$y=ax+\boxed{b}$
$y$절편은 식에서 바로 알 수 있어. 거저먹기지~

일차함수 $y=-2x+4$의 그래프의 $x$절편, $y$절편을 각각 구해 보자.

$\xrightarrow[y=0 \text{ 대입}]{x절편}$ $y=0$일 때, $0=-2x+4$, $2x=4$, $x=\boxed{2}$

즉, $x$절편은 $\boxed{2}$이다. ← 그래프는 $x$축과 점 $(2,\,0)$에서 만나.

$\xrightarrow[x=0 \text{ 대입}]{y절편}$ $x=0$일 때, $y=-2\times0+4=\boxed{4}$

즉, $y$절편은 $\boxed{4}$이다. ← 그래프는 $y$축과 점 $(0,\,4)$에서 만나.
└ $y=-2x+4$의 상수항 4와 같아.

$x$절편
$-\dfrac{b}{a}$
내가 $x$절편이야! 꼭 기억해~

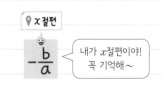

**앗! 실수**

★ 일차함수 $y=ax+b$에서 $a$를 $x$절편으로 잘못 알고 실수하는 친구들이 많으니 주의해!

$x$절편은 $y=0$일 때의 $x$의 값! $y$절편은 $x=0$일 때의 $y$의 값! 잊지 말자~
　　　　　 $x$축에 있으니까! 　　　　　　 $y$축에 있으니까!

## A

일차함수의 그래프가
① $x$축과 점 ($\star$, 0)에서 만나면 → $x$절편: $\star$　②$y$축과 점 (0, $\blacklozenge$)에서 만나면 → $y$절편: $\blacklozenge$

| 정답 및 풀이 16쪽 |

✔ 다음 일차함수의 그래프가 $x$축, $y$축과 각각 만나는
　점 A, B의 좌표와 $x$절편, $y$절편을 각각 구하시오.

일차함수의 그래프의 $x$절편, $y$절편

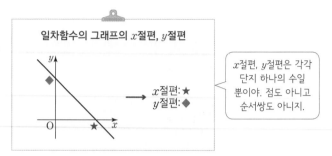

$x$절편: $\star$
$y$절편: $\blacklozenge$

$x$절편, $y$절편은 각각
단지 하나의 수일
뿐이야. 점도 아니고
순서쌍도 아니지.

**01**

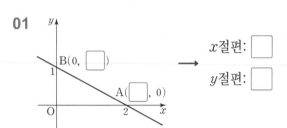

→ $x$절편: ▢
　$y$절편: ▢

**02**

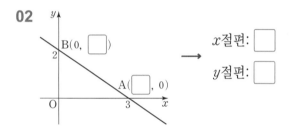

→ $x$절편: ▢
　$y$절편: ▢

**03**

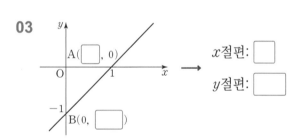

→ $x$절편: ▢
　$y$절편: ▢

**04**

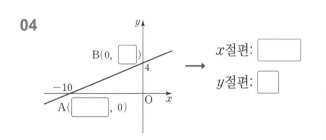

→ $x$절편: ▢
　$y$절편: ▢

**05**

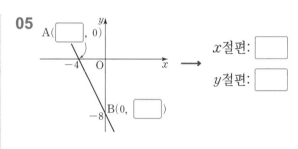

→ $x$절편: ▢
　$y$절편: ▢

**06**

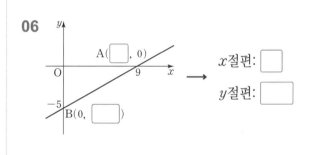

→ $x$절편: ▢
　$y$절편: ▢

**07**

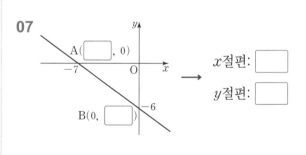

→ $x$절편: ▢
　$y$절편: ▢

**B** 일차함수 $y=ax+b$의 그래프의 $x$절편, $y$절편은
① $x$절편: $y=0$일 때의 $x$의 값   ② $y$절편: $x=0$일 때의 $y$의 값, 즉 상수항 $b$

✔ 다음 일차함수의 그래프의 $x$절편, $y$절편을 각각 구하고, 그 그래프를 **보기**에서 고르시오.

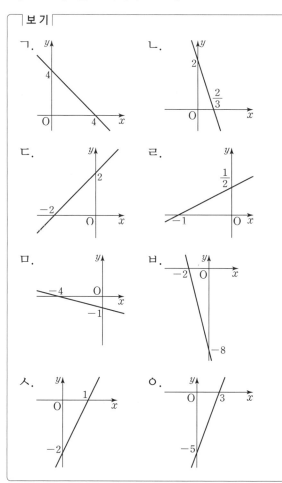

**01** $y=x+2$ ⟶ $x$절편: ☐, $y$절편: ☐

$y$절편 ⟶ 그래프: ☐

**02** $y=-x+4$ ⟶ $x$절편: ☐, $y$절편: ☐

⟶ 그래프: ☐

**03** $y=2x-2$ ⟶ $x$절편: ☐, $y$절편: ☐

⟶ 그래프: ☐

**04** $y=-4x-8$ ⟶ $x$절편: ☐, $y$절편: ☐

⟶ 그래프: ☐

**05** $y=-3x+2$ ⟶ $x$절편: ☐, $y$절편: ☐

⟶ 그래프: ☐

**06** $y=-\dfrac{1}{4}x-1$ ⟶ $x$절편: ☐, $y$절편: ☐

⟶ 그래프: ☐

**07** $y=\dfrac{5}{3}x-5$ ⟶ $x$절편: ☐, $y$절편: ☐

⟶ 그래프: ☐

**08** $y=\dfrac{1}{2}x+\dfrac{1}{2}$ ⟶ $x$절편: ☐, $y$절편: ☐

⟶ 그래프: ☐

일차함수 $y=ax+b$의 그래프의 $x$절편이 ★ → 그래프가 점 (★, 0)을 지난다. → $0=a\times★+b$
일차함수 $y=ax+b$의 그래프의 $y$절편이 ◆ → 그래프가 점 (0, ◆)을 지난다. → $◆=b$

| 정답 및 풀이 17쪽 |

✔ $a$는 상수일 때, 다음을 구하시오.

**01** 일차함수 $y=2x+a$의 그래프의 $x$절편이 2일 때, $a$의 값

> 그래프가 점 (2, 0)을 지나.

**02** 일차함수 $y=ax-1$의 그래프의 $x$절편이 $-1$일 때, $a$의 값

> 먼저 $a$의 값을 구한 후 $y$절편을 구해.

**03** 일차함수 $y=4x+a$의 그래프의 $x$절편이 $-2$일 때, $y$절편

**04** 일차함수 $y=\dfrac{1}{2}x-a$의 그래프의 $x$절편이 6일 때, $y$절편

**05** 일차함수 $y=x+a$의 그래프의 $y$절편이 4일 때, $x$절편

**06** 일차함수 $y=-2x+a$의 그래프의 $y$절편이 10일 때, $x$절편

> 먼저 평행이동한 그래프의 식을 구해.

**07** 일차함수 $y=-x+1$의 그래프를 $y$축의 방향으로 $a$만큼 평행이동한 그래프의 $y$절편이 $-6$일 때, $a$의 값

**08** 일차함수 $y=2x+a$의 그래프를 $y$축의 방향으로 $-3$만큼 평행이동한 그래프의 $x$절편이 1일 때, $a$의 값

**09** 일차함수 $y=ax-3$의 그래프를 $y$축의 방향으로 5만큼 평행이동한 그래프의 $x$절편이 $-2$일 때, $a$의 값

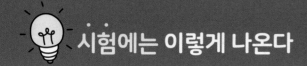

| 정답 및 풀이 18쪽 |

**01** 일차함수 $y=\dfrac{2}{3}x-4$의 그래프에서 $x$절편을 $a$, $y$절편을 $b$라 할 때, $a+b$의 값은?

① $-4$  ② $-2$  ③ $2$  ④ $4$  ⑤ $6$

> ★ 일차함수 $y=ax+b$에서
> $x$절편: $y=\boxed{0}$일 때의
>           $x$의 값
> $y$절편: $\boxed{b}$

**02** 다음 일차함수의 그래프 중 일차함수 $y=-2x+8$의 그래프와 $x$축 위에서 만나는 것은?

① $y=-4x-12$  ② $y=-x-4$  ③ $y=x+8$

④ $y=2x+8$  ⑤ $y=\dfrac{1}{2}x-2$

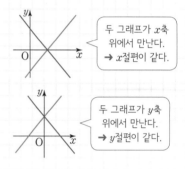

> 두 그래프가 $x$축 위에서 만난다.
> → $x$절편이 같다.

> 두 그래프가 $y$축 위에서 만난다.
> → $y$절편이 같다.

**03** 일차함수 $y=ax-3$의 그래프의 $x$절편이 $\dfrac{1}{2}$일 때, 상수 $a$의 값은?

① $-6$  ② $-2$  ③ $2$  ④ $6$  ⑤ $12$

> ★ 일차함수의 그래프가
>   $x$축과 만나는 점의 좌표는
>   ($x$절편, $0$)
>   $y$축과 만나는 점의 좌표는
>   ($0$, $y$절편)

**04** 일차함수 $y=3x+a$의 그래프를 $y$축의 방향으로 $-5$만큼 평행이동한 그래프의 $y$절편이 4일 때, 상수 $a$의 값은?

① $9$  ② $10$  ③ $11$  ④ $12$  ⑤ $13$

**05** 일차함수 $y=-4x+a$의 그래프의 $x$절편이 $-2$이고, 점 $(1,\ k)$를 지날 때, $a-k$의 값을 구하시오. (단, $a$는 상수)

> 먼저 $x$절편을 이용하여 $a$의 값을 구해.

## 11 ▷ 기울기는 직선이 기울어진 정도를 나타낸 수야

직선인 일차함수의 그래프를 보면 오른쪽 위로 향하거나 오른쪽 아래로 향하기도 하고, 경사가 완만하거나 가파르기도 해. 이렇게 직선이 향하는 방향과 기울어진 정도를 숫자로 나타낸 게 '기울기'야~

얼마나 기울어진 직선일까?

---

● 일차함수 $y=ax+b$의 그래프의 기울기

① 일차함수 $y=ax+b$의 그래프에서 $x$의 값의 증가량에 대한 $y$의 값의 증가량의 비율은 항상 일정하고, 그 값은 $x$의 계수 $a$와 같다.

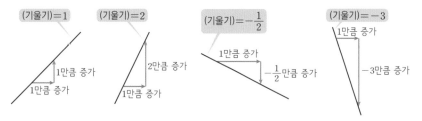

(기울기)=1   (기울기)=2   (기울기)=$-\dfrac{1}{2}$   (기울기)=$-3$

$$\text{(기울기)}=\frac{\text{(}y\text{의 값의 증가량)}}{\text{(}x\text{의 값의 증가량)}} = \boxed{a} \text{(일정)}$$

$x$의 계수

이하! 기울기는 결국 $x$의 값이 1만큼 증가할 때의 $y$의 값의 증가량이네~

일차함수 $y=2x+1$에 대하여

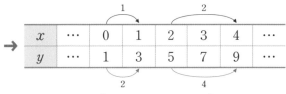

| $x$ | $\cdots$ | 0 | 1 | 2 | 3 | 4 | $\cdots$ |
|---|---|---|---|---|---|---|---|
| $y$ | $\cdots$ | 1 | 3 | 5 | 7 | 9 | $\cdots$ |

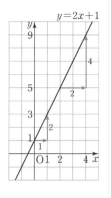
$y=2x+1$

→ $$\text{(기울기)}=\frac{\text{(}y\text{의 값의 증가량)}}{\text{(}x\text{의 값의 증가량)}}$$

$$=\frac{2}{1}=\frac{4}{2}=\boxed{2}\text{(일정)}$$

$y=2x+1$의 $x$의 계수 2와 같아.

**바빠 꿀팁**

기울기를 구할 때 그래프가 지나는 두 점을 이용하여 구할 수도 있어. 왼쪽 일차함수 $y=2x+1$의 그래프가 두 점 $(0, 1)$, $(1, 3)$을 지나므로

$$\text{(기울기)}=\frac{3-1}{1-0}=\frac{2}{1}=2$$
$$\left(\text{또는 } \frac{1-3}{0-1}=\frac{-2}{-1}=2\right)$$

마찬가지로 그래프가 지나는 다른 두 점 $(2, 5)$, $(4, 9)$를 이용해도 좋아.

② 두 점 $(x_1, y_1)$, $(x_2, y_2)$를 지나는 일차함수의 그래프에서

$$\text{(기울기)}=\frac{y_2-y_1}{x_2-x_1}$$

$\frac{y_1-y_2}{x_1-x_2}$로 구해도 돼.

**앗! 실수**

★ 두 점 $(x_1, y_1)$, $(x_2, y_2)$를 지나는 일차함수의 그래프의 기울기를 구할 때, 분자와 분모의 뺄셈에서 반드시 두 점의 순서를 맞춰주어야 해. 실수하지 않도록 주의하자!

$$\text{(기울기)}=\frac{y_2-y_1}{x_1-x_2}\ (\times)\qquad \text{(기울기)}=\frac{y_1-y_2}{x_2-x_1}\ (\times)$$

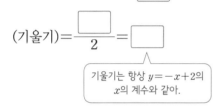

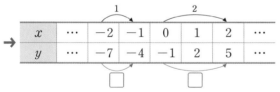

일차함수 $y=ax+b$에서 $\dfrac{(y의\ 값의\ 증가량)}{(x의\ 값의\ 증가량)}=a$로 항상 일정해. → (기울기)$=a$

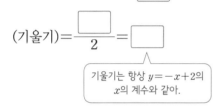

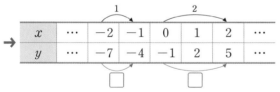

**01** 일차함수 $y=-x+2$에 대하여 ☐ 안에 알맞은 수를 써넣으시오.

→

| $x$ | … | $-2$ | $-1$ | $0$ | $1$ | $2$ | … |
|---|---|---|---|---|---|---|---|
| $y$ | … | $4$ | $3$ | $2$ | $1$ | $0$ | … |

→ $x$의 값이 $-2$에서 $-1$까지 1만큼 증가할 때,

$y$의 값은 4에서 3까지 $-1$만큼 증가하므로

'1만큼 감소'='$-1$만큼 증가'

(기울기)$=\dfrac{-1}{1}=-1$

→ $x$의 값이 0에서 2까지 2만큼 증가할 때,

$y$의 값은 2에서 0까지 ☐만큼 증가하므로

(기울기)$=\dfrac{\boxed{\phantom{0}}}{2}=\boxed{\phantom{0}}$

기울기는 항상 $y=-x+2$의 $x$의 계수와 같아.

**02** 일차함수 $y=3x-1$에 대하여 ☐ 안에 알맞은 수를 써넣으시오.

→

| $x$ | … | $-2$ | $-1$ | $0$ | $1$ | $2$ | … |
|---|---|---|---|---|---|---|---|
| $y$ | … | $-7$ | $-4$ | $-1$ | $2$ | $5$ | … |

→ $x$의 값이 $-2$에서 $-1$까지 1만큼 증가할 때,

$y$의 값은 $-7$에서 $-4$까지 ☐만큼 증가하므로

(기울기)$=\dfrac{\boxed{\phantom{0}}}{1}=\boxed{\phantom{0}}$

→ $x$의 값이 0에서 2까지 2만큼 증가할 때,

$y$의 값은 $-1$에서 5까지 ☐만큼 증가하므로

(기울기)$=\dfrac{\boxed{\phantom{0}}}{2}=\boxed{\phantom{0}}$

기울기는 항상 $y=3x-1$의 $x$의 계수와 같아.

✔ 다음 일차함수의 그래프의 기울기를 구하시오.

[03~08]

**03** $y=x+3$

**04** $y=2x-1$

**05** $y=-3x+5$

**06** $y=-5x+4$

**07** $y=-\dfrac{1}{2}x-6$

**08** $y=\dfrac{4}{3}x+\dfrac{2}{3}$

두 점 $(x_1, y_1), (x_2, y_2)$를 지나는 일차함수의 그래프의 기울기 → $\dfrac{(y\text{의 값의 증가량})}{(x\text{의 값의 증가량})} = \dfrac{y_2-y_1}{x_2-x_1}$ $\left(\text{또는 } \dfrac{y_1-y_2}{x_1-x_2}\right)$

| 정답 및 풀이 19쪽 |

✔ 다음 일차함수의 그래프에서 기울기를 구하시오.
[01~04]

✔ 다음 두 점을 지나는 일차함수의 그래프의 기울기를 구하시오. [05~10]

**01**

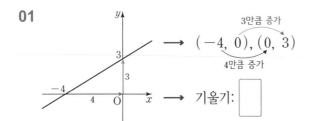

→ 3만큼 증가 $(-4, 0), (0, 3)$ 4만큼 증가

→ 기울기: ☐

**05** 7−2만큼 증가 $(0, 2), (1, 7)$ 1−0만큼 증가

**06** $(-1, 0), (0, 4)$

**02**

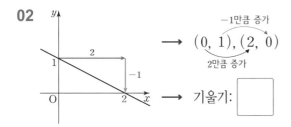

→ −1만큼 증가 $(0, 1), (2, 0)$ 2만큼 증가

→ 기울기: ☐

**07** $(4, 0), (6, -2)$

**08** $(-1, -2), (3, 4)$

**03**

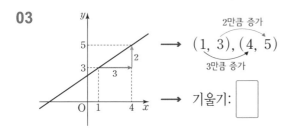

→ 2만큼 증가 $(1, 3), (4, 5)$ 3만큼 증가

→ 기울기: ☐

**09** $(-1, 2), (5, -1)$

**04**

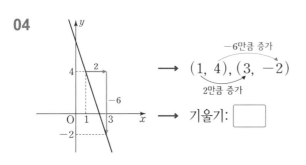

→ −6만큼 증가 $(1, 4), (3, -2)$ 2만큼 증가

→ 기울기: ☐

**10** $(-4, -3), (-3, -6)$

앞에서 배웠던 일차함수 $y=ax$의 그래프는 두 점 $(0, 0), (1, a)$를 지나므로
$(\text{기울기}) = \dfrac{a-0}{1-0} = a$

일차함수 $y=ax+b$의 그래프에서 $x$의 값의 증가량 또는 $y$의 값의 증가량이 주어진 경우 → 기울기는 $a=\dfrac{(y의\ 값의\ 증가량)}{(x의\ 값의\ 증가량)}$임을 이용해.

| 정답 및 풀이 19쪽 |

**01** 일차함수 $y=x-5$의 그래프에서 $x$의 값이 2만큼 증가할 때, $y$의 값의 증가량을 구하시오.

→ 기울기는 $\boxed{\phantom{x}}=\dfrac{(y의\ 값의\ 증가량)}{2}$이므로

$(y의\ 값의\ 증가량)=\boxed{\phantom{x}}$

**02** 일차함수 $y=-3x+3$의 그래프에서 $x$의 값이 3만큼 증가할 때, $y$의 값의 증가량을 구하시오.

**03** 일차함수 $y=\dfrac{3}{2}x+1$의 그래프에서 $x$의 값이 4만큼 증가할 때, $y$의 값의 증가량을 구하시오.

**04** 일차함수 $y=-2x+3$의 그래프에서 $x$의 값이 $-2$에서 1까지 증가할 때, $y$의 값의 증가량을 구하시오.

$1-(-2)$만큼 증가

**05** 일차함수 $y=\dfrac{1}{2}x-4$의 그래프에서 $x$의 값이 4만큼 증가할 때, $y$의 값은 6에서 $k$까지 증가한다고 한다. $k$의 값을 구하시오.

$k-6$만큼 증가

**06** 일차함수 $y=ax-2$의 그래프에서 $x$의 값이 6만큼 증가할 때, $y$의 값은 3만큼 증가한다고 한다. 상수 $a$의 값을 구하시오.

→ 기울기는 $a=\dfrac{\boxed{\phantom{x}}}{6}=\boxed{\phantom{x}}$

**07** 일차함수 $y=ax+6$의 그래프에서 $x$의 값이 2만큼 증가할 때, $y$의 값은 8만큼 감소한다고 한다. 상수 $a$의 값을 구하시오.

$-8$만큼 증가

**08** 일차함수 $y=ax+4$의 그래프에서 $x$의 값이 1에서 5까지 증가할 때, $y$의 값은 3만큼 감소한다고 한다. 상수 $a$의 값을 구하시오.

**09** 일차함수 $y=ax-3$의 그래프에서 $x$의 값이 3만큼 증가할 때, $y$의 값은 2에서 $-4$까지 감소한다고 한다. 상수 $a$의 값을 구하시오.

$-4-2$만큼 증가

**10** 일차함수 $y=ax+8$의 그래프에서 $x$의 값이 $-1$에서 0까지 증가할 때, $y$의 값은 5에서 8까지 증가한다고 한다. 상수 $a$의 값을 구하시오.

두 점 $(x_1,\ y_1),\ (x_2,\ y_2)$를 지나는
일차함수의 그래프의 기울기가 $a$이면 $\rightarrow \dfrac{y_2-y_1}{x_2-x_1}=a$임을 이용해.

| 정답 및 풀이 20쪽 |

✔ 주어진 두 점을 지나는 일차함수의 그래프의 기울기
가 다음과 같을 때, $k$의 값을 구하시오. [01~06]

**01** $(0,\ 3),\ (1,\ k)$　　기울기 2

$\dfrac{k-3}{1-0}=2$

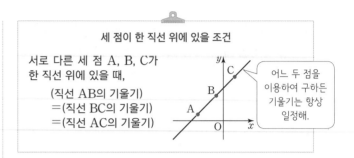
세 점이 한 직선 위에 있을 조건

서로 다른 세 점 A, B, C가
한 직선 위에 있을 때,
(직선 AB의 기울기)
＝(직선 BC의 기울기)
＝(직선 AC의 기울기)

어느 두 점을
이용하여 구하든
기울기는 항상
일정해.

✔ 다음 세 점이 한 직선 위에 있도록 하는 $k$의 값을 구
하시오. [07~10]

**02** $(-2,\ 0),\ (0,\ k)$　　기울기 $\dfrac{3}{2}$

**07** $(1,\ -1),\ (3,\ 5),\ (5,\ k)$

어느 두 점을 지나는 직선의 기울기를 구해도 항상 같으니까

두 점 $(1,\ -1),\ (3,\ 5)$를
지나는 직선의 기울기 ＝ 두 점 $(3,\ 5),\ (5,\ k)$를
지나는 직선의 기울기

로 식을 세워서 $k$의 값을 구해 봐.

**03** $(2,\ 1),\ (5,\ k)$　　기울기 $-1$

**08** $(0,\ -1),\ (1,\ -4),\ (3,\ k)$

**04** $(3,\ k),\ (4,\ 0)$　　기울기 $-4$

**09** $(-2,\ 3),\ (0,\ k),\ (6,\ 7)$

어느 두 점을 지나는 직선의 기울기를 구해도 항상 같으니까

두 점 $(-2,\ 3),\ (6,\ 7)$을
지나는 직선의 기울기 ＝ 두 점 $(0,\ k),\ (6,\ 7)$을
지나는 직선의 기울기

로 식을 세워서 $k$의 값을 구해 봐.

**05** $(-1,\ k),\ (0,\ 5)$　　기울기 5

**10** $(-4,\ -2),\ (2,\ k),\ (5,\ -11)$

**06** $(-6,\ k),\ (-3,\ 2)$　　기울기 $-\dfrac{1}{3}$

| 정답 및 풀이 20쪽 |

**01** 다음 일차함수의 그래프 중 $x$의 값이 2만큼 증가할 때, $y$의 값이 6만큼 감소하는 것은?

① $y=-6x+1$　　② $y=-3x-2$　　③ $y=-\dfrac{1}{3}x+4$

④ $y=\dfrac{1}{3}x+3$　　⑤ $y=3x+5$

★ 일차함수 $y=ax+b$의 그래프에서

$(\text{기울기})=\dfrac{(y\text{의 값의 증가량})}{(x\text{의 값의 증가량})}$

$=\boxed{a}$

**02** 두 점 $(-2,\ 1)$, $(1,\ 13)$을 지나는 일차함수의 그래프의 기울기는?

① 1　　　② 2　　　③ 3　　　④ 4　　　⑤ 5

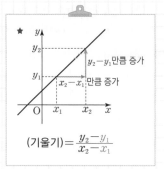

$(\text{기울기})=\dfrac{y_2-y_1}{x_2-x_1}$

**03** 일차함수 $y=ax-2$의 그래프에서 $x$의 값이 $-1$에서 3까지 증가할 때, $y$의 값은 6만큼 증가한다고 한다. 이때 상수 $a$의 값을 구하시오.

**04** 두 점 $(-5,\ 7)$, $(-3,\ k)$를 지나는 일차함수의 그래프의 기울기가 $-2$일 때, $k$의 값은?

① 3　　　② 4　　　③ 5　　　④ 6　　　⑤ 7

**05** 오른쪽 그림과 같이 세 점 A, B, C가 한 직선 위에 있을 때, $k$의 값은?

① $-4$　　② $-\dfrac{7}{2}$　　③ $-3$

④ $-\dfrac{5}{2}$　　⑤ $-2$

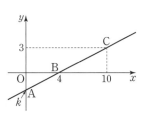

★ 서로 다른 세 점 A, B, C가 한 직선 위에 있을 때,
(직선 AB의 기울기)
$=$(직선 BC의 기울기)
$=$(직선 $\boxed{AC}$의 기울기)

# 12 ▸ 두 점만 알면 일차함수의 그래프를 그릴 수 있어

일차함수 $y=ax+b$의 그래프는 직선이니까 그래프가 지나는 서로 다른 두 점을 알면 그릴 수 있어. 우선 $y$절편 $b$를 이용하여 점 $(0, b)$를 찍고 다른 한 점은 $x$절편 또는 기울기를 이용하면 손쉽게 얻을 수 있어.

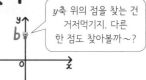

$y$축 위의 점을 찾는 건 거저먹기지. 다른 한 점도 찾아볼까~?

---

● $x$절편, $y$절편을 이용하여 일차함수의 그래프 그리기

| ❶ 그래프가 $y$축과 만나는 점 찍기 | → | ❷ 그래프가 $x$축과 만나는 점 찍기 | → | ❸ 두 점을 지나는 직선 긋기 |
|---|---|---|---|---|

일차함수 $y=-2x+4$의 그래프의 $y$절편은 4이므로 $y$축 위에 점 $(0, 4)$를 찍는다.

$y=0$일 때, $0=-2x+4$, $x=2$ 즉, $x$절편은 2이므로 $x$축 위에 점 $(2, 0)$을 찍는다.

❶, ❷에서 찍은 두 점을 지나는 식선을 ㄱ어 $y=-2x+4$의 그래프를 완성한다.

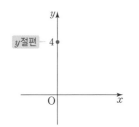

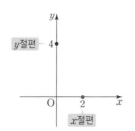

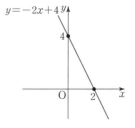

**앗! 실수**

★ 일차함수 $y=ax+b$에서 $x$절편을 이용하여 $x$축 위의 점을 찍을 때 점 $(a, 0)$으로 잘못 찍는 경우가 많으니 주의해! $x$절편은 $a$가 아니고 $-\dfrac{b}{a}$이므로 점 $\left(-\dfrac{b}{a}, 0\right)$을 찍어야 해.

두 점 $\left(-\dfrac{b}{a}, 0\right)$, $(0, b)$를 직선으로 연결하는 거야~

---

● 기울기와 $y$절편을 이용하여 일차함수의 그래프 그리기

| ❶ 그래프가 $y$축과 만나는 점 찍기 | → | ❷ 기울기를 이용하여 다른 한 점 찍기 | → | ❸ 두 점을 지나는 직선 긋기 |
|---|---|---|---|---|

일차함수 $y=-2x+4$의 그래프의 $y$절편은 4이므로 $y$축 위에 점 $(0, 4)$를 찍는다.

기울기가 $-2$이므로

−2만큼 증가
$(0, 4), (1, 2)$
1만큼 증가

다른 한 점 $(1, 2)$를 찍는다.

❶, ❷에서 찍은 두 점을 지나는 직선을 그어 $y=-2x+4$의 그래프를 완성한다.

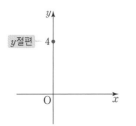

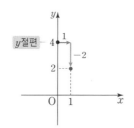

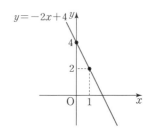

**A** ① 점 $(0, y$절편$)$을 찍고, ② 점 $(x$절편, $0)$을 찍은 후 ③ 두 점을 지나는 직선을 그어.

$\underset{y=ax+b\text{에서 상수항 } b}{\underbrace{\qquad}}$ $\underset{y=ax+b\text{에서 } y=0\text{일 때의 }x\text{의 값, 즉 }-\frac{b}{a}}{\underbrace{\qquad}}$

| 정답 및 풀이 20쪽 |

☑ 다음 일차함수의 그래프의 $x$절편과 $y$절편을 구하고, 이를 이용하여 그래프를 그리시오.

**01** $y=x+3$ ⟶ $x$절편: ☐ , $y$절편: ☐

| 그래프가 $y$축과 만나는 점 | 그래프가 $x$축과 만나는 점 |
|---|---|
| $(0,\ \boxed{\phantom{0}}\ )$ | $(\boxed{\phantom{0}},\ 0)$ |

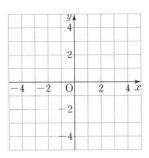

**02** $y=2x-4$ ⟶ $x$절편: ☐ , $y$절편: ☐

| 그래프가 $y$축과 만나는 점 | 그래프가 $x$축과 만나는 점 |
|---|---|
| $(0,\ \boxed{\phantom{0}}\ )$ | $(\boxed{\phantom{0}},\ 0)$ |

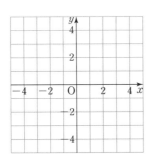

**03** $y=-3x-6$ ⟶ $x$절편: ☐ , $y$절편: ☐

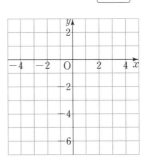

**04** $y=\dfrac{1}{2}x-1$ ⟶ $x$절편: ☐ , $y$절편: ☐

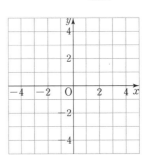

**05** $y=-\dfrac{2}{3}x+2$ ⟶ $x$절편: ☐ , $y$절편: ☐

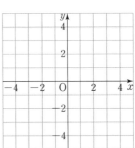

**B**

❶ 점 $(0, y절편)$을 찍고, ❷ 기울기를 이용한 다른 한 점을 찍은 후
❸ 두 점을 지나는 직선을 그어. └ 기울기가 정수이면 $x$좌표가 1인 점을 찍어 봐.

| 정답 및 풀이 21쪽 |

✔ 다음 일차함수의 그래프의 기울기와 $y$절편을 구하고,
이를 이용하여 그래프를 그리시오.

**01** $y=4x-2$ ⟶ 기울기: ☐ , $y$절편: ☐

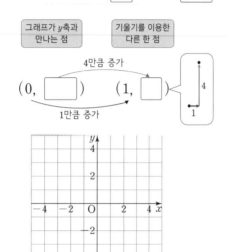

**02** $y=-3x+1$ ⟶ 기울기: ☐ , $y$절편: ☐

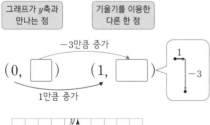

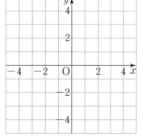

**03** $y=3x+2$ ⟶ 기울기: ☐ , $y$절편: ☐

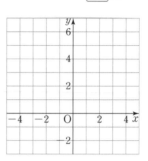

**04** $y=-2x+5$ ⟶ 기울기: ☐ , $y$절편: ☐

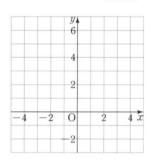

**05** $y=-6x-1$ ⟶ 기울기: ☐ , $y$절편: ☐

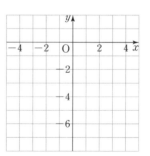

❶ 점 $(0, y절편)$을 찍고, ❷ 기울기를 이용한 다른 한 점을 찍은 후
❸ 두 점을 지나는 직선을 그어. └ 기울기가 분수이면 기울기의 분모를 $x$좌표로 하는 점을 찍어 봐.

| 정답 및 풀이 22쪽 |

✔ 다음 일차함수의 그래프의 기울기와 $y$절편을 구하고,
이를 이용하여 그래프를 그리시오.

**01** $y=\dfrac{1}{3}x+1 \longrightarrow$ 기울기: ☐, $y$절편: ☐

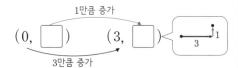

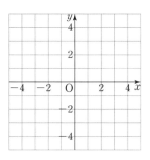

**02** $y=-\dfrac{1}{4}x+2 \longrightarrow$ 기울기: ☐, $y$절편: ☐

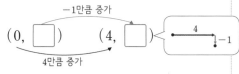

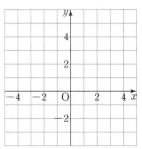

**03** $y=\dfrac{1}{2}x-5 \longrightarrow$ 기울기: ☐, $y$절편: ☐

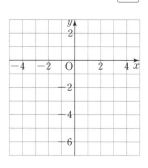

**04** $y=\dfrac{3}{4}x-1 \longrightarrow$ 기울기: ☐, $y$절편: ☐

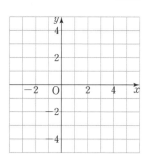

**05** $y=-\dfrac{5}{2}x+3 \longrightarrow$ 기울기: ☐, $y$절편: ☐

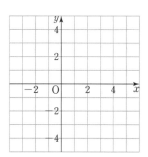

한 점은 $y$절편을 이용하여 얻고, 다른 한 점은 $x$절편 또는 기울기를 이용하여 얻어서
두 점을 직선으로 연결해.

기울기가 정수이면 $x$좌표가 1인 점, 기울기가 분수
이면 $x$좌표가 기울기의 분모인 점을 얻으면 편해.

|정답 및 풀이 23쪽|

✔ 다음 일차함수의 그래프를 두 가지 방법으로 그리시오.

**01** $y=2x-3$

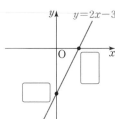

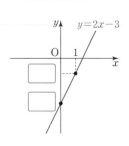

**02** $y=x+6$

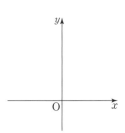

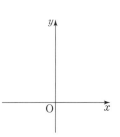

**03** $y=-4x+8$

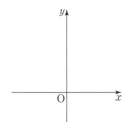

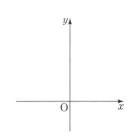

**04** $y=3x-5$

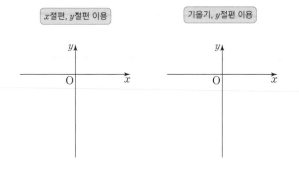

**05** $y=\frac{1}{2}x+2$

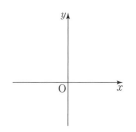

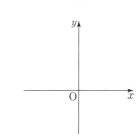

**06** $y=-\frac{4}{3}x-2$

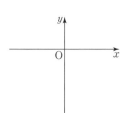

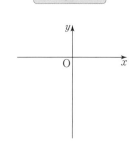

일차함수의 그래프와 $x$축 및 $y$축으로 둘러싸인 도형의 넓이를 구할 때에는
❶ $x$절편, $y$절편을 이용하여 그래프를 그린 후  ❷ 삼각형의 넓이 공식을 이용해.

| 정답 및 풀이 24쪽 |

**일차함수의 그래프와 좌표축으로 둘러싸인 도형의 넓이**

일차함수의 그래프와 $x$축 및 $y$축으로
둘러싸인 도형의 넓이는

$\dfrac{1}{2} \times \overline{\text{AO}} \times \overline{\text{BO}}$

$= \dfrac{1}{2} \times |x절편| \times |y절편|$

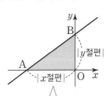

$x$절편 또는 $y$절편은 음수일 수도 있어.
삼각형의 넓이를 구할 때 밑변의 길이,
높이는 양수이니까 절댓값을 씌우는 거야.

✔ 다음 일차함수의 그래프와 $x$축 및 $y$축으로 둘러싸인
도형의 넓이를 구하시오.

**01** $y = \dfrac{1}{3}x - 2$

일차함수 $y = \dfrac{1}{3}x - 2$의 그래프의 $y$절편은 $-2$

이고, $x$절편은 $\boxed{\phantom{0}}$ 이므로 이 함수의 그래프는

다음 그림과 같다.

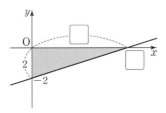

따라서 구하는 넓이는 위 그림의 색칠한 삼각형

의 넓이이므로

$\dfrac{1}{2} \times \boxed{\phantom{0}} \times 2 = \boxed{\phantom{0}}$

이 문제의 핵심은 $x$절편과 $y$절편을
이용하여 일차함수의 그래프를 그리는 거야.
그래프를 그리지 않고 넓이를 구하려고
하다보면 실수할 수 있어.

**02** $y = -x + 4$

**03** $y = 6x - 6$

**04** $y = 3x + 12$

**05** $y = -\dfrac{1}{2}x - 5$

**06** $y = \dfrac{2}{3}x - 4$

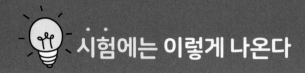 
01 다음 중 일차함수 $y=-3x+4$의 그래프는?

① 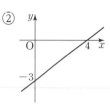 ② ③

④ 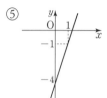 ⑤

★ 일차함수의 그래프 그리기
일차함수의 그래프가 지나는 두 점을 찾아 직선으로 연결한다. 이때 두 점은 다음과 같은 두 가지 방법으로 찾는다.

$x$절편, $y$절편 이용
$(0,\ y$절편$), (x$절편$,\ 0)$

기울기, $y$절편 이용
$(0,\ y$절편$), (\bullet,\ \blacksquare)$

기울기가 정수이면 $x$좌표가 1인 점, 기울기가 분수이면 $x$좌표가 기울기의 분모인 점을 얻으면 편해.

02 다음 일차함수 중 그 그래프가 제3사분면을 지나지 <u>않는</u> 것은?

① $y=-4x-5$     ② $y=-2x-4$     ③ $y=-\dfrac{1}{2}x+3$

④ $y=x-2$     ⑤ $y=3x+5$

03 일차함수 $y=2x-1$의 그래프를 $y$축의 방향으로 6만큼 평행이동한 그래프가 지나지 않는 사분면을 구하시오.

04 일차함수 $y=-\dfrac{1}{4}x-2$의 그래프와 $x$축 및 $y$축으로 둘러싸인 도형의 넓이는?

① 8     ② 10     ③ 12     ④ 14     ⑤ 16

★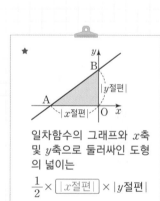
일차함수의 그래프와 $x$축 및 $y$축으로 둘러싸인 도형의 넓이는

$\dfrac{1}{2} \times \boxed{|x$절편$|} \times |y$절편$|$

05 일차함수 $y=ax+6$의 그래프가 오른쪽 그림과 같다. 이 그래프가 $x$축, $y$축과 만나는 점을 각각 A, B라 할 때, 삼각형 AOB의 넓이는 9이다. 이때 상수 $a$의 값을 구하시오.

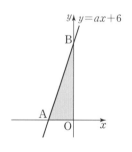

 일차함수 $y=ax+6$의 그래프에서 $x$절편이 음수인 것에 주의해!

# 셋째 마당

# 일차함수의 그래프의 성질과 활용

셋째 마당에서는 일차함수의 그래프의 성질과 실생활에 적용할 수 있는 일차함수의 활용에 대해 배울 거야. **기울기와 $y$절편의 역할이 아주 중요하니까 정확히 익혀야 해.** 많은 학생이 일차함수를 어려워하는 이유는 일차함수의 식과 그래프 사이의 전환이 자유자재로 이뤄지지 않기 때문이야. 일차함수의 식을 보고 머릿속에 바로바로 일차함수의 그래프를 떠올릴 수 있다면 일차함수의 그래프 문제가 어렵지 않게 느껴질 거야. 이런 직관력을 기를 수 있도록 충분히 연습해 보자.

| | 공부할 내용 | 15일 진도 | 20일 진도 | 공부한 날짜 |
|---|---|---|---|---|
| 13 | 기울기와 $y$절편의 부호로 그래프의 개형을 알 수 있어 | 8일 차 | 10일 차 | ____월____일 |
| 14 | 기울기와 $y$절편이 문자여도 그래프의 개형을 알 수 있어 | | 11일 차 | ____월____일 |
| 15 | 기울기가 같으면 평행하거나 일치해 | 9일 차 | 12일 차 | ____월____일 |
| 16 | 기울기가 주어질 때, 일차함수의 식 구하기 | | | ____월____일 |
| 17 | 두 점이 주어질 때, 일차함수의 식 구하기 | | 13일 차 | ____월____일 |
| 18 | 길이, 온도, 양의 변화에 대한 일차함수의 활용 | 10일 차 | 14일 차 | ____월____일 |
| 19 | 속력, 도형, 그래프에 대한 일차함수의 활용 | 11일 차 | 15일 차 | ____월____일 |

# 13 ▶ 기울기와 $y$절편의 부호로 그래프의 개형을 알 수 있어

일차함수 $y=ax$ $(a\neq0)$의 그래프 기억나지? $a>0$이면 오른쪽 위로 향하고, $a<0$이면 오른쪽 아래로 향했어. 이 그래프를 $y$축의 방향으로 $b$만큼 평행이동한 그래프인 일차함수 $y=ax+b$ $(a\neq0)$의 그래프에서도 이 성질은 마찬가지야. $b$의 값에 따라 $y$축과 만나는 위치만 달라질 뿐~

> 난 그래프의 모양을 담당해.

> 난 $y$축과 만나는 부분을 담당하고 있어.

$$y=\overset{\smile\smile}{a}x+\overset{\smile}{b}$$

---

● 일차함수 $y=ax+b$ $(a\neq0)$의 그래프의 성질

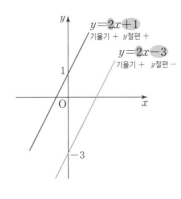

$y=2x+1$
기울기 + $y$절편 +

$y=2x-3$
기울기 + $y$절편 −

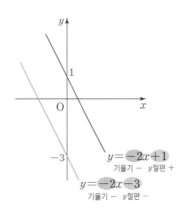

$y=-2x+1$
기울기 − $y$절편 +

$y=-2x-3$
기울기 − $y$절편 −

> **바빠 꿀팁**
>
> $y=ax+b$
>
> 기울기 +: ╱  $y$절편 +: ┼
>
> 기울기 −: ╲  $y$절편 −: ┼
>
> 일차함수의 식에서 기울기의 부호로 그래프의 모양을 파악하고, $y$절편의 부호로 $y$축과 만나는 부분을 파악할 수 있어.

① **기울기 $a$의 부호**: 그래프의 모양을 결정한다.

$a>0$, 즉 기울기가 양수일 때 기울기 +

→ $x$의 값이 증가하면 $y$의 값도 보기 증가 한다.

→ 오른쪽 위 로 향하는 직선이다. ╱

$a<0$, 즉 기울기가 음수일 때 기울기 −

→ $x$의 값이 증가하면 $y$의 값은 감소 한다.

→ 오른쪽 아래 로 향하는 직선이다. ╲

② **$y$절편 $b$의 부호**: 그래프가 $y$축과 만나는 부분을 결정한다. ← $b=0$이면 $y$축과 원점에서 만나.

$b>0$, 즉 $y$절편이 양수일 때 $y$절편 +

→ $y$축과 양 의 부분에서 만난다. ┼

$b<0$, 즉 $y$절편이 음수일 때 $y$절편 −

→ $y$축과 음 의 부분에서 만난다. ┼

③ $|a|$가 클수록 $y$ 축에 가깝고, $|a|$가 작을수록 $x$ 축에 가깝다. ← $y=ax$ $(a\neq0)$의 그래프의 성질과 마찬가지야.

세 일차함수

$$y=2x+1,\ y=x+1,\ y=-\frac{1}{2}x+1$$

의 그래프 중 $y$축에 가장 가까운 일차함수는 $y=2x+1$ 이다.

$|2|>|1|>\left|-\dfrac{1}{2}\right|$이므로 $a$의 절댓값이 가장 큰 함수와 일치해.

> 내가 $y$축에 가장 가까워.

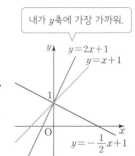

$y=2x+1$
$y=x+1$
$y=-\dfrac{1}{2}x+1$

일차함수의 그래프를 그리고, 기울기의 부호와 $y$절편의 부호에 따른
그래프의 개형을 직접 확인해 보자.

| 정답 및 풀이 25쪽 |

☑ 일차함수 $y=2x+4$의 그래
프를 그리고, 옳은 것에 ○표
를 하시오. [01~03]

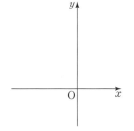

**01** 그래프를 그리시오.

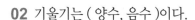

**02** 기울기는 ( 양수, 음수 )이다.

→ $x$의 값이 증가하면 $y$의 값은 ( 증가, 감소 )한다.

→ 오른쪽 ( 위, 아래 )로 향하는 직선이다.

**03** $y$절편은 ( 양수, 음수 )이다.

→ $y$축과 ( 양, 음 )의 부분에서 만난다.

☑ 일차함수 $y=4x-3$의 그래
프를 그리고, 옳은 것에 ○표
를 하시오. [04~06]

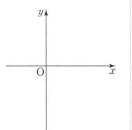

**04** 그래프를 그리시오.

**05** 기울기는 ( 양수, 음수 )이다.

→ $x$의 값이 증가하면 $y$의 값은 ( 증가, 감소 )한다.

→ 오른쪽 ( 위, 아래 )로 향하는 직선이다.

**06** $y$절편은 ( 양수, 음수 )이다.

→ $y$축과 ( 양, 음 )의 부분에서 만난다.

☑ 일차함수 $y=-\dfrac{1}{3}x+2$의
그래프를 그리고, 옳은 것
에 ○표를 하시오.
[07~09]

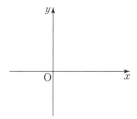

**07** 그래프를 그리시오.

**08** 기울기는 ( 양수, 음수 )이다.

→ $x$의 값이 증가하면 $y$의 값은 ( 증가, 감소 )한다.

→ 오른쪽 ( 위, 아래 )로 향하는 직선이다.

**09** $y$절편은 ( 양수, 음수 )이다.

→ $y$축과 ( 양, 음 )의 부분에서 만난다.

☑ 일차함수 $y=-2x-6$의 그
래프를 그리고, 옳은 것에 ○
표를 하시오. [10~12]

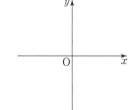

**10** 그래프를 그리시오.

**11** 기울기는 ( 양수, 음수 )이다.

→ $x$의 값이 증가하면 $y$의 값은 ( 증가, 감소 )한다.

→ 오른쪽 ( 위, 아래 )로 향하는 직선이다.

**12** $y$절편은 ( 양수, 음수 )이다.

→ $y$축과 ( 양, 음 )의 부분에서 만난다.

☑ 다음 보기의 일차함수의 그래프 중 다음 조건을 만족시키는 것을 모두 고르고, 물음에 답하시오.

┌─ 보 기 ─────────────────────┐
ㄱ. $y=2x-5$          ㄴ. $y=-3x-9$

ㄷ. $y=\dfrac{3}{2}x+3$      ㄹ. $y=-\dfrac{1}{5}x+1$

ㅁ. $y=6x-\dfrac{1}{4}$      ㅂ. $y=-\dfrac{4}{3}x-\dfrac{1}{6}$
└────────────────────────────┘

**01** $x$의 값이 증가하면 $y$의 값도 증가하는 직선

**02** $x$의 값이 증가하면 $y$의 값은 감소하는 직선

**03** 오른쪽 위로 향하는 직선

**04** 오른쪽 아래로 향하는 직선

**05** $y$축과 양의 부분에서 만나는 직선

**06** $y$축과 음의 부분에서 만나는 직선

그래프의 개형은 특징만 잡아서 빠르게 그리는 캐리커처 같은 거야. 기울기와 $y$절편의 부호만으로 빠르게 그래프의 개형을 그리는 연습을 해 보자.

**07** 보기의 일차함수의 그래프의 개형을 그리고, 그래프가 지나지 않는 사분면을 구하시오.

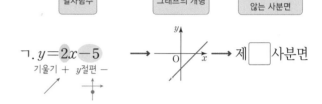

| 일차함수 | 그래프의 개형 | 그래프가 지나지 않는 사분면 |

ㄱ. $y=\underset{\text{기울기 } +}{2x}\underset{y\text{절편 } -}{-5}$ → → 제 ☐ 사분면

ㄴ. $y=-3x-9$ → → 제 ☐ 사분면

ㄷ. $y=\dfrac{3}{2}x+3$ → → 제 ☐ 사분면

ㄹ. $y=-\dfrac{1}{5}x+1$ → → 제 ☐ 사분면

ㅁ. $y=6x-\dfrac{1}{4}$ → → 제 ☐ 사분면

ㅂ. $y=-\dfrac{4}{3}x-\dfrac{1}{6}$ → → 제 ☐ 사분면

그래프가 지나거나 혹은 지나지 않는 사분면은 이처럼 그래프의 개형만으로도 충분히 확인 가능해.

일차함수 $y=ax+b$의 그래프는 $|a|$가 클수록 $y$축에 가깝고, $|a|$가 작을수록 $x$축에 가까워.

✔ 다음 보기의 함수의 그래프가 지나는 두 점의 좌표를 구하여 그래프를 그리고, 물음에 답하시오. [01~03]

┌ 보 기 ┐

$y=x-2$          $y=6x-2$

$y=\dfrac{1}{4}x-2$      $y=-x-2$

$y=-3x-2$        $y=-\dfrac{1}{5}x-2$

> 기울기와 $y$절편을 이용하여 그래프를 그려 보자.

**01** 다음 좌표평면 위에 **보기**의 함수의 그래프를 모두 그리시오.

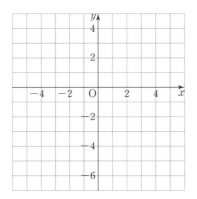

**02** $y$축에 가장 가까운 직선을 그래프로 하는 일차함수를 고르시오.

**03** 기울기의 절댓값이 가장 큰 직선을 그래프로 하는 일차함수를 고르시오.

---

┌─────────────────────────────┐
일차함수의 그래프의 기울기의 범위

일차함수의 그래프는 기울기의 절댓값이 클수록 $y$축에 가까우므로 오른쪽 그림에서 $a$의 값의 범위는

$$1<a<2$$

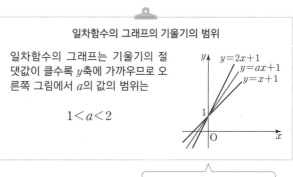
└─────────────────────────────┘

> 세 일차함수의 그래프의 기울기 1, $a$, 2만 서로 비교해 보면 돼.

✔ 다음 물음에 답하시오. [04~05]

**04** 일차함수 $y=ax+2$의 그래프가 다음 그림과 같을 때, 상수 $a$의 값의 범위를 구하시오.

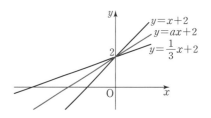

**05** 일차함수 $y=ax-1$의 그래프가 다음 그림과 같을 때, 상수 $a$의 값의 범위를 구하시오.

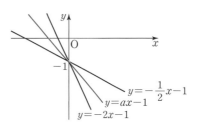

---

> 일차함수 $y=ax+b$의 그래프는 $|a|$가 클수록 $y$축에 가깝다는 게 확인되지? $y$절편이 다르더라도 마찬가지야.

**01** 다음 일차함수 중 $x$의 값이 증가할 때, $y$의 값은 감소하는 것은?

① $y=3x+2$  　　② $y=x-4$  　　③ $y=\dfrac{1}{2}x+4$

④ $y=\dfrac{3}{4}x-1$  　　⑤ $y=-\dfrac{2}{3}x+5$

> ★ 일차함수 $y=ax+b$의 그래프의 성질
>
> $a>0$ → $x$의 값이 증가하면 $y$의 값도 증가 한다.
> → 오른쪽 위 로 향하는 직선이다.
> $a<0$ → $x$의 값이 증가하면 $y$의 값은 감소 한다.
> → 오른쪽 아래 로 향하는 직선이다.
> $b>0$ → $y$축과 양 의 부분에서 만난다.
> $b<0$ → $y$축과 음 의 부분에서 만난다.

**02** 다음 중 일차함수 $y=-\dfrac{1}{2}x+3$의 그래프에 대한 설명으로 옳지 않은 것은?

① 오른쪽 아래로 향하는 직선이다.

② $x$의 값이 증가하면 $y$의 값은 감소한다.

③ 점 $(2,\ 2)$를 지난다.

④ 제2, 3, 4사분면을 지난다.

⑤ $y$축과 양의 부분에서 만난다.

**03** 다음 일차함수 중 그 그래프가 $y$축에 가장 가까운 것은?

① $y=7x-3$  　　② $y=5x+2$  　　③ $y=\dfrac{1}{3}x+1$

④ $y=-\dfrac{3}{2}x+2$  　　⑤ $y=-4x-1$

> ★ 일차함수 $y=ax+b$의 그래프는 $|a|$가 클수록 $y$ 축에 가깝다

**04** 일차함수 $y=ax-2$의 그래프가 오른쪽 그림과 같을 때, 상수 $a$의 값의 범위는?

① $1<a<3$

② $a<-3$

③ $a>-1$

④ $-3<a<-1$

⑤ $a<-3$ 또는 $a>-1$

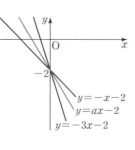

$y=-x-2$
$y=ax-2$
$y=-3x-2$

# 14 기울기와 $y$절편이 문자여도 그래프의 개형을 알 수 있어

일차함수의 식에서 기울기와 $y$절편이 문자로 주어지더라도 부호만 알면 일차함수의 그래프의 개형을 그릴 수 있어. 반대로 그래프를 보고 기울기와 $y$절편의 부호를 알아낼 수두 있지~

우리의 부호로 그래프의 개형을 알아내~

$y = $ 기울기 $x + $ y절편

● 일차함수 $y=ax+b\,(a\neq0)$에서 $a$, $b$의 부호와 그래프의 개형

일차함수 $y=ax+b$의 그래프에서 $a$는 기울기, $b$는 $y$절편이므로 $a$, $b$의 부호에 따라 그래프의 개형은 다음과 같다.

| ① $a>0, b>0$ | ② $a>0, b<0$ |
|---|---|
| 기울기 $+$ , $y$절편 $+$ <br> $y=ax+b$ <br> → 제1, 2, 3사분면을 지난다. | 기울기 $+$ , $y$절편 $-$ <br> $y=ax+b$ <br> → 제1, 3, 4사분면을 지난다. |
| ③ $a<0, b>0$ | ④ $a<0, b<0$ |
| 기울기 $-$ , $y$절편 $+$ <br> $y=ax+b$ <br> → 제1, 2, 4사분면을 지난다. | 기울기 $-$ , $y$절편 $-$ <br> $y=ax+b$ <br> → 제2, 3, 4사분면을 지난다. |

$a>0, b<0$일 때, 일차함수 $y=ax-b$의 그래프가 지나는 사분면을 모두 구해 보자.

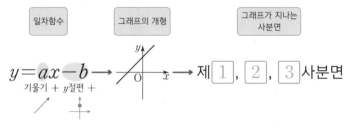

일차함수    그래프의 개형    그래프가 지나는 사분면

$y=ax-b$ → → 제 $\boxed{1}$ , $\boxed{2}$ , $\boxed{3}$ 사분면

기울기 $+$  $y$절편 $+$

바빠 꿀팁

왼쪽 문제와는 반대로 일차함수의 그래프가 주어지고 문자 $a$, $b$의 부호를 알아내야 하는 경우도 있어. 이때는 직선의 방향을 보고 기울기의 부호를 파악해. 또한 직선이 $y$축과 만나는 부분을 보고 $y$절편의 부호를 파악하면 돼.

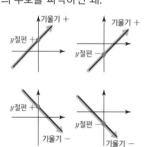

앗! 실수

★ 일차함수의 기울기와 $y$절편이 문자로 주어질 때 기울기와 $y$절편에 주의해!

$y=-ax-b$ → 기울기: $-a$, $y$절편: $-b$

이와 같이 문자 $a$가 기울기가 아닐 수도 있어. 마찬가지로 문자 $b$가 $y$절편이 아닐 수 있지. 반드시 부호까지 포함해서 생각해야 해.

먼저 주어진 그래프로부터 기울기와 $y$절편의 부호를 파악해 봐.

／ : 기울기 ＋    ＼ : 기울기 －    ┼→ : $y$절편 ＋    •→ : $y$절편 －

| 정답 및 풀이 27쪽 |

✔ 다음 일차함수의 그래프가 오른쪽 그림과 같을 때, $a$, $b$의 부호를 구하여 ◯ 안에 ＞, ＜ 중 알맞은 것을 써넣으시오. [01~03]

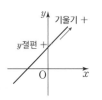

기울기 ＋  $y$절편 ＋    $a$, $b$의 부호

**01** $y=ax+b$ ⟶ $a$◯$0$, $b$◯$0$

기울기 ＋  $y$절편 ＋

**02** $y=ax-b$ ⟶ $a$◯$0$, $b$◯$0$

$-b>0$

기울기 ＋  $y$절편 ＋

**03** $y=-ax+b$ ⟶ $a$◯$0$, $b$◯$0$

✔ 다음 일차함수의 그래프가 오른쪽 그림과 같을 때, $a$, $b$의 부호를 구하여 ◯ 안에 ＞, ＜ 중 알맞은 것을 써넣으시오. [07~09]

$a$, $b$의 부호

**07** $y=ax+b$ ⟶ $a$◯$0$, $b$◯$0$

**08** $y=ax-b$ ⟶ $a$◯$0$, $b$◯$0$

**09** $y=-ax+b$ ⟶ $a$◯$0$, $b$◯$0$

✔ 다음 일차함수의 그래프가 오른쪽 그림과 같을 때, $a$, $b$의 부호를 구하여 ◯ 안에 ＞, ＜ 중 알맞은 것을 써넣으시오. [04~06]

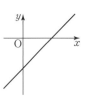

$a$, $b$의 부호

**04** $y=ax+b$ ⟶ $a$◯$0$, $b$◯$0$

**05** $y=-ax+b$ ⟶ $a$◯$0$, $b$◯$0$

**06** $y=-ax-b$ ⟶ $a$◯$0$, $b$◯$0$

✔ 다음 일차함수의 그래프가 오른쪽 그림과 같을 때, $a$, $b$의 부호를 구하여 ◯ 안에 ＞, ＜ 중 알맞은 것을 써넣으시오. [10~12]

$a$, $b$의 부호

**10** $y=ax+b$ ⟶ $a$◯$0$, $b$◯$0$

**11** $y=-ax+b$ ⟶ $a$◯$0$, $b$◯$0$

**12** $y=-ax-b$ ⟶ $a$◯$0$, $b$◯$0$

기울기의 부호와 $y$절편의 부호에 주의하여 그래프의 개형을 그려야 해.

$y = $ 기울기$x + y$절편

✔ $a>0$, $b>0$일 때, 다음 일차함수의 그래프의 개형을 그리고, 그래프가 지나지 <u>않는</u> 사분면을 구하시오.

[01~03]

그래프의 개형　　그래프가 지나지 않는 사분면

**01** $y = ax + b$ $\rightarrow$ 　 $\rightarrow$ 제 $\square$ 사분면
기울기 $+$ $y$절편 $+$

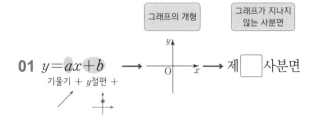

**02** $y = ax - b$ $\rightarrow$ 　 $\rightarrow$ 제 $\square$ 사분면
기울기 $+$ $y$절편

**03** $y = -ax - b$ $\rightarrow$ 　 $\rightarrow$ 제 $\square$ 사분면
기울기 $-$ $y$절편 $-$

✔ $a>0$, $b<0$일 때, 다음 일차함수의 그래프의 개형을 그리고, 그래프가 지나지 <u>않는</u> 사분면을 구하시오.

[04~06]

그래프의 개형　　그래프가 지나지 않는 사분면

**04** $y = ax + b$ $\rightarrow$ 　 $\rightarrow$ 제 $\square$ 사분면

**05** $y = -ax + b$ $\rightarrow$ 　 $\rightarrow$ 제 $\square$ 사분면

**06** $y = -ax - b$ $\rightarrow$ 　 $\rightarrow$ 제 $\square$ 사분면

✔ $a<0$, $b>0$일 때, 다음 일차함수의 그래프의 개형을 그리고, 그래프기 지니지 <u>않는</u> 사분면을 구하시오.

[07~09]

그래프의 개형　　그래프가 지나지 않는 사분면

**07** $y = ax + b$ $\rightarrow$ 　 $\rightarrow$ 제 $\square$ 사분면

**08** $y = -ax + b$ $\rightarrow$ 　 $\rightarrow$ 제 $\square$ 사분면

**09** $y = -ax - b$ $\rightarrow$ 　 $\rightarrow$ 제 $\square$ 사분면

✔ $a<0$, $b<0$일 때, 다음 일차함수의 그래프의 개형을 그리고, 그래프가 지나지 <u>않는</u> 사분면을 구하시오.

[10~12]

그래프의 개형　　그래프가 지나지 않는 사분면

**10** $y = ax + b$ $\rightarrow$ 　 $\rightarrow$ 제 $\square$ 사분면

**11** $y = ax - b$ $\rightarrow$ 　 $\rightarrow$ 제 $\square$ 사분면

**12** $y = -ax - b$ $\rightarrow$ 　 $\rightarrow$ 제 $\square$ 사분면

**①** $a$, $b$의 부호를 구한 후
**②** 기울기와 $y$절편의 부호를 파악하여 그래프의 개형을 그려 봐.

| 정답 및 풀이 29쪽 |

✔ 다음 조건 또는 그래프로부터 $a$, $b$의 부호를 구하여 ◯ 안에 $>$, $<$ 중 알맞은 것을 써넣고, 주어진 일차함수의 그래프의 개형을 그리시오.

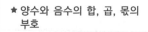

$\boxed{a, b\text{의 부호}}$　　　　$\boxed{\text{일차함수의 그래프의 개형}}$

**★ 양수와 음수의 합, 곱, 몫의 부호**

① 양수끼리의 합은 양수, 음수끼리의 합은 음수이다.
(양수)+(양수) → (양수)
(음수)+(음수) → (음수)

② 부호가 같은 두 수의 곱, 몫은 양수이다.
(양수)×(양수) → (양수)
(음수)×(음수) → (양수)
$\dfrac{(양수)}{(양수)}$ → (양수)
$\dfrac{(음수)}{(음수)}$ → (양수)

③ 부호가 다른 두 수의 곱, 몫은 음수이다.
(양수)×(음수) → (음수)
(음수)×(양수) → (음수)
$\dfrac{(음수)}{(양수)}$ → (음수)
$\dfrac{(양수)}{(음수)}$ → (음수)

**01** $a<b, ab<0 \longrightarrow a\bigcirc 0, b\bigcirc 0 \longrightarrow y=ax+b$

**02** $a>b, ab<0 \longrightarrow a\bigcirc 0, b\bigcirc 0 \longrightarrow y=-ax+b$

**03** $ab>0, a+b>0 \longrightarrow a\bigcirc 0, b\bigcirc 0 \longrightarrow y=ax+b$

**04** $ab>0, a+b<0 \longrightarrow a\bigcirc 0, b\bigcirc 0 \longrightarrow y=ax-b$

**05** $\longrightarrow a\bigcirc 0, b\bigcirc 0 \longrightarrow y=abx+a$

**06** $\longrightarrow a\bigcirc , b\bigcirc 0 \longrightarrow y=\dfrac{b}{a}x-b$

일차함수의 그래프의 개형을 그려야 할 때는 기울기와 $y$절편의 부호를 파악하는 게 핵심이야.

**01** 일차함수 $y = -ax + b$의 그래프가 오른쪽 그림과 같을 때, 상수 $a$, $b$의 부호는?

① $a < 0, b < 0$  ② $a < 0, b > 0$

③ $a > 0, b > 0$  ④ $a > 0, b < 0$

⑤ $a < 0, b = 0$

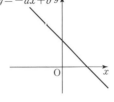

★ $a$, $b$의 부호와 일차함수 $y = ax + b$의 그래프의 개형

| $a > 0, b > 0$ | $a > 0, b < 0$ |
|---|---|
|  |  |
| $a < 0, b > 0$ | $a < 0, b < 0$ |
|  |  |

**02** $a < 0$, $b > 0$일 때, 일차함수 $y = ax - b$의 그래프가 지나지 <u>않는</u> 사분면은?

① 제1사분면  ② 제2사분면  ③ 제3사분면

④ 제4사분면  ⑤ 알 수 없다.

**03** $a < b$, $ab < 0$일 때, 일차함수 $y = bx + a$의 그래프가 지나지 <u>않는</u> 사분면을 구하시오.

일차함수 $y = bx + a$에서 기울기는 $b$, $y$절편은 $a$야.

**04** 일차함수 $y = ax + b$의 그래프가 제2, 3, 4사분면을 지날 때, 일차함수 $y = \dfrac{b}{a}x + a$의 그래프의 개형으로 알맞은 것은?

①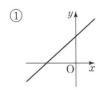

②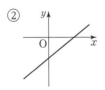

③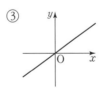

④

⑤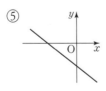

제2, 3, 4사분면을 지나는 일차함수의 그래프의 개형은 오른쪽 그림과 같아.

# 15 기울기가 같으면 평행하거나 일치해

일차함수 $y=2x-1$, $y=2x+1$, $y=2x+2$의 그래프는 모두 일차함수 $y=2x$의 그래프를 $y$축의 방향으로 평행이동한 것이므로 서로 평행해. 이 평행한 직선들의 공통점이 보이지? 기울기가 모두 2로 같아~

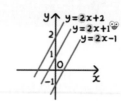

서로 평행한 우리의 공통점은?

---

● 일차함수의 그래프의 평행과 일치

① 기울기가 같은 두 일차함수의 그래프는 서로 평행하거나 일치한다.

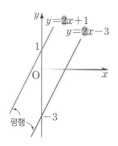

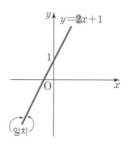

$$y=2x+1$$
$$y=2x-3$$

기울기가  $y$절편은
같아.   달라.

↓

기울기가 같고, $y$절편은 다른 두 직선은 서로 평행 하다.

$$y=2x+1$$
$$y=2x+1$$

기울기가  $y$절편도
같아.   같아.

↓

기울기가 같고, $y$절편도 같은 두 직선은 일치 한다.

└ 두 일차함수의 식이 일치하면 그래프도 일치해.

**바빠꿀팁**

두 일차함수 $y=ax+b$, $y=a'x+b'$의 그래프가

① 만나지 않는다.
→ 평행하다.
→ 기울기가 같고, $y$절편은 다르다.
→ $a=a'$, $b \neq b'$

② 무수히 많은 점에서 만난다.
→ 일치한다.
→ 기울기가 같고, $y$절편도 같다.
→ $a=a'$, $b=b'$

③ 한 점에서 만난다.
→ 평행하지 않다.
→ 기울기가 다르다.
→ $a \neq a'$

완벽하게 일치하려면 모든 것이(기울기도, $y$절편도) 같아야 한다고 기억해~

**앗! 실수**

★ 일차함수의 식에 괄호가 있을 때 기울기만 비교해 보고 기울기가 같으면 두 일차함수의 그래프가 평행하다고 착각하는 경우가 있어. 이때 괄호를 풀어 $y$절편도 꼭 비교해 봐야 해. $y$절편이 다르면 평행하지만, $y$절편도 같으면 일치하니까!

두 일차함수 $y=2x+4$, $y=2(x+2)$의 그래프 → 평행 ( × )

$y=2(x+2)=2x+4$

→ 일치 ( ○ )

② 서로 평행한 두 일차함수의 그래프는 기울기가 같고, $y$절편은 다르다.

두 일차함수 $y=ax+b$, $y=2x-3$의 그래프가 평행할 상수 $a$, $b$의 조건

→ $a= \boxed{2}$, $b \neq -3$

**A** 기울기가 같고, $y$절편이 다른 두 일차함수의 그래프 → 평행
기울기가 같고, $y$절편도 같은 두 일차함수의 그래프 → 일치

| 정답 및 풀이 30쪽 |

✔ 다음 두 일차함수의 그래프가 평행하면 '평행'을, 일치하면 '일치'를 (  ) 안에 써넣으시오. [01~06]

**01** $y=x+2, y=x-5$     (     )

**02** $y=-2x+3, y=3-2x$     (     )

**03** $y=3x-6, y=3(x-2)$     (     )

> 괄호를 풀고 비교해.

**04** $y=-5(x-1), y=-5x-5$     (     )

**05** $y=\dfrac{1}{2}(x+4), y=\dfrac{1}{2}x+4$     (     )

**06** $y=-\dfrac{2}{3}x-6, y=-\dfrac{2}{3}(x-9)$     (     )

✔ 다음 보기의 일차함수의 그래프에 대하여 물음에 답하시오. [07~10]

┌─ 보기 ┐
ㄱ. $y=3x-3$          ㄴ. $y=-\dfrac{1}{3}x+3$

ㄷ. $y=-4x+2$        ㄹ. $y=-3x+2$

ㅁ. $y=-\dfrac{1}{3}(x+1)$     ㅂ. $y=-4\left(x-\dfrac{1}{2}\right)$
└────────────────────┘

**07** 서로 평행한 것끼리 짝 지으시오.

**08** 일치하는 것끼리 짝 지으시오.

**09** 오른쪽 그래프와 평행한 것을 찾으시오.

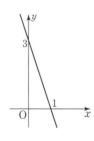

**10** 오른쪽 그래프와 일치하는 것을 찾으시오.

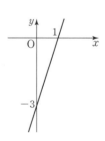

## B

두 일차함수의 그래프가 평행하려면 → 기울기가 같아야 하고, $y$절편은 달라야 해.
두 일차함수의 그래프가 일치하려면 → 기울기와 $y$절편이 각각 같아야 해.

| 정답 및 풀이 31쪽 |

✔ 다음 두 일차함수의 그래프가 서로 평행할 때, 상수 $a$의 값을 구하시오. [01~06]

**01** $y=-2x+6,\ y=ax-1$

**02** $y=ax+4,\ y=4x-2$

**03** $y=\frac{3}{2}x+1,\ y=ax-3$

**04** $y=3(1-x),\ y=ax+1$

**05** $y=2ax-1,\ y=4x+7$

**06** $y=2x-3,\ y=\frac{a}{3}x-9$

✔ 다음 두 일차함수의 그래프가 일치할 때, 상수 $a$, $b$의 값을 각각 구하시오. [07~12]

**07** $y=-x+7,\ y=ax+b$

**08** $y=ax+b,\ y=3x-2$

**09** $y=ax-4,\ y=5x+b$

**10** $y=-3x+b,\ y=3ax-2$

**11** $y=ax+6,\ y=-4x-2b$

**12** $y=\frac{a}{2}x-12,\ y=-2x+6b$

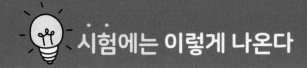
**01** 다음 일차함수의 그래프 중 일차함수 $y=-\dfrac{1}{2}x+1$의 그래프와 평행한 것은?

① $y=\dfrac{1}{2}-x$   ② $y=-\dfrac{1}{2}(x-2)$

③ $y=\dfrac{1}{2}(5-x)$   ④ $y=-\dfrac{1}{2}(1-x)$

⑤ $y=-\left(x+\dfrac{1}{2}\right)$

> ★ 두 일차함수의 그래프의 평행과 일치
>
> 기울기가 같고, $y$절편은 다르면 → 평행
>
> 기울기가 같고, $y$절편도 같으면 → 일치

**02** 다음 일차함수의 그래프 중 오른쪽 그래프와 만나지 않는 것은?

① $y=\dfrac{3}{2}x$   ② $y=\dfrac{2}{3}x+3$

③ $y=-\dfrac{2}{3}x+2$   ④ $y=-\dfrac{2}{3}x-3$

⑤ $y=-\dfrac{3}{2}x-2$

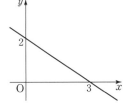

> '두 직선이 만나지 않는다.'
> ='두 직선이 서로 평행하다.'

**03** 두 일차함수 $y=2ax-6$, $y=-5x-3b$의 그래프가 일치할 때, 상수 $a$, $b$에 대하여 $ab$의 값은?

① $-6$   ② $-5$   ③ $-4$   ④ $-3$   ⑤ $-2$

**04** 일차함수 $y=ax+5$의 그래프는 일차함수 $y=-3x+8$의 그래프와 평행하고 점 $(-2,\ k)$를 지난다. 이때 $a+k$의 값은?

(단, $a$는 상수)

① 4   ② 5   ③ 6   ④ 7   ⑤ 8

# 16 기울기가 주어질 때, 일차함수의 식 구하기

일차함수의 식은 $y=ax+b$의 꼴이고, 여기서 $a$는 기울기, $b$는 $y$절편이니까 기울기와 $y$절편을 알면 일차함수의 식을 구할 수 있어. 기울기와 $y$절편이 숫자로 주어지지 않더라도 주어진 조건을 이용하여 $a$, $b$의 값을 각각 구하면 돼~

📍 일차함수의 식

$$y = ax + b$$
기울기  y절편

---

● 기울기와 $y$절편이 주어질 때, 일차함수의 식 구하기

기울기가 $a$이고 $y$절편이 $b$인 직선을 그래프로 하는 일차함수의 식은

$$y=ax+b$$

기울기가 2이고 $y$절편이 3인 직선을 그래프로 하는 일차함수의 식은 → $y=\boxed{2}x+\boxed{3}$

기울기가 $-3$이고 $y$절편이 $-1$인 직선을 그래프로 하는 일차함수의 식은 → $y=\boxed{-3x-1}$

기울기와 $y$절편을 모두 알면 바로 식을 세울 수 있지~

$$y = \boxed{기울기}\ x + \boxed{y절편}$$

🎈 **바빠 꿀팁**

기울기와 $y$절편이 숫자로 바로 주어지지 않고 조건으로 주어지는 경우도 있어.

① '(기울기)$=2$'와 같은 뜻의 조건
  → $x$의 값이 1만큼 증가할 때, $y$의 값은 2만큼 증가한다.
  → 일차함수 $y=2x+1$의 그래프와 평행한 직선이다.
  　　　기울기가 같다는 뜻
② '($y$절편)$=3$'과 같은 뜻의 조건
  → 점 $(0,\ 3)$을 지난다.
  → 일차함수 $y=x+3$의 그래프와 $y$축 위에서 만나는 직선이다.
  　　　$y$절편이 같다는 뜻

● 기울기와 한 점이 주어질 때, 일차함수의 식 구하기

기울기가 $a$이고 점 $(x_1,\ y_1)$을 지나는 직선을 그래프로 하는 일차함수의 식은 다음과 같은 순서로 구한다.
❶ 구하는 일차함수의 식을 $y=ax+b$로 놓는다.
❷ $x=x_1$, $y=y_1$을 $y=ax+b$에 대입하여 $b$의 값을 구한다.

기울기가 $-2$이고 점 $(1,\ 3)$을 지나는 직선을 그래프로 하는 일차함수의 식을 구해 보자.

→ 구하는 일차함수의 식을 $y=-2x+b$로 놓자.

이 그래프가 점 $(1,\ 3)$을 지나므로

$$3=-2\times1+b,\ b=\boxed{5}$$

따라서 구하는 일차함수의 식은 $y=\boxed{-2}x+\boxed{5}$

기울기는 알지만 $y$절편을 알 수 없을 땐 이렇게 놓으면 돼.

$$y = \boxed{기울기}\ x + b$$

직선이 지나는 한 점의 좌표를 대입해서 $b$의 값을 구해 봐~

기울기가 $a$이고 $y$절편이 $b$인 직선을
그래프로 하는 일차함수의 식은  → $y=ax+b$

✔ 다음과 같은 직선을 그래프로 하는 일차함수의 식을
구하시오

**01** 기울기가 3이고, $y$절편이 $-5$인 직선

**02** 기울기가 $-\dfrac{1}{2}$이고, $y$절편이 4인 직선

**03** 기울기가 $-1$이고, 점 $(0,\ 2)$를 지나는 직선

$y$절편은 2

**04** 기울기가 4이고, 점 $(0,\ -1)$을 지나는 직선

**05** 기울기가 $-5$이고, 일차함수 $y=x+4$의 그래프
와 $y$축 위에서 만나는 직선

$y$절편이 같다는 뜻이야.

**06** 기울기가 $\dfrac{2}{3}$이고, 일차함수 $y=-2x+3$의 그래
프와 $y$축 위에서 만나는 직선

**07** $x$의 값이 1만큼 증가할 때, $y$의 값은 3만큼 증가
하고, $y$절편이 $-2$인 직선

(기울기) $=\dfrac{(y\text{의 값의 증가량})}{(x\text{의 값의 증가량})}$

**08** $x$의 값이 2만큼 증가할 때, $y$의 값은 3만큼 감소
하고, 점 $(0,\ 6)$을 지나는 직선

**09** $x$의 값이 2만큼 증가할 때, $y$의 값은 4만큼 감소
하고, 일차함수 $y=x-3$의 그래프와 $y$축 위에서
만나는 직선

**10** 일차함수 $y=-x+4$의 그래프와 평행하고, $y$절
편이 1인 직선

기울기가 같다는 뜻이야.

**11** 일차함수 $y=3x+1$의 그래프와 평행하고, 점
$(0,\ -9)$를 지나는 직선

**12** 오른쪽 직선과 평행하고, 일차
함수 $y=3x+4$의 그래프와
$y$축 위에서 만나는 직선

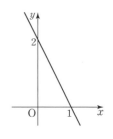

**B**

기울기와 직선 위의 한 점이 주어지면 일차함수의 식을 $y=$ 기울기 $x+b$로 놓고,
한 점의 좌표를 대입하여 $b$의 값을 구해.

| 정답 및 풀이 32쪽 |

✔ 다음과 같은 직선을 그래프로 하는 일차함수의 식을 구하시오.

**01** 기울기가 2이고, 점 $(1, -1)$을 지나는 직선

**02** 기울기가 $-1$이고, 점 $(2, 3)$을 지나는 직선

**03** 기울기가 $-3$이고, 점 $(-1, 4)$를 지나는 직선

**04** 기울기가 $\dfrac{1}{2}$이고, 점 $(4, 5)$를 지나는 직선

**05** 기울기가 $-\dfrac{1}{3}$이고, 점 $(6, 0)$을 지나는 직선

**06** 기울기가 4이고, $x$절편이 $-2$인 직선

> 점 $(-2, 0)$을 지나.

**07** $x$의 값이 2만큼 증가할 때, $y$의 값은 6만큼 증가하고, 점 $(1, -3)$을 지나는 직선

**08** $x$의 값이 1만큼 증가할 때, $y$의 값은 2만큼 감소하고, 점 $(4, 3)$을 지나는 직선

**09** $x$의 값이 3만큼 증가할 때, $y$의 값은 4만큼 감소하고, $x$절편이 3인 직선

**10** 일차함수 $y=4x-2$의 그래프와 평행하고, 점 $(2, 7)$을 지나는 직선

**11** 일차함수 $y=-6x+3$의 그래프와 평행하고, 점 $\left(\dfrac{1}{2}, 2\right)$를 지나는 직선

**12** 오른쪽 직선과 평행하고, $x$절편이 4인 직선

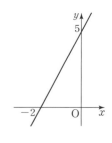

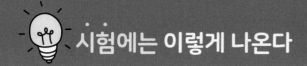
**01** 기울기가 −2이고, $y$절편이 6인 일차함수의 그래프의 $x$절편은?

① 3　　　　② 4　　　　③ 5　　　　④ 6　　　　⑤ 7

★ 기울기가 $a$이고 $y$절편이 $b$ 인 직선을 그래프로 하는 일차함수의 식은

$$y = \boxed{a}\,x + \boxed{b}$$

**02** 다음 중 $x$의 값이 2만큼 증가할 때, $y$의 값은 6만큼 증가하고, 점 $(0, -4)$를 지나는 직선 위의 점이 <u>아닌</u> 것은?

① $(-2, -10)$　　② $(-1, -7)$　　③ $\left(\dfrac{1}{3}, -3\right)$

④ $(1, -1)$　　　⑤ $\left(\dfrac{4}{3}, 1\right)$

**03** 오른쪽 직선과 평행하고, 일차함수 $y = 5x + 2$의 그래프와 $y$축 위에서 만나는 직선을 그래프로 하는 일차함수의 식은?

① $y = -\dfrac{4}{3}x - 2$　　② $y = -\dfrac{3}{4}x + 2$

③ $y = \dfrac{3}{4}x - 2$　　　④ $y = \dfrac{3}{4}x + 2$

⑤ $y = \dfrac{4}{3}x + 2$

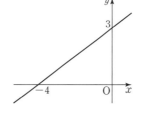

**04** 기울기가 4이고, 점 $(2, -1)$을 지나는 직선이 점 $(k, k+3)$을 지날 때, $k$의 값은?

① 2　　　　② 3　　　　③ 4　　　　④ 5　　　　⑤ 6

★ 기울기와 직선 위의 한 점 이 주어지면 일차함수의 식을 $y = \boxed{\text{기울기}}\,x + b$로 놓고, 한 점의 좌표를 대입하여 $b$의 값을 구한다.

**05** 일차함수 $y = -3x + 4$의 그래프와 평행하고, 일차함수 $y = x - 1$의 그래프와 $x$축 위에서 만나는 직선을 그래프로 하는 일차함수의 식을 구하시오.

'$x$축 위에서 만난다.' ＝'$x$절편이 같다.'

● 서로 다른 두 점이 주어질 때, 일차함수의 식 구하기

두 점 $(x_1, y_1)$, $(x_2, y_2)$를 지나는 직선을 그래프로 하는 일차함수의 식은 다음과 같은 순서로 구한다.

❶ 기울기 $a = \dfrac{y_2 - y_1}{x_2 - x_1} = \dfrac{y_1 - y_2}{x_1 - x_2}$를 구한다.

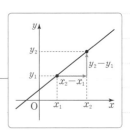

❷ 일차함수의 식을 $y = ax + b$로 놓고, 두 점 중 한 점의 좌표를 대입하여 $b$의 값을 구한다.

> 두 점 $(1, -5)$, $(3, 1)$을 지나는 직선을 그래프로 하는 일차함수의 식을 구해 보자.
>
> → 기울기가 $\dfrac{1 - (-5)}{3 - 1} = \boxed{3}$이므로 구하는 일차함수의
>
> 식을 $y = \boxed{3}x + b$로 놓자. 이 그래프가 점 $(1, -5)$를
>
> 지나므로 $-5 = 3 + b$, $b = \boxed{-8}$
>
> 따라서 구하는 일차함수의 식은 $y = \boxed{3x - 8}$

바빠 꿀팁

두 점을 지나는 일차함수의 식을 $y = ax + b$로 놓고, 두 점의 좌표를 각각 대입하여 얻은 연립방정식을 푸는 방법도 있어.

왼쪽 문제에서 구하려는 일차함수의 식을 $y = ax + b$로 놓으면 이 그래프가 점 $(1, -5)$를 지나므로
$-5 = a + b$ …… ㉠
또 점 $(3, 1)$을 지나므로
$1 = 3a + b$ …… ㉡
㉠, ㉡을 연립하여 풀면
$a = 3$, $b = -8$
따라서 구하는 일차함수의 식은
$y = 3x - 8$

● $x$절편과 $y$절편이 주어질 때, 일차함수의 식 구하기

$x$절편이 $m$이고 $y$절편이 $n$인 직선을 그래프로 하는 일차함수의 식은
↳ 두 점 $(m, 0)$, $(0, n)$을 지나므로 기울기는 $\dfrac{n-0}{0-m} = -\dfrac{n}{m}$ ⟨ 기울기는 $-\dfrac{(y절편)}{(x절편)}$이야.

$$y = -\dfrac{n}{m}x + n$$

$x$절편이 2, $y$절편이 3인 직선을 그래프로 하는 일차함수의 식을 구해 보자.

> → 두 점 $(2, 0)$, $(0, 3)$을 지나므로 기울기는
>
> $\dfrac{3-0}{0-2} = \boxed{-\dfrac{3}{2}}$이고, $y$절편이 3이므로 이 직선을 그래프
>
> 로 하는 일차함수의 식은 $y = \boxed{-\dfrac{3}{2}x + 3}$

바빠 꿀팁

$x$절편과 $y$절편이 주어질 때, 일차함수의 그래프를 그려봐. 기울기의 부호도 실수하지 않고 일차함수의 식을 편하게 구할 수 있어.

그래프        일차함수의 식

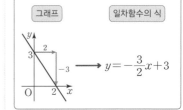

앗! 실수

★ $x$절편과 $y$절편이 주어질 때 기울기를 $\dfrac{(y절편)}{(x절편)}$으로 잘못 구하는 실수를 하는 친구들이 많으니 주의해!

$x$절편이 2, $y$절편이 3인 직선의 기울기 → $\dfrac{3}{2}$ ( × ), $-\dfrac{3}{2}$ ( ○ )

직선이 지나는 두 점 $(x_1,\ y_1),\ (x_2,\ y_2)$가 주어지면

→ 일차함수의 식을 $y = \dfrac{y_2 - y_1}{x_2 - x_1}x + b$로 놓고 두 점 중 한 점의 좌표를 대입해.

| 정답 및 풀이 34쪽 |

✔ 다음과 같은 직선을 그래프로 하는 일차함수의 식을 구하시오. [01~06]

**01** 두 점 $(-1,\ 1),\ (1,\ 3)$을 지나는 직선

**02** 두 점 $(4,\ 0),\ (6,\ 4)$를 지나는 직선

**03** 두 점 $(2,\ 1),\ (5,\ -8)$을 지나는 직선

**04** 두 점 $(-2,\ 8),\ (1,\ 2)$를 지나는 직선

**05** 두 점 $(-4,\ 1),\ (4,\ 3)$을 지나는 직선

**06** 두 점 $(-2,\ -7),\ (6,\ 5)$를 지나는 직선

✔ 다음 그림과 같은 직선을 그래프로 하는 일차함수의 식을 구하시오. [07~10]

**07**
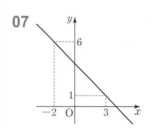

**08**
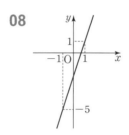

**09**
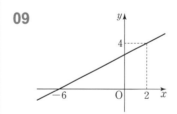

**10**
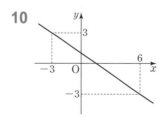

**B** 직선의 $x$절편이 $m$, $y$절편이 $n$으로 주어지면 두 점 $(m, 0)$, $(0, n)$을 지나는 직선을
그래프로 하는 일차함수의 식을 구해. → $y = -\dfrac{n}{m}x + n$

| 정답 및 풀이 35쪽 |

✔ 다음과 같은 직선을 그래프로 하는 일차함수의 식을
  구하시오. [01~06]

**01** $x$절편이 3, $y$절편이 3인 직선

**02** $x$절편이 2, $y$절편이 4인 직선

**03** $x$절편이 3, $y$절편이 $-1$인 직선

**04** $x$절편이 1, $y$절편이 $-4$인 직선

**05** $x$절편이 $-2$, $y$절편이 10인 직선

**06** $x$절편이 $-4$, $y$절편이 $-3$인 직선

✔ 다음 그림과 같은 직선을 그래프로 하는 일차함수의
  식을 구하시오. [07~10]

**07**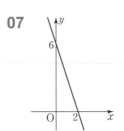

**08**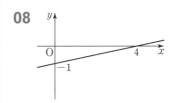

**09**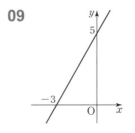

**10**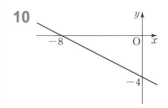

98 **바빠** 중학 일차함수

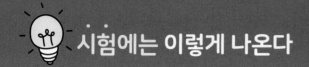
## 시험에는 이렇게 나온다

**01** 두 점 $(2, -4)$, $(6, 8)$을 지나는 직선을 그래프로 하는 일차함수의 식을 $y = ax + b$라 할 때, 상수 $a$, $b$에 대하여 $a + b$의 값은?

① $-10$  ② $-9$  ③ $-8$  ④ $-7$  ⑤ $-6$

> ★ 두 점 $(x_1, y_1)$, $(x_2, y_2)$를 지나는 직선을 그래프로 하는 일차함수의 식 구하기
>
> ❶ 기울기 $a = \dfrac{y_2 - y_1}{x_2 - x_1}$ 을 구한다.
>
> ❷ 일차함수의 식을 $y = ax + b$로 놓고, 두 점 중 한 점의 좌표를 대입하여 $b$의 값을 구한다.

**02** 다음 중 두 점 $(-3, 7)$, $(2, -3)$을 지나는 일차함수의 그래프에 대한 설명으로 옳지 <u>않은</u> 것은?

① 오른쪽 아래로 향하는 직선이다.

② $y$절편은 1이다.

③ $x$축과 점 $\left(\dfrac{1}{2}, 0\right)$에서 만난다.

④ 제1, 2, 4사분면을 지난다.

⑤ 점 $(5, -8)$을 지난다.

**03** 오른쪽 그림과 같은 일차함수의 그래프가 점 $(k, 8)$을 지날 때, $k$의 값은?

① 16  ② 18  ③ 20

④ 22  ⑤ 24

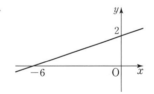

> ★ $x$절편이 $m$, $y$절편이 $n$인 직선을 그래프로 하는 일차함수의 식
>
> → $y = -\dfrac{n}{m}x + n$

**04** 일차함수 $y = -3x - 2$의 그래프와 $y$축 위에서 만나고, 일차함수 $y = \dfrac{3}{4}x + 3$의 그래프와 $x$축 위에서 만나는 직선을 그래프로 하는 일차함수의 식은?

① $y = \dfrac{1}{2}x - 2$  ② $y = \dfrac{1}{4}x - 2$  ③ $y = -\dfrac{1}{4}x + 2$

④ $y = -\dfrac{1}{2}x + 2$  ⑤ $y = -\dfrac{1}{2}x - 2$

> '$x$축 위에서 만난다.' = '$x$절편이 같다.'
> '$y$축 위에서 만난다.' = '$y$절편이 같다.'

# 18 길이, 온도, 양의 변화에 대한 일차함수의 활용

[일차함수의 활용 문제 해결 순서]

❶ 변수 $x$, $y$ 정하기 → ❷ $y$를 $x$에 대한 식으로 나타내기 → ❸ 필요한 값 구하기 → ❹ 확인하기

● 길이의 변화에 대한 일차함수의 활용

처음 길이는 ◆ cm이고 1분에 ★ cm씩 짧아진다.

→ $x$분 후의 길이를 $y$ cm라 하면 $y=$◆$-$★$\times x$
  └→ (★$\times x$) cm만큼 짧아져.     └─ 짧아지면 $-$, 길어지면 $+$

> 길이가 24 cm인 양초에 불을 붙이면 1분에 2 cm씩 길이가 짧아진다고 한다. 불을 붙인 지 7분 후 양초의 길이를 구하시오.

불을 붙인 지 $x$분 후의 양초의 길이를 $y$ cm라 하자.

처음 양초의 길이는 24 cm이고, 양초의 길이는 $x$분 동안 $\boxed{2x}$ cm만큼 짧아지므로 $x$와 $y$ 사이의 관계식은 $y=24-\boxed{2}x$

$x=7$을 $y=24-\boxed{2}x$에 대입하면 $y=24-\boxed{2}\times 7=\boxed{10}$
불을 붙인 지 7분 후는 $x=7$일 때야.

따라서 양초에 불을 붙인 지 7분 후 양초의 길이는 $\boxed{10}$ cm이다.
                                        └─ 답을 쓸 때 단위도 꼭 써야 해.

● 온도의 변화에 대한 일차함수의 활용

처음 온도는 ◆ ℃이고 1분이 지날 때마다 ★ ℃씩 올라간다.

→ $x$분 후의 온도를 $y$ ℃라 하면 $y=$◆$+$★$\times x$
  └→ (★$\times x$) ℃만큼 올라가.     └─ 올라가면 $+$, 내려가면 $-$

● 양의 변화에 대한 일차함수의 활용

처음 액체의 양은 ◆ L이고 1분이 지날 때마다 ★ L씩 줄어든다.

→ $x$분 후의 액체의 양을 $y$ L라 하면 $y=$◆$-$★$\times x$
  └→ (★$\times x$) L만큼 줄어들어.     └─ 줄어들면 $-$, 늘어나면 $+$

---

🍯 바빠꿀팁

시간이 지남에 따라 양초의 길이가 변하지? 이때 변화하는 두 양 중 먼저 변하는 양인 시간을 변수 $x$로, 그에 따라 변하는 양인 양초의 길이를 변수 $y$로 놓으면 돼.

불을 붙인 지 $x$분 후 양초의 길이를 $y$ cm라 하면

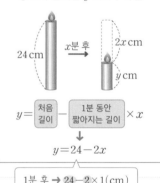

$y=\boxed{\text{처음 길이}}-\boxed{\text{1분 동안 짧아지는 길이}}\times x$
↓
$y=24-2x$

1분 후 → $24-2\times 1$ (cm)
2분 후 → $24-2\times 2$ (cm)
⋮            ⋮
$x$분 후 → $24-2\times x$ (cm)

---

🍯 바빠꿀팁

$x$와 $y$ 사이의 관계식을 세울 때 먼저 1분이 지날 때마다 얼마만큼씩 변하는지를 찾아야 해.

주어진 조건이 '3분이 지날 때마다 1 L씩 줄어든다'이면 먼저 1분이 지날 때마다 몇 L씩 줄어드는지를 구해.

3분이 지날 때마다 1 L씩 줄어든다.

→ 1분이 지날 때마다 $\frac{1}{3}$ L씩 줄어든다.

---

먼저 1분에 몇 cm씩 짧아지는지 구해야 해.

**01** 길이가 20 cm인 양초에 불을 붙이면 2분마다 1 cm씩 길이가 짧아진다고 한다. $x$분 후의 양초의 길이를 $y$ cm라 할 때, 다음 물음에 답하시오.

$$y = \boxed{\text{처음 길이}} - \boxed{\text{1분 동안 짧아지는 길이}} \times x$$

(1) $y$를 $x$에 대한 식으로 나타내시오.

$x=12$일 때

(2) 불을 붙인 지 12분 후의 양초의 길이를 구하시오.

양초의 길이가 0 cm, 즉 $y=0$일 때

(3) 양초가 모두 타는 것은 양초에 불을 붙인 지 몇 분 후인지 구하시오.

**02** 길이가 30 cm인 양초에 불을 붙이면서 5분마다 길이를 재었더니 아래 표와 같이 일정하게 길이가 짧아졌다.

표에서 1분에 몇 cm씩 짧아지는지 구할 수 있어.

| 시간(분) | 0 | 5 | 10 | 15 | 20 |
|---|---|---|---|---|---|
| 양초 길이(cm) | 30 | 28 | 26 | 24 | 22 |

$x$분 후의 양초의 길이를 $y$ cm라 할 때, 다음 물음에 답하시오.

(1) $y$를 $x$에 대한 식으로 나타내시오.

(2) 불을 붙인 지 32분 후의 양초의 길이를 구하시오.

**03** 길이가 20 cm인 용수철저울이 있다. 이 용수철서울은 무게가 1 g인 물체를 매달 때마다 길이가 1.5 cm씩 늘어난다고 한다. 무게가 $x$ g인 물체를 매달았을 때의 용수철저울의 길이를 $y$ cm라 할 때, 다음 물음에 답하시오.

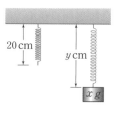

$$y = \boxed{\text{처음 길이}} + \boxed{\text{1 g을 달 때마다 늘어나는 길이}} \times x$$

(1) $y$를 $x$에 대한 식으로 나타내시오.

(2) 무게가 16 g인 물체를 매달았을 때, 용수철저울의 길이를 구하시오.

(3) 용수철저울의 길이가 50 cm가 되는 것은 무게가 몇 g인 물체를 매달았을 때인지 구하시오.

먼저 무게가 1 g인 물체를 매달 때마다 몇 cm씩 늘어나는지 구해야 해.

**04** 길이가 25 cm인 용수철저울이 있다. 이 용수철저울은 추의 무게에 따라 일정하게 길이가 늘어난다고 한다. 이 용수철저울에 무게가 30 g인 추를 매달았더니 길이가 2 cm만큼 늘어났다. 무게가 75 g인 추를 이 용수철저울에 매달았을 때의 용수철저울의 길이를 구하시오.

> 4분 동안 20 ℃가 내려갔으니까
> 1분에 몇 ℃ 씩 내려가는지 생각해.

**01** 현재 10 ℃인 물이 담겨 있는 전기포트가 있다. 이 전기포트로 물을 가열하면 물의 온도가 1초에 4 ℃씩 일정하게 올라간다고 한다. 가열한 지 $x$초 후의 물의 온도를 $y$ ℃라 할 때, 다음 물음에 답하시오.

$$y = \boxed{\begin{matrix}처음\\온도\end{matrix}} + \boxed{\begin{matrix}1초 동안\\올라가는 온도\end{matrix}} \times x$$

(1) $y$를 $x$에 대한 식으로 나타내시오.

(2) 가열한 지 15초 후의 물의 온도를 구하시오.

(3) 물의 온도가 90 ℃가 되는 것은 가열한 지 몇 초 후인지 구하시오.

**02** 온도가 20 ℃인 물이 담긴 냄비를 가열하면서 10초마다 온도를 재었더니 아래 표와 같이 일정하게 온도가 올라갔다.

> 표에서 1초에 몇 ℃ 씩 올라가는지 구할 수 있어.

| 시간(초) | 0 | 10 | 20 | 30 | 40 |
|---|---|---|---|---|---|
| 물의 온도(℃) | 20 | 25 | 30 | 35 | 40 |

물을 끓인 지 $x$초 후의 물의 온도를 $y$ ℃라 할 때, 다음 물음에 답하시오.

(1) $y$를 $x$에 대한 식으로 나타내시오.

(2) 물이 끓기 시작하는 것은 가열한 지 몇 초 후인지 구하시오. (단, 물은 100 ℃에서 끓는다.)

**03** 100 ℃인 물이 든 주전자를 실온에 둔 지 4분 후 물의 온도가 80 ℃가 되었다. 주전자를 실온에 둔 지 $x$분 후의 물의 온도를 $y$ ℃라 할 때, 다음 물음에 답하시오.

(단, 물의 온도는 일정하게 내려간다.)

(1) $y$를 $x$에 대한 식으로 나타내시오.

(2) 주전자를 실온에 둔 지 10분 후의 물의 온도를 구하시오.

**04** 지면으로부터 높이가 10 km까지는 1 km 높아질 때마다 기온은 6.5 ℃씩 내려간다고 한다. 지면으로부터 $x$ km인 곳의 기온을 $y$ ℃라 할 때, 다음 물음에 답하시오.

$$y = \boxed{\begin{matrix}지면에서의\\기온\end{matrix}} - \boxed{\begin{matrix}1 km 높아질 때마다\\내려가는 기온\end{matrix}} \times x$$

(1) 어느 날 지면으로부터 높이가 2 km인 곳의 기온이 17 ℃였을 때, 이날 지면에서의 기온을 구하시오.

> 지면에서의 기온을
> $k$ ℃로 놓고 식을 세워.

(2) 같은 날 지면으로부터 높이가 6 km인 곳의 기온을 구하시오.

처음 액체의 양은 ◆ L이고 1분에 ★ L씩 많아진다. → 시간($x$)이 변하면 액체의 양($y$)이 변해.
→ $x$분 후의 액체의 양을 $y$ L라 하면 $y=◆+★×x$

| 정답 및 풀이 38쪽 |

**01** 300 L의 물이 들어 있는 물통에서 매분 2 L의 물을 빼내고 있다. 물을 빼내기 시작한 지 $x$분 후 이 물통에 들어 있는 물의 양을 $y$ L라 할 때, 다음 물음에 답하시오.

$y=\boxed{\begin{array}{c}처음\\물의 양\end{array}}-\boxed{\begin{array}{c}1분 동안\\줄어드는 물의 양\end{array}}\times x$

(1) $y$를 $x$에 대한 식으로 나타내시오.

(2) 물을 빼내기 시작한 지 45분 후 물통에 들어 있는 물의 앙을 구하시오.

(3) 물통에서 물을 모두 빼내는 데 걸리는 시간은 몇 분인지 구하시오.

**02** 2000톤의 물을 채울 수 있는 아쿠아리움에 400톤의 물이 들어 있고, 이 아쿠아리움에 물을 가득 채우기 위해 매시간 8톤의 물을 채워 넣기 시작하였다. $x$시간 후 이 아쿠아리움에 들어 있는 물의 양을 $y$톤이라 할 때, 다음 물음에 답하시오.

(1) $y$를 $x$에 대한 식으로 나타내시오.

> 가득 채웠을 때 물의 양은 2000톤, 즉 $y=2000$일 때야.

(2) 아쿠아리움을 가득 채우는 데 걸리는 시간은 몇 시간인지 구하시오.

> 먼저 1 km를 달리는 데 몇 L의 휘발유가 소비되는지 구해야 해.

**03** 1 L의 휘발유로 20 km를 달릴 수 있는 하이브리드 자동차의 연료 탱크에 현재 15 L의 휘발유가 들어 있다. 이 하이브리드 자동차로 $x$ km를 달린 후 연료통에 남은 휘발유의 양을 $y$ L라 할 때, 다음 물음에 답하시오.

$y=\boxed{\begin{array}{c}처음\\휘발유의 양\end{array}}-\boxed{\begin{array}{c}1 km를 달리는 데\\소비되는 휘발유의 양\end{array}}\times x$

(1) $y$를 $x$에 대한 식으로 나타내시오.

(2) 140 km를 달린 후 남은 휘발유의 양은 몇 L인지 구하시오.

> 먼저 1 km를 달리는 데 몇 kWh의 전력량이 소비되는지 구해 봐.

**04** 1 kWh의 전력량으로 6 km를 달릴 수 있는 전기자동차에 현재 70 kWh의 전력량이 충전되어 있다. 이 전기자동차로 $x$ km를 달린 후에 남은 전력량을 $y$ kWh라 할 때, 다음 물음에 답하시오.

(1) $y$를 $x$에 대한 식으로 나타내시오.

(2) 240 km를 달린 후에 남은 전력량은 몇 kWh인지 구하시오.

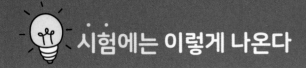 
**01** 공기 중에서 소리의 속력은 기온이 0 ℃일 때, 초속 331 m이고 기온이 1 ℃ 오를 때마다 초속 0.6 m씩 증가한다고 한다. 기온이 $x$ ℃일 때의 소리의 속력을 초속 $y$ m라 할 때, 다음 물음에 답하시오.

(1) $y$를 $x$에 대한 식으로 나타내시오.

(2) 기온이 25 ℃일 때, 소리의 속력을 구하시오.

(3) 소리의 속력이 초속 340 m일 때, 기온을 구하시오.

[일차함수의 활용 문제 해결 순서]

변수 $x$, $y$ 정하기
↓
$y$를 $x$에 대한 식으로 나타내기
↓
필요한 값 구하기

**02** 길이가 15 cm인 용수철저울이 있다. 이 용수철저울은 추의 무게에 따라 일정하게 길이가 늘어난다고 한다. 이 용수철저울에 무게가 50 g인 추를 매달았더니 길이가 20 cm가 되었다. 무게가 140 g인 추를 이 용수철저울에 매달았을 때의 용수철저울의 길이는?

① 26 cm      ② 27 cm      ③ 28 cm

④ 29 cm      ⑤ 30 cm

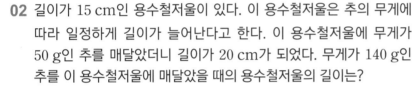
먼저 1 g인 추를 매달 때마다 늘어나는 길이를 구해 봐.

**03** 정국이가 휴대전화를 켜고 2시간마다 배터리 충전량을 기록했더니 아래 표와 같았다.

| 시간(시간) | 0 | 2 | 4 | 6 | 8 |
|---|---|---|---|---|---|
| 충전량(%) | 96 | 90 | 84 | 78 | 72 |

정국이가 휴대전화를 계속 켜두었을 때, 휴대전화의 배터리 충전량을 기록하기 시작했을 때부터 휴대전화가 꺼질 때까지 걸리는 시간은? (단, 휴대전화가 꺼질 때까지 휴대전화를 사용하거나 충전하지 않았고, 배터리는 일정한 속도로 방전된다.)

① 30시간      ② 31시간      ③ 32시간

④ 33시간      ⑤ 34시간

배터리 충전량이 1시간마다 몇 %씩 줄어들까?

# 19 속력, 도형, 그래프에 대한 일차함수의 활용

● 속력에 대한 일차함수의 활용

출발지점에서 ◆ m 떨어진 도착지점을 향해 분속 ★ m로 간다.
→ 출발한 지 $x$분 후 남은 거리를 $y$ m라 하면
  분속 ★ m로 $x$분 동안 이동한 거리는 (★×$x$)m이다.
  <sub>(거리)＝(속력)×(시간)</sub>
  (남은 거리)＝(전체 거리)−(이동한 거리)이므로 $y=◆-★×x$

● 도형에 대한 일차함수의 활용

직사각형 ABCD에서 점 P가 점 B를 출발하여 변 BC를 따라 점 C까지
매초 ★ cm의 속력으로 움직인다.
→ ① 점 P가 출발한 지 $x$초 후 삼각형 ABP의 넓이를 $y$ cm²라 하면
  (삼각형 ABP의 넓이)$=\dfrac{1}{2}×\overline{BP}×\overline{AB}$임을 이용하여 $y$를 $x$에 대한
  식으로 나타낸다.

② 점 P가 출발한 지 $x$초 후 사각형 APCD의 넓이를 $y$ cm²라 하면
  (사각형 APCD의 넓이)$=\dfrac{1}{2}×(\overline{AD}+\overline{PC})×\overline{DC}$임을 이용하여
  $y$를 $x$에 대한 식으로 나타낸다.

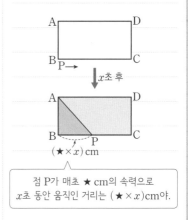

점 P가 매초 ★ cm의 속력으로
$x$초 동안 움직인 거리는 (★×$x$)cm야.

● 그래프 또는 상황으로 두 점이 주어진 일차함수의 활용

① 그래프가 주어진 경우
  → 그래프가 지나는 두 점의 좌표를 이용하여 일차함수의 식을 구한다.

② $y$의 값이 $x$의 값에 따라 일정하게 증가 또는 감소하는 상황에서 두 점
  이 주어진 경우       └→ $y$는 $x$에 대한 일차함수
  → 상황을 그래프로 나타내고 그래프가 지나는 두 점의 좌표를 이용하
  여 일차함수의 식을 구한다.

그래프 없이 상황만 주어진
경우에도 그래프를 그려서
생각해 봐. 일차함수의 식을
구하기 쉬워질 거야~

분속 ★ m의 속력으로 $x$분 동안 이동한 거리는 (★$\times x$)m야.
(남은 거리)=(전체 거리)−(이동한 거리)임을 이용하여 식을 세워 봐.

| 정답 및 풀이 39쪽 |

**01** 은아가 집에서 6000 m 떨어진 백화점을 향해 자전거를 타고 분속 240 m의 속력으로 가고 있다. 은아가 출발한 지 $x$분 후 백화점까지 남은 거리를 $y$ m라 할 때, 다음 물음에 답하시오.

(거리)＝(속력)×(시간)

(1) 다음 그림의 ☐ 안에 알맞은 식을 써넣고, $y$를 $x$에 대한 식으로 나타내시오.

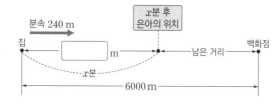

분속 240 m

$x$분 후 은아의 위치

집 ▭ m 남은 거리 백화점

$x$분

6000 m

$x=15$일 때

(2) 출발한 지 15분 후 백화점까지 남은 거리를 구하시오.

백화점까지 남은 거리가 0 m, 즉 $y=0$일 때

(3) 백화점에 도착하는 것은 출발한 지 몇 분 후인지 구하시오.

**02** 기차가 A역을 출발하여 350 km 떨어진 B역을 향하여 시속 140 km의 속력으로 달리고 있다. 기차가 A역을 출발한 지 $x$시간 후 B역까지 남은 거리를 $y$ m라 할 때, 다음 물음에 답하시오.

(1) $y$를 $x$에 대한 식으로 나타내시오.

(2) 출발한 지 2시간 후 B역까지 남은 거리를 구하시오.

(3) B역에 도착하는 것은 A역에서 출발한 지 몇 시간 몇 분 후인지 구하시오.

**03** 어떤 건물의 엘리베이터가 150 m 높이에서 출발하여 초속 2 m의 속력으로 내려오고 있다. 출발한 지 $x$초 후의 엘리베이터 높이를 $y$ m라 할 때, 다음 물음에 답하시오.
(단, 엘리베이터는 중간에 서지 않는다.)

(1) $y$를 $x$에 대한 식으로 나타내시오.

(2) 엘리베이터의 높이가 84 m가 되는 것은 출발한 지 몇 초 후인지 구하시오.

106 **바빠** 중학 일차함수

매초 ★ cm의 속력으로 움직이는 점이 $x$초 동안 움직인 거리는 (★×$x$)cm야.
(삼각형의 넓이)=$\frac{1}{2}$×(밑변의 길이)×(높이)임을 이용하여 식을 세워 봐.

| 정답 및 풀이 39쪽 |

**01** 오른쪽 그림과 같은 직사각형 ABCD에서 점 P는 점 B를 출발하여 변 BC를 따라 점 C까지 매초 2 cm의 속력으로 움직인다. 점 P가 출발한 지 $x$초 후의 삼각형 ABP의 넓이를 $y$ cm²라 할 때, 다음 물음에 답하시오.

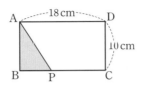

(1) 다음 그림의 ☐ 안에 알맞은 식을 써넣고, $y$를 $x$에 대한 식으로 나타내시오.

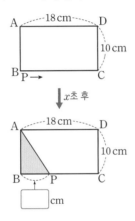

(2) 점 P가 출발한 지 5초 후의 삼각형 ABP의 넓이를 구하시오.

(3) 삼각형 ABP의 넓이가 80 cm²가 되는 것은 점 P가 출발한 지 몇 초 후인지 구하시오.

**02** 오른쪽 그림과 같은 직사각형 ABCD에서 점 P는 점 A를 출발하여 변 AB를 따라 점 B까지 매초 1 cm의 속력으로 움직인다. 점 P가 출발한 지 $x$초 후의 삼각형 PBC의 넓이를 $y$ cm²라 할 때, 다음 물음에 답하시오.

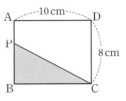

(1) $y$를 $x$에 대한 식으로 나타내시오.

(2) 삼각형 PBC의 넓이가 15 cm²가 되는 것은 점 P가 출발한 지 몇 초 후인지 구하시오.

**03** 오른쪽 그림에서 점 P는 점 B를 출발하여 변 BC를 따라 점 C까지 매초 2 cm의 속력으로 움직인다. 점 P가 출발한 지 $x$초 후의 삼각형 ABP와 삼각형 DPC의 넓이의 합을 $y$ cm²라 할 때, 다음 물음에 답하시오.

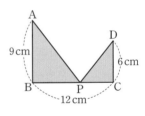

(1) $y$를 $x$에 대한 식으로 나타내시오.

(2) 삼각형 ABP와 삼각형 DPC의 넓이의 합이 48 cm²가 되는 것은 점 P가 출발한 지 몇 초 후인지 구하시오.

그래프 또는 상황으로 두 점이 주어진 일차함수의 활용 문제는
그래프가 지나는 두 점의 좌표를 이용하면 돼.

| 정답 및 풀이 40쪽 |

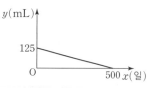

1 km 이동에 ★원씩 증가하면 $x$ km 이동에 (★×$x$)원 증가
→ $y$는 $x$에 대한 일차함수

**01** 오른쪽 그림은 용량
이 125 mL인 허브
향 방향제를 개봉하
고 $x$일이 지난 후에
남아 있는 허브향 방향제의 용량을 $y$ mL라 할
때, $x$와 $y$ 사이의 관계를 그래프로 나타낸 것이다.
다음 물음에 답하시오.

$x$절편, $y$절편을 이용해.

(1) $y$를 $x$에 대한 식으로 나타내시오.

(2) 남아 있는 허브향 방향제의 용량이 75 mL가
되는 것은 개봉하고 며칠이 지난 후인지 구하
시오.

**02** 오른쪽 그림은 물이 들
어 있는 물통에서 물을
빼내기 시작한 지 $x$분
후 물통에 남아 있는 물
의 양을 $y$ L라 할 때, $x$와 $y$ 사이의 관계를 그래프
로 나타낸 것이다. 다음 물음에 답하시오.

그래프가 지나는 두 점을 이용해.

(1) $y$를 $x$에 대한 식으로 나타내시오.

(2) 물통에서 물을 모두 빼내는 데 걸리는 시간을
구하시오.

**03** 어느 택시회사의 택시 요금은 이동 거리에 따라
일정하게 증가한다. 이 회사의 택시를 타고 2 km
이동했을 때의 요금은 6400원이었고, 5 km 이동
했을 때의 요금은 8800원이었다. 이 택시를 타고
$x$ km 이동했을 때의 요금을 $y$원이라 할 때, 다음
물음에 답하시오.

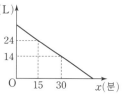

2 km 이동했을 때의 요금은 6400원,
5 km 이동했을 때의 요금은 8800원
→ $x$와 $y$ 사이의 관계를 그래프로 나
타내면 오른쪽 그림과 같아.

(1) $y$를 $x$에 대한 식으로 나타내시오.

(2) 목적지에 도착했을 때의 요금이 12800원일
때, 처음 택시를 탄 곳으로부터 목적지까지의
거리를 구하시오.

**04** 매시간 당 일정한 양의 수증기를 발생시키는 가습
기가 있다. 이 가습기를 가동한 지 3시간 후에 남
아 있는 물의 양이 720 mL였고, 9시간 후에 남아
있는 물의 양이 360 mL였다. 이 가습기를 가동
한 지 $x$시간 후에 남아 있는 물의 양을 $y$ mL라
할 때, 다음 물음에 답하시오.

(1) $y$를 $x$에 대한 식으로 나타내시오.

(2) 처음 가습기에 들어 있던 물을 모두 수증기로
발생시키는 데 걸리는 시간을 구하시오.

**01** 서연이가 집에서 250 km 떨어진 할머니 댁을 향해 자동차를 타고 시속 60 km의 속력으로 가고 있다. $x$시간 후 할머니 댁까지 남은 거리를 $y$ km라 할 때, 다음 물음에 답하시오.

(1) $y$를 $x$에 대한 식으로 나타내시오.

(2) 출발한 지 2시간 후 할머니 댁까지 남은 거리를 구하시오.

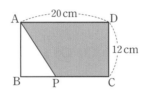

[일차함수의 활용 문제 해결 순서]

변수 $x$, $y$ 정하기
↓
$y$를 $x$에 대한 식으로 나타내기
↓
필요한 값 구하기

**02** 오른쪽 그림과 같은 직사각형 ABCD에서 점 P는 점 B를 출발하여 변 BC를 따라 점 C까지 매초 2 cm의 속력으로 움직인다. $x$초 후의 사각형 APCD의 넓이를 $y$ cm$^2$라 할 때, 다음 물음에 답하시오.

(1) $y$를 $x$에 대한 식으로 나타내시오.

(2) 사각형 APCD의 넓이가 156 cm$^2$가 되는 것은 점 P가 출발한 지 몇 초 후인지 구하시오.

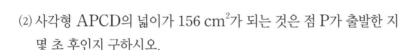

(사각형 APCD의 넓이)
$= \frac{1}{2} \times (\overline{AD} + \overline{PC}) \times \overline{DC}$

**03** 오른쪽 그림은 1기압일 때, 섭씨온도가 $x$ °C일 때의 화씨온도를 $y$ °F라 할 때, $x$와 $y$ 사이의 관계를 그래프로 나타낸 것이다. 화씨온도 95 °F는 섭씨온도 몇 °C인가?

① 33 °C  ② 34 °C  ③ 35 °C

④ 36 °C  ⑤ 37 °C

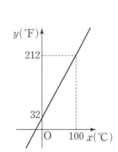

# 인물로 함께 보는 함수의 역사

함수(function)라는 용어를 최초로 사용한 사람은
17세기 독일의 수학자 **라이프니츠**(1646-1716)야.

함수를 나타내는 기호인 $f(x)$라는 표현은 18세기의
가장 위대한 수학자라고 불리는 **오일러**(1707-1783)가
처음으로 사용했어.

함수를 관계식으로 $y=f(x)$와 같이 나타낸 사람은
이탈리아의 수학자 **페아노**(1858-1932)야.

그 후 함수의 개념은 수학의 많은 분야에 보급되었고, 영향력 있는 수많은 수학자들이
함수 개념을 발전시켜 왔어.

# 넷째 마당

## 일차함수와 일차방정식의 관계

넷째 마당에서는 일차함수와 일차방정식의 관계에 대해 배우고, 일차함수의 그래프를 이용하여 일차방정식의 그래프를 그리는 방법도 배울 거야. 연립방정식을 이루는 두 일차방정식의 그래프를 이용하면 연립방정식의 해와 해의 개수도 알 수 있어. 일차함수의 그래프에서 배웠던 것을 바탕으로 일차방정식과 그래프 사이의 전환을 자유자재로 할 수 있어야 해. 자신감이 생기도록 충분히 연습해 보자!

| | 공부할 내용 | 15일 진도 | 20일 진도 | 공부한 날짜 |
|---|---|---|---|---|
| 20 | 일차방정식과 일차함수는 어떤 관계일까? | 12일 차 | 16일 차 | ____월____일 |
| 21 | 직선 $ax+by+c=0$에서 $a, b, c$의 값 또는 부호를 구해 | | 17일 차 | ____월____일 |
| 22 | 방정식 $x=p$와 $y=q$의 그래프는 좌표축에 평행해 | 13일 차 | 18일 차 | ____월____일 |
| 23 | 연립방정식의 해는 두 직선의 교점의 좌표야 | 14일 차 | 19일 차 | ____월____일 |
| 24 | 두 그래프의 위치 관계로 해의 개수를 구해 | 15일 차 | 20일 차 | ____월____일 |

# 20 일차방정식과 일차함수는 어떤 관계일까?

일차함수 $y=x+3$의 그래프를 그리듯이 일차방정식 $x-y+3=0$의 그래프를 좌표평면 위에 나타내면 어떻게 될까? 일차방정식 $x-y+3=0$에서 $y$를 $x$에 대한 식으로 나타내면 일차함수 $y=x+3$과 식이 똑같아져. 이 둘은 마치 쌍둥이와 같아. 그럼 그래프도 똑같을지 확인해 볼까~

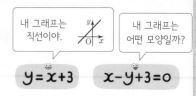

## ● 미지수가 2개인 일차방정식의 그래프

일차방정식 $ax+by+c=0$ ($a$, $b$, $c$는 상수, $a\neq0$, $b\neq0$)의 그래프는 이 일차방정식의 해 $(x, y)$를 좌표평면 위에 나타낸 것이다.

일차방정식 $x-y+3=0$의 그래프를 그려 보자.

→
| $x$ | $\cdots$ | $-3$ | $-2$ | $-1$ | $0$ | $1$ | $2$ | $\cdots$ |
|---|---|---|---|---|---|---|---|---|
| $y$ | $\cdots$ | $0$ | $1$ | $2$ | $3$ | $4$ | $5$ | $\cdots$ |

→ $x$, $y$의 값의 범위가 정수일 때의 그래프

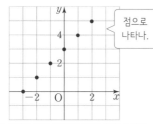

점으로 나타나.

위의 표에서 얻은 일차방정식의 해의 순서쌍 $\cdots$, $(-3, 0)$, $(-2, 1)$, $(-1, 2)$, $(0, 3)$, $(1, 4)$, $(2, 5)$, $\cdots$를 좌표로 하는 점을 좌표평면 위에 찍어.

→ $x$, $y$의 값의 범위가 수 전체일 때의 그래프

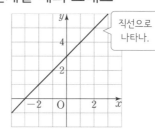

직선으로 나타나.

$x$, $y$의 값이 수 전체로 확장되면 일차방정식의 해의 순서쌍 $(x, y)$는 무수히 많아지고 이 해들을 좌표로 하는 점들이 모여 직선이 돼.

> 📍 미지수가 2개인 일차방정식
>
> $ax+by=0$
>
> $a\neq0$, $b\neq0$
>
> $a\neq0$, $b\neq0$이어야 미지수가 $x$, $y$의 2개가 되고, 그 차수는 모두 1이 돼.

## ● 일차방정식과 일차함수의 관계

미지수가 2개인 일차방정식 $ax+by+c=0$ ($a$, $b$, $c$는 상수, $a\neq0$, $b\neq0$)의 그래프는 일차함수 $y=-\dfrac{a}{b}x-\dfrac{c}{b}$의 그래프와 같다.

일차방정식
$$x-y+3=0 \xrightarrow[\text{식으로 나타내면}]{y\text{를 } x\text{에 대한}}$$
일차함수
$$y=x+3$$
기울기가 1, $x$절편이 $-3$, $y$절편이 3인 직선임을 쉽게 알 수 있어.

### 🐶 앗! 실수

★ 일차방정식에서 $x$의 계수만 보고 그래프의 기울기를 잘못 구하는 경우가 있으니 주의해.

일차방정식 $3x+y-4=0$의 그래프의 기울기는 $x$의 계수인 3이다. ( × )

$$3x+y-4=0 \xrightarrow[\text{식으로 나타내면}]{y\text{를 } x\text{에 대한}} y=-3x+4 \longrightarrow \text{기울기: } -3 \text{ ( ○ )}$$

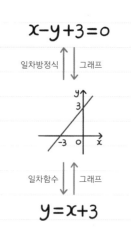

$$x-y+3=0$$

일차방정식 ↕ 그래프

일차함수 ↕ 그래프

$$y=x+3$$

이와 같은 실수를 줄이기 위한 좋은 방법이 일차방정식을 일차함수의 꼴로 바꾼 다음 그래프를 그리는 거지~

**A**  미지수가 2개인 일차방정식    일차함수

$ax+by+c=0 \ (a\neq 0, b\neq 0)$ $\xrightarrow[\text{식으로 나타내면}]{y \text{를 } x \text{에 대한}}$ $y=-\dfrac{a}{b}x-\dfrac{c}{b}$

| 정답 및 풀이 41쪽 |

☑ 일차방정식 $2x+y-1=0$에 대하여 다음 물음에 답하시오. [01~03]

**01** 다음 표를 완성하고, 이를 이용하여 $x$, $y$의 값의 범위가 수 전체일 때의 일차방정식 $2x+y-1=0$의 그래프를 그리시오.

| $x$ | $\cdots$ | $-2$ | $-1$ | $0$ | $1$ | $2$ | $\cdots$ |
|---|---|---|---|---|---|---|---|
| $y$ | $\cdots$ | | | $1$ | | | $\cdots$ |

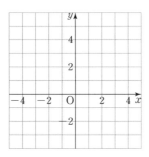

**02** 일차방정식 $2x+y-1=0$을 일차함수 $y=ax+b$의 꼴로 나타내시오.

$$2x+y-1=0 \longrightarrow y=\boxed{\phantom{xxxxx}}$$

**03** 02에서 얻은 일차함수의 그래프를 그리고 옳은 것에 ○표를 하시오.

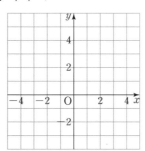

➔ 일차방정식 $2x+y-1=0$의 그래프와 일차함수 $y=\boxed{\phantom{xxx}}$의 그래프는 ( 같다, 다르다 ).

☑ 다음 일차방정식을 일차함수 $y=ax+b$의 꼴로 나타내시오. [04~09]

**04** $x+y+2=0 \longrightarrow y=\boxed{\phantom{xxxxx}}$

**05** $2x-y-5=0 \longrightarrow y=\boxed{\phantom{xxxxx}}$

**06** $x-2y+2=0 \longrightarrow 2y=\boxed{\phantom{xxxxx}}$

$\longrightarrow y=\boxed{\phantom{xxxxx}}$

**07** $x+3y-6=0 \longrightarrow 3y=\boxed{\phantom{xxxxx}}$

$\longrightarrow y=\boxed{\phantom{xxxxx}}$

**08** $3x+2y-1=0 \longrightarrow 2y=\boxed{\phantom{xxxxx}}$

$\longrightarrow y=\boxed{\phantom{xxxxx}}$

**09** $-2x+4y-7=0 \longrightarrow 4y=\boxed{\phantom{xxxxx}}$

$\longrightarrow y=\boxed{\phantom{xxxxx}}$

일차방정식을 일차함수 $y=ax+b$의 꼴로 바꾸면 일차방정식의 그래프의 기울기가 $a$, $y$절편이 $b$인게 딱 보여.

**B** 일차방정식을 일차함수 $y=ax+b$의 꼴로 나타내면
일차방정식의 그래프를 그릴 수 있어.

✔ 다음 일차방정식을 일차함수 $y=ax+b$의 꼴로 나타내고, 기울기, $x$절편, $y$절편을 각각 구하여 그 그래프를 그리시오. [01~03]

**01** $x-y+1=0$

$\longrightarrow y=$ ☐

기울기: ☐

$x$절편: ☐

$y$절편: ☐

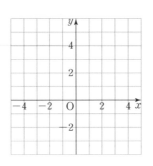

**02** $3x+y-3=0$

$\longrightarrow y=$ ☐

기울기: ☐

$x$절편: ☐

$y$절편: ☐

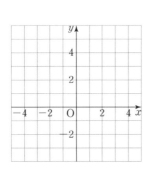

**03** $2x-3y+6=0$

$\longrightarrow y=$ ☐

기울기: ☐

$x$절편: ☐

$y$절편: ☐

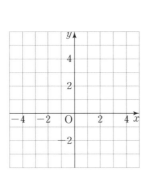

✔ 다음 일차방정식의 그래프의 개형을 그리고, 그래프가 지나지 <u>않는</u> 사분면을 구하시오. [04~07]

일차방정식 　 그래프의 개형 　 그래프가 지나지 않는 사분면

**04** $x+y+4=0$ $\longrightarrow$ 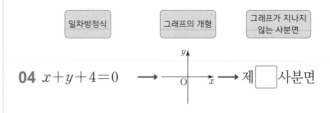 $\longrightarrow$ 제☐사분면

**05** $2x+y-8=0$ $\longrightarrow$ $\longrightarrow$ 제☐사분면

**06** $x-3y+4=0$ $\longrightarrow$ $\longrightarrow$ 제☐사분면

**07** $5x-2y-1=0$ $\longrightarrow$ $\longrightarrow$ 제☐사분면

$x$절편은 $y=0$일 때의 $x$의 값
$y$절편은 $x=0$일 때의 $y$의 값

**C**

기울기 $+$: $\nearrow$, 기울기 $-$: $\searrow$ 모양이고
$y$축과 점 $(0,\ y$절편$)$에서 만나고 $x$축과 점 $(x$절편, $0)$에서 만나.

| 정답 및 풀이 42쪽 |

✔ 다음 중 일차방정식 $3x+2y-6=0$의 그래프에 대한 설명으로 옳은 것에는 ◯표, 옳지 <u>않은</u> 것에는 × 표를 (   ) 안에 써넣으시오. [01~06]

**01** $x$의 값이 증가하면 $y$의 값도 증가한다.　(　　)

**02** 오른쪽 아래로 향하는 직선이다.　　　　(　　)

**03** 일차함수 $y=-\dfrac{3}{2}x+1$의 그래프와 평행하다.
(　　)

**04** $y$축과 만나는 점의 좌표는 $(0,\ -6)$이다.
(　　)

**05** $x$축과 만나는 점의 좌표는 $(2,\ 0)$이다.　(　　)

**06** 제1, 2, 4사분면을 지난다.　　　　　　(　　)

✔ 보기의 일차방정식의 그래프에 대하여 다음 물음에 답하시오. [07~11]

> ┌ 보 기 ┐
> ㄱ. $x+2y+4=0$　　　ㄴ. $2x-y-2=0$
> ㄷ. $x-2y+4=0$　　　ㄹ. $2x+4y-1=0$

**07** 오른쪽 위로 향하는 직선인 것을 모두 고르시오.

**08** $x$의 값이 증가하면 $y$의 값은 감소하는 직선인 것을 모두 고르시오.

**09** $y$축 위에서 만나는 두 직선을 고르시오.

> 기울기가 같고, $y$절편은 다른
> 두 직선은 서로 평행해.

**10** 서로 평행한 두 직선을 고르시오.

**11** 제2사분면을 지나지 <u>않는</u> 직선을 고르시오.

**D** 점 $(p, q)$가 일차방정식 $ax+by+c=0\,(a\neq 0, b\neq 0)$의 그래프 위의 점이다.
$x=p, y=q$를 $ax+by+c=0$에 대입하면 등식이 성립한다. → $ap+bq+c=0$

✔ 다음 중 일차방정식 $x+5y-4=0$의 그래프 위의 점인 것에는 ○표, 그래프 위의 점이 <u>아닌</u> 것에는 ×표를 ( ) 안에 써넣으시오. [01~03]

**01** $(-1, 1)$　　　　　　( 　 )

**02** $(9, -1)$　　　　　　( 　 )

**03** $\left(5, \dfrac{1}{5}\right)$　　　　　( 　 )

✔ 다음 중 일차방정식 $2x-y-3=0$의 그래프 위의 점인 것에는 ○표, 그래프 위의 점이 <u>아닌</u> 것에는 ×표를 ( ) 안에 써넣으시오. [04~06]

**04** $(1, -1)$　　　　　　( 　 )

**05** $(3, 2)$　　　　　　( 　 )

**06** $\left(-\dfrac{1}{2}, -4\right)$　　　　( 　 )

✔ 다음 일차방정식의 그래프가 주어진 점을 지날 때, 상수 $a$의 값을 구하시오. [07~12]

**07** $x-y+7=0$　　　$(a, 1)$

> $x-y+7=0$에 $x=a, y=1$을 대입해서 $a$의 값을 구해.

**08** $x+3y-4=0$　　　$(-2, a)$

**09** $2x+y-10=0$　　　$(a, a+1)$

**10** $x-4y+a=0$　　　$(6, 1)$

**11** $ax+y+5=0$　　　$(-3, 4)$

**12** $2x+ay-3=0$　　　$(-1, 5)$

**01** 다음 중 일차방정식 $x+2y-6=0$의 그래프는?

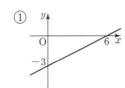

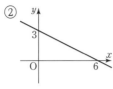

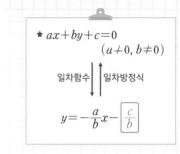

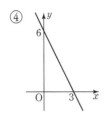

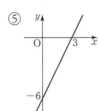

**02** 다음 중 일차방정식 $2x-3y+5=0$의 그래프에 대한 설명으로 옳지 않은 것은?

① 오른쪽 위로 향하는 직선이다.

② $x$절편은 $-\dfrac{5}{2}$이다.

③ 점 $(2, 3)$을 지난다.

④ 일차함수 $y=\dfrac{3}{2}x-3$의 그래프와 평행하다.

⑤ 제4사분면을 지나지 않는다.

**03** 점 $(a, a+2)$가 일차방정식 $2x-y+3=0$의 그래프 위의 점일 때, 상수 $a$의 값은?

① $-3$ ② $-2$ ③ $-1$ ④ $1$ ⑤ $2$

**04** 일차방정식 $ax-3y+2=0$의 그래프가 두 점 $(4, 2)$, $(b, -1)$을 지날 때, $a+b$의 값을 구하시오. (단, $a$는 상수)

먼저 점 $(4, 2)$가 일차방정식의 그래프 위의 점임을 이용해서 $a$의 값을 구해.

## ● 직선의 방정식

① **직선의 방정식**: $x, y$가 수 전체일 때, 일차방정식

'또는'인 이유는 미지수 $x, y$ 중 → 하나만 있어도 직선이 되기 때문이야.

$$ax+by+c=0 \, (a, b, c는 상수, a \neq 0 \text{ 또는 } b \neq 0)$$

의 그래프는 직선이 된다. 이때 일차방정식 $ax+by+c=0$을 직선의 방정식이라 한다.

② **직선의 방정식 구하기**

주어진 조건을 만족시키는 직선의 방정식을 구할 때는

❶ 먼저 일차함수 $y = \underset{기울기}{\blacklozenge} x | \underset{y절편}{\bigstar}$의 꼴로 나타낸 후

❷ $ax+by+c=0$의 꼴로 변형한다.

기울기가 $\dfrac{2}{3}$이고 $y$절편이 $-1$인 직선의 방정식

$\xrightarrow[\text{꼴로 나타내기}]{\text{❶ } y=\blacklozenge x+\bigstar의} \quad y=\dfrac{2}{3}x-1$

$\xrightarrow[\text{꼴로 나타내기}]{\text{❷ } ax+by+c=0의} \quad 2x-3y-3=0$

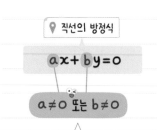

📍 **직선의 방정식**

$$ax+by=0$$

$$a \neq 0 \text{ 또는 } b \neq 0$$

다음 세 경우 모두 그래프는 직선이야.
① $a \neq 0, b \neq 0$ → 비스듬한 직선
② $a \neq 0, b = 0$ ┐ 좌표축에 평행한
③ $a = 0, b \neq 0$ ┘ 식선이 뇌고 22과 에서 배울 거야.

직선의 방정식을 구할 때는 먼저 일차함수의 식을 구하는 거야. 그런 다음 일차함수의 식을 일차방정식의 꼴로 바꾸기만 하면 돼.

## ● $ax+by+c=0$의 그래프의 개형과 $a, b, c$의 부호

일차방정식 $ax+by+c=0$ $(a, b, c는 상수, a \neq 0, b \neq 0)$의 그래프의

$\underset{\to y=-\frac{a}{b}x-\frac{c}{b}}{\quad}$

$(기울기) = -\dfrac{a}{b}, \, (y절편) = -\dfrac{c}{b}$이므로 $a, b, c$의 부호에 따른 기울기와

$y$절편의 부호를 구하여 그래프의 개형을 그릴 수 있다.

일차방정식 $ax+by+c=0$에서 $\overset{+}{a}>0, \overset{+}{b}>0, \overset{-}{c}<0$일 때,

그래프의 개형을 그려 보자.

→ $(기울기) = -\dfrac{a}{b}<0, \, (y절편) = -\dfrac{c}{b}>0$

이므로 그래프의 개형은 오른쪽 그림과 같다.

🏁 **바빠 꿀팁**

일차방정식 $ax+by+c=0$의 그래프를 보고 $a, b, c$의 부호를 구할 수도 있어.

일차방정식 $ax+by+c=0$의 그래프가 오른쪽 그림과 같을 때,

→ $(기울기) = -\dfrac{a}{b}<0,$

$(y절편) = -\dfrac{c}{b}>0$

에서 $\dfrac{a}{b}>0, \dfrac{c}{b}<0$

따라서 $a, b$의 부호는 같고, $b, c$의 부호는 다르므로

$a>0, b>0, c<0$ 또는
$a<0, b<0, c>0$ → 이 경우도 잊지 말자.

**A** 주어진 조건을 만족시키는 직선의 방정식을 구할 때는
❶ 먼저 일차함수 $y=◆x+★$의 꼴로 나타낸 후 ❷ $ax+by+c=0$의 꼴로 변형해.

| 정답 및 풀이 44쪽 |

✔ 다음은 주어진 조건을 만족시키는 직선의 방정식을 구하는 과정이다. ☐ 안에 알맞은 수를 써넣으시오.

[01~04]

**01** 기울기가 1이고, $y$절편이 2인 직선의 방정식

⟶ $y=x+$ ☐

⟶ $x-y+$ ☐ $=0$

**02** 기울기가 $\dfrac{1}{2}$이고, 점 $(2, 5)$를 지나는 직선의 방정식

⟶ $y=$ ☐ $x+$ ☐

⟶ $x-$ ☐ $y+$ ☐ $=0$

**03** 두 점 $(1, -2), (4, 4)$를 지나는 직선의 방정식

⟶ $y=$ ☐ $x-$ ☐

⟶ ☐ $x-y-$ ☐ $=0$

**04** $x$절편이 2, $y$절편이 3인 직선의 방정식

⟶ $y=$ ☐ $x+$ ☐

⟶ $3x+$ ☐ $y-$ ☐ $=0$

✔ 다음 값을 구하시오. [05~08]

**05** 기울기가 $-2$이고, 일차함수 $y=x+5$의 그래프와 $y$축 위에서 만나는 직선의 방정식이 $ax+y+b=0$일 때, 상수 $a, b$의 값

**06** 일차함수 $y=-3x+2$의 그래프와 평행하고, 점 $(1, -4)$를 지나는 직선의 방정식이 $ax+by+1=0$일 때, 상수 $a, b$의 값

**07** 일차방정식 $ax+by-1=0$의 그래프가 오른쪽 그림과 같을 때, 상수 $a, b$의 값

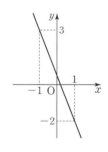

**08** 일차방정식 $x+ay+b=0$의 그래프가 오른쪽 그림과 같을 때, 상수 $a, b$의 값

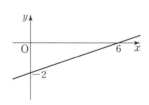

✔ 두 상수 $a$, $b$의 부호가 다음과 같을 때, 일차방정식 $ax-by-1=0$의 그래프의 개형을 그리시오.

[01~04]

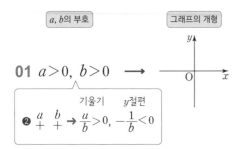

❶ $y=\dfrac{a}{b}x-\dfrac{1}{b}$이 되므로 기울기는 $\dfrac{a}{b}$, $y$절편은 $-\dfrac{1}{b}$

| $a$, $b$의 부호 | 그래프의 개형 |
|---|---|

**01** $a>0$, $b>0$ ⟶

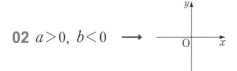

           기울기    $y$절편

❷ $\dfrac{a}{+}\ \dfrac{b}{+}$ ➞ $\dfrac{a}{b}>0$, $-\dfrac{1}{b}<0$

**02** $a>0$, $b<0$ ⟶

**03** $a<0$, $b>0$ ⟶

**04** $a<0$, $b<0$ ⟶

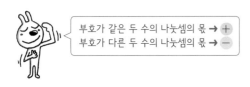

부호가 같은 두 수의 나눗셈의 몫 ➞ ⊕

부호가 다른 두 수의 나눗셈의 몫 ➞ ⊖

✔ 세 상수 $a$, $b$, $c$의 부호가 다음과 같을 때, 일차방정식 $ax+by-c=0$의 그래프의 개형을 그리시오.

[05~08]

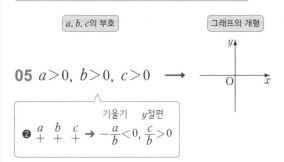

❶ $y=-\dfrac{a}{b}x+\dfrac{c}{b}$가 되므로 기울기는 $-\dfrac{a}{b}$, $y$절편은 $\dfrac{c}{b}$

| $a$, $b$, $c$의 부호 | 그래프의 개형 |
|---|---|

**05** $a>0$, $b>0$, $c>0$ ⟶

              기울기    $y$절편

❷ $\dfrac{a}{+}\ \dfrac{b}{+}\ \dfrac{c}{+}$ ➞ $-\dfrac{a}{b}<0$, $\dfrac{c}{b}>0$

**06** $a>0$, $b<0$, $c<0$ ⟶

**07** $a<0$, $b>0$, $c<0$ ⟶

**08** $a<0$, $b<0$, $c>0$ ⟶

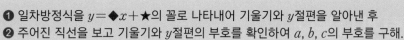

**C**

❶ 일차방정식을 $y=\blacklozenge x+\bigstar$의 꼴로 나타내어 기울기와 $y$절편을 알아낸 후

❷ 주어진 직선을 보고 기울기와 $y$절편의 부호를 확인하여 $a$, $b$, $c$의 부호를 구해.

| 정답 및 풀이 46쪽 |

❶ $y=\dfrac{1}{a}x+\dfrac{b}{a}$가 되므로 기울기는 $\dfrac{1}{a}$, $y$절편은 $\dfrac{b}{a}$

✔ 일차방정식 $x-ay+b=0$의 그래프가 다음 그림과 같을 때, ◯ 안에 $>$, $<$ 중 알맞은 것을 써넣으시오. (단 $a$, $b$는 상수) [01~04]

❶ $y=-\dfrac{a}{b}x+\dfrac{c}{b}$가 되므로 기울기는 $-\dfrac{a}{b}$, $y$절편은 $\dfrac{c}{b}$

✔ 일차방정식 $ax+by-c=0$의 그래프가 다음 그림과 같을 때, ◯ 안에 $>$, $<$ 중 알맞은 것을 써넣으시오. (단 $a$, $b$, $c$는 상수) [05~08]

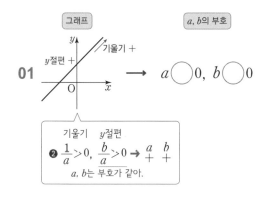

**01**  → $a \bigcirc 0$, $b \bigcirc 0$

기울기  $y$절편

❷ $\dfrac{1}{a}>0$, $\dfrac{b}{a}>0$ → $\begin{matrix} a & b \\ + & + \end{matrix}$

$a$, $b$는 부호가 같아.

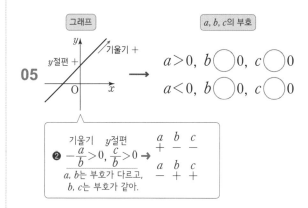

**05**  → $a>0$, $b \bigcirc 0$, $c \bigcirc 0$

$a<0$, $b \bigcirc 0$, $c \bigcirc 0$

기울기  $y$절편

❷ $-\dfrac{a}{b}>0$, $\dfrac{c}{b}>0$ → $\begin{matrix} a & b & c \\ + & - & c \end{matrix}$  $\begin{matrix} a & b & c \\ - & + & + \end{matrix}$

$a$, $b$는 부호가 다르고,
$b$, $c$는 부호가 같아.

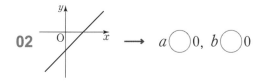

**02**  → $a \bigcirc 0$, $b \bigcirc 0$

**06**  → $a>0$, $b \bigcirc 0$, $c \bigcirc 0$

$a<0$, $b \bigcirc 0$, $c \bigcirc 0$

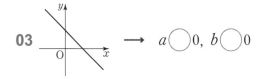

**03**  → $a \bigcirc 0$, $b \bigcirc 0$

**07**  → $a>0$, $b \bigcirc 0$, $c \bigcirc 0$

$a<0$, $b \bigcirc 0$, $c \bigcirc 0$

**04**  → $a \bigcirc 0$, $b \bigcirc 0$

**08**  → $a>0$, $b \bigcirc 0$, $c \bigcirc 0$

$a<0$, $b \bigcirc 0$, $c \bigcirc 0$

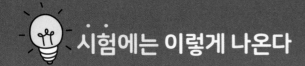 
**01** $x$의 값이 2만큼 증가할 때, $y$의 값은 6만큼 증가하고 점 $(-3,\ 4)$를 지나는 직선의 방정식이 $ax-y+b=0$일 때, 상수 $a$, $b$에 대하여 $b-a$의 값은?

① 9      ② 10      ③ 11      ④ 12      ⑤ 13

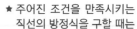
★ 주어진 조건을 만족시키는 직선의 방정식을 구할 때는
❶ 먼저 일차함수 $y=\blacklozenge x+\bigstar$의 꼴로 나타 낸 후
❷ $ax+by+c=0$의 꼴로 변형한다.

**02** 오른쪽 직선과 평행하고, $x$절편이 6인 직선의 방정식이 $ax+by-24=0$일 때, 상수 $a$, $b$에 대하여 $a+b$의 값은?

① $-3$      ② $-1$      ③ 1

④ 3      ⑤ 5

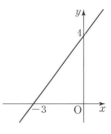

**03** $a>0$, $b<0$, $c<0$일 때, 일차방정식 $ax-by-c=0$의 그래프가 지나지 <u>않는</u> 사분면을 구하시오.

일차방정식을 일차함수의 식 꼴로 나타낸 다음 기울기와 $y$절편의 부호를 이용해 그래프의 개형을 그려 봐~

**04** 일차방정식 $ax+by+c=0$의 그래프가 오른쪽 그림과 같을 때, 다음 중 옳은 것은?
(단, $a$, $b$, $c$는 상수)

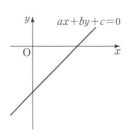

① $a>0, b>0, c>0$

② $a>0, b>0, c<0$

③ $a>0, b<0, c<0$

④ $a<0, b>0, c<0$

⑤ $a<0, b<0, c>0$

# 22 방정식 $x=p$와 $y=q$의 그래프는 좌표축에 평행해

● 일차방정식 $x=p\,(p\neq0)$의 그래프

일차방정식 $x=p\,(p\neq0)$의 그래프는 점 $(p,\,0)$을 지나고 $y$축에 평행한
직선이다. 이때 일차방정식 $x=0$의 그래프는 $y$축이다.

$x$축에 수직

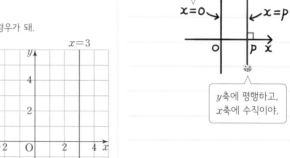

$y$축의 방정식!

일차방정식 $x=3$은 $\underline{x+0\times y-3=0}$

$ax+by+c=0$에서 $a\neq0$, $b=0$인 경우가 돼.

→ 이 방정식의 $y$에 어떤 값을 대입해도
$x$의 값은 항상 $\boxed{3}$이다.

→ 따라서 그래프는 점 $(\boxed{3},\,0)$을 지나고
$y$축에 평행한 직선이다.
$x$축에 수직

직선 위의 점의 $x$좌표는 항상 3이야.<br>…, $(3,\,-1)$, $(3,\,0)$, $(3,\,1)$, …

$y$축에 평행하고,<br>$x$축에 수직이야.

● 일차방정식 $y=q\,(q\neq0)$의 그래프

일차방정식 $y=q\,(q\neq0)$의 그래프는 점 $(0,\,q)$를 지나고 $x$축에 평행한
직선이다. 이때 일차방정식 $y=0$의 그래프는 $x$축이다.

$y$축에 수직

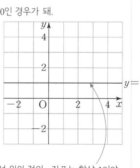

$x$축에 평행하고,<br>$y$축에 수직이야.

일차방정식 $y=1$은 $\underline{0\times x+y-1=0}$

$ax+by+c=0$에서 $a=0$, $b\neq0$인 경우가 돼.

→ 이 방정식의 $x$에 어떤 값을 대입해도
$y$의 값은 항상 $\boxed{1}$이다.

→ 따라서 그래프는 점 $(0,\,\boxed{1})$을 지나고
$x$축에 평행한 직선이 된다.
$y$축에 수직

직선 위의 점의 $y$좌표는 항상 1이야.<br>…, $(-1,\,1)$, $(0,\,1)$, $(1,\,1)$,…

$x$축의 방정식!

---

**앗! 실수**

★ 일차방정식 $ax+by+c=0$의 그래프는 모두 일차함수의 그래프라고 착각하거나 직선은
모두 일차함수의 그래프라고 착각하는 친구들이 있어. 정확히 정리해 두자.

① $a\neq0$, $b\neq0$이면     ② $a\neq0$, $b=0$이면     ③ $a=0$, $b\neq0$이면

일차함수 ( ○ )

함수 ( × )
$x$의 값 하나에 대응하는<br>$y$의 값이 여러 개 존재해.

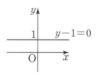

함수 ( ○ ),
일차함수 ( × )
$x$항이 없으므로<br>일차함수는 아니야.

방정식 $x=p$는 함수가 아니야.<br>방정식 $y=q$는 함수이지만<br>일차함수는 아니야~

$x$의 값 하나에 대응하는<br>$y$의 값이 하나씩 존재해.

✓ 다음 일차방정식의 그래프를 주어진 좌표평면 위에 그리시오. [01~03]

**01** $x=-2$

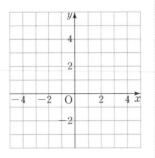

**02** $x=1$

**03** $x=4$

✓ 다음 일차방정식의 그래프를 주어진 좌표평면 위에 그리시오. [04~06]

**04** $y=5$

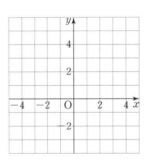

**05** $y=2$

**06** $y=-3$

✓ 다음 그래프가 나타내는 직선의 방정식을 구하시오.

[07~10]

**07**

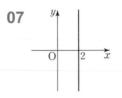

**08**

**09**

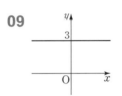

**10**

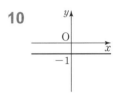

✓ 보기의 일차방정식의 그래프에 대하여 다음 물음에 답하시오. [11~14]

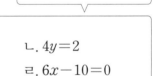
먼저 $x=p$, $y=q$ 꼴로 변형해.

┌ 보 기 ┐
ㄱ. $2x=-6$          ㄴ. $4y=2$
ㄷ. $3y+12=0$        ㄹ. $6x-10=0$

**11** $x$축에 평행한 직선

**12** $y$축에 평행한 직선

**13** $x$축에 수직인 직선

**14** $y$축에 수직인 직선

$\overset{(p,\,q)}{\underset{p}{\vdash}}$ → 직선의 방정식은 $x=p$      $\underset{}{\overset{q}{\vdash}}\overset{(p,\,q)}{\underset{}{\bullet}}$ → 직선의 방정식은 $y=q$

| 정답 및 풀이 48쪽 |

✔ 다음 조건을 만족시키는 일차방정식을 구하시오.

[01~06]

**01** 점 $(-1,\ 2)$를 지나고 $y$축에 평행한 직선

**02** 점 $(5,\ -4)$를 지나고 $y$축에 평행한 직선

**03** 점 $(1,\ 3)$을 지나고 $x$축에 평행한 직선

**04** 점 $(2,\ -6)$을 지나고 $x$축에 평행한 직선

**05** 점 $(7,\ 1)$을 지나고 $x$축에 수직인 직선

**06** 점 $(-3,\ -2)$를 지나고 $y$축에 수직인 직선

✔ 다음 두 점을 지나는 직선의 방정식을 구하시오.

[07~08]

**07** $(2,\ -5),(2,\ 3)$

**08** $(-2,\ -3),(4,\ -3)$

✔ 다음 조건을 만족시키는 $a$의 값을 구하시오.

[09~12]

**09** 두 점 $(a,\ -1),(2a+1,\ 3)$을 지나는 직선이 $y$축에 평행

**10** 두 점 $(2a,\ -4),(-a+6,\ 2)$를 지나는 직선이 $x$축에 수직

**11** 두 점 $(-6,\ a-8),(1,\ 3a)$를 지나는 직선이 $x$축에 평행

**12** 두 점 $(3,\ -a+2),(5,\ 2a-7)$을 지나는 직선이 $y$축에 수직

직선을 직접 그려 보고 직선의 방정식을 구하면 실수를 줄일 수 있어~

$\overset{(p,\,q)}{\underset{p}{\vdash}}$        $\underset{}{\overset{q}{\vdash}}\overset{(p,\,q)}{\underset{}{\bullet}}$

$y$축에 평행        $x$축에 평행
($x$축에 수직)      ($y$축에 수직)

**C**

(사각형의 넓이)=(가로의 길이)×(세로의 길이)

(삼각형의 넓이)=$\frac{1}{2}$×(밑변의 길이)×(높이)

| 정답 및 풀이 48쪽 |

✔ 다음 네 방정식의 그래프로 둘러싸인 도형의 넓이를 구하시오. [01~03]

**01** $y=0,\ x=5,\ 2y=6,\ x-1=0$

2y=6에서 y=☐

x−1=0에서 x=☐

그러므로 주어진 네 방정식의 그래프는 다음 그림과 같다.

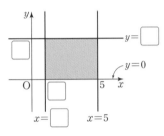

따라서 구하는 넓이는

(5−☐)×☐=☐

**02** $x=0,\ y=2,\ 2x=12,\ y+3=0$

**03** $y=2,\ y=-2,\ 3x=-9,\ x-7=0$

✔ 다음 그림과 같이 세 직선으로 둘러싸인 도형의 넓이를 구하시오. [04~06]

**04** $y=\frac{2}{3}x,\ x=3,\ y=0$

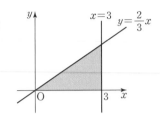

두 직선 $y=\frac{2}{3}x,\ x=3$의 교점의 좌표는

(3, ☐)이다.

따라서 구하는 넓이는

$\frac{1}{2}$×3×☐=☐

**05** $y=2x,\ x=0,\ y=6$

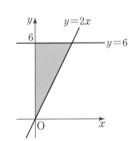

**06** $y=x+2,\ x=4,$
    $y=2$

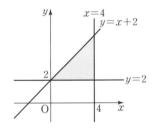

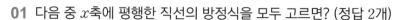

**01** 다음 중 $x$축에 평행한 직선의 방정식을 모두 고르면? (정답 2개)

① $x=-9$　　　　② $y=1$　　　　③ $4y=0$

④ $-3x=15$　　　⑤ $5y-10=0$

★ $y=q\,(q\neq0)$의 그래프
→ 점 $(0,\ q)$를 지난다.
　$\boxed{x}$축에 평행한 직선이다.
　$\boxed{y}$축에 수직인 직선이다.

**02** 두 점 $(-a,\ 4)$, $(3a+8,\ -5)$를 지나는 직선이 $y$축에 평행할 때, $a$의 값은?

① $-4$　　② $-3$　　③ $-2$　　④ $-1$　　⑤ $0$

★ $x=p\,(p\neq0)$의 그래프
→ 점 $(p,\ 0)$을 지난다.
　$\boxed{y}$축에 평행한 직선이다.
　$\boxed{x}$축에 수직인 직선이다.

**03** 방정식이 $ax+by+6=0$의 그래프가 오른쪽 그림과 같을 때, 상수 $a$, $b$에 대하여 $b-a$의 값은?

① $-1$　　　② $0$　　　③ $1$

④ $2$　　　　⑤ $3$

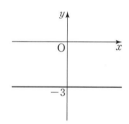

**04** 네 방정식 $y=-2$, $x=2$, $2y=8$, $x+1=0$의 그래프로 둘러싸인 도형의 넓이는?

① $10$　　② $12$　　③ $14$　　④ $16$　　⑤ $18$

# 23 연립방정식의 해는 두 직선의 교점의 좌표야

두 일차방정식 $x-y-1=0$, $2x+y-5=0$의 그래프를 좌표평면 위에 동시에 나타내면 2개의 직선이 그려지겠지? 이때 두 일차방정식 $x-y-1=0$, $2x+y-5=0$을 동시에 만족시키는 순서쌍 $(x, y)$를 좌표로 하는 점은 어디에 있을까?

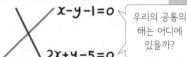

우리의 공통의 해는 어디에 있을까?

---

● 연립방정식의 해와 그래프

연립방정식 $\begin{cases} ax+by+c=0 \\ a'x+b'y+c'=0 \end{cases}$의 해는 두 일차방정식 $ax+by+c=0$, $a'x+b'y+c'=0$의 그래프의 교점의 좌표와 같다.

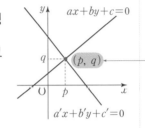

연립방정식 $\begin{cases} ax+by+c=0 \\ a'x+b'y+c'=0 \end{cases}$의 해 $x=p$, $y=q$

두 일차방정식

$x-y-1=0$, $2x+y-5=0$

의 그래프, 즉 두 일차함수

$y=x-1$, $y=-2x+5$의 그래프를 좌표평면 위에 나타내면 오른쪽 그림과 같다.

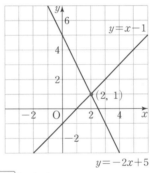

이때 두 그래프의 교점의 좌표는 ($\boxed{2}$, $\boxed{1}$)이다.

→ 연립방정식 $\begin{cases} x-y-1=0 \\ 2x+y-5=0 \end{cases}$을 풀면

$x=\boxed{2}$, $y=\boxed{1}$

→ 따라서 연립방정식의 해는 두 일차방정식의 그래프의 교점의 좌표와 $\boxed{같다}$.

### 앗! 실수

★ 연립방정식의 해를 구하는 방법을 잊어서 두 일차방정식의 그래프의 교점의 좌표를 잘못 구하면 안 되겠지?

연립방정식 $\begin{cases} x-y=1 & \cdots\cdots ㉠ \\ 2x+y=5 & \cdots\cdots ㉡ \end{cases}$을 가감법과 대입법으로 풀어 보자.

| 가감법 | 대입법 |
|---|---|
| ㉠+㉡을 하면 | ㉠에서 $y=x-1$ $\cdots\cdots$ ㉢ |
| $3x=6$, $x=2$ | ㉢을 ㉡에 대입하면 |
| $x=2$를 ㉠에 대입하면 | $2x+x-1=5$, $3x=6$, $x=2$ |
| $2-y=1$, $y=1$ | $x=2$를 ㉢에 대입하면 $y=2-1=1$ |

두 일차방정식의 그래프의     →     연립방정식의 해
교점의 좌표 $(p,\ q)$     ←     $x=p,\ y=q$

| 정답 및 풀이 49쪽 |

✔ 다음 연립방정식의 해를 주어진 두 일차방정식의 그래프를 이용하여 구하시오. [01~03]

01 $\begin{cases} x+y=3 \\ x-y=-1 \end{cases}$

↓ 교점

$(\ \boxed{\phantom{0}}\ ,\ \boxed{\phantom{0}}\ )$

↓ 해

$x=\boxed{\phantom{0}}$, $y=\boxed{\phantom{0}}$

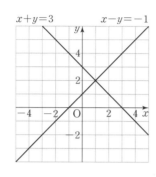

02 $\begin{cases} x+2y=5 \\ 3x-y=-6 \end{cases}$

↓ 교점

$(\ \boxed{\phantom{0}}\ ,\ \boxed{\phantom{0}}\ )$

↓ 해

$x=\boxed{\phantom{0}}$, $y=\boxed{\phantom{0}}$

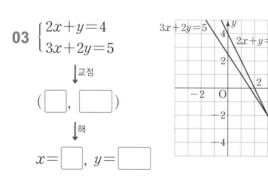

03 $\begin{cases} 2x+y=4 \\ 3x+2y=5 \end{cases}$

↓ 교점

$(\ \boxed{\phantom{0}}\ ,\ \boxed{\phantom{0}}\ )$

↓ 해

$x=\boxed{\phantom{0}}$, $y=\boxed{\phantom{0}}$

✔ 다음 연립방정식을 이루는 두 일차방정식의 그래프를 주어진 좌표평면 위에 그리고, 이를 이용하여 연립방정식의 해를 구하시오. [04~06]

04 $\begin{cases} x+y=-2 \\ 2x-y=5 \end{cases}$

↓ 교점

$(\ \boxed{\phantom{0}}\ ,\ \boxed{\phantom{0}}\ )$

↓ 해

$x=\boxed{\phantom{0}}$, $y=\boxed{\phantom{0}}$

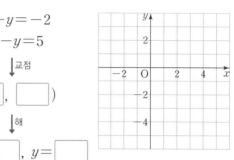

05 $\begin{cases} x-y=4 \\ x+2y=-2 \end{cases}$

↓ 교점

$(\ \boxed{\phantom{0}}\ ,\ \boxed{\phantom{0}}\ )$

↓ 해

$x=\boxed{\phantom{0}}$, $y=\boxed{\phantom{0}}$

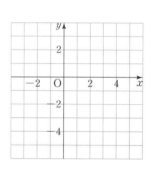

06 $\begin{cases} x+3y=4 \\ 4x-y=3 \end{cases}$

↓ 교점

$(\ \boxed{\phantom{0}}\ ,\ \boxed{\phantom{0}}\ )$

↓ 해

$x=\boxed{\phantom{0}}$, $y=\boxed{\phantom{0}}$

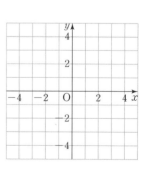

✔ 연립방정식을 이용하여 다음 두 일차방정식의 그래프의 교점의 좌표를 구하시오. [01~06]

01 $x-y=-1,\ 2x-y=1$

> 두 일차방정식의 그래프의 교점의 좌표는
> 연립방정식 $\begin{cases} x-y=-1 \\ 2x-y=1 \end{cases}$ 을 풀어서 구할 수 있어.

02 $x+2y=-3,\ 3x-y=5$

03 $x-5y=-1,\ 2x+y=9$

04 $x+4y-5=0,\ x+3y-3=0$

05 $2x+y+3=0,\ 2x-3y-1=0$

06 $4x-3y-2=0,\ 3x+2y+7=0$

✔ 다음 연립방정식을 이루는 두 일차방정식의 그래프가 그림과 같을 때, 상수 $a,\ b$의 값을 각각 구하시오.

[07~10]

07 $\begin{cases} ax-y=-1 \\ 3x+by=1 \end{cases}$

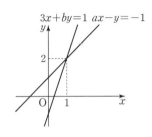

08 $\begin{cases} x+ay=1 \\ x+by=6 \end{cases}$

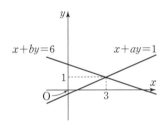

09 $\begin{cases} x+ay=-6 \\ bx-2y=-8 \end{cases}$

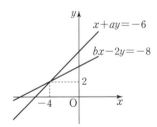

10 $\begin{cases} 3x-y=a \\ bx+3y=-15 \end{cases}$

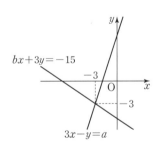

두 직선의 교점을 지나는 직선 → 먼저 교점을 구하고 나머지 조건을 이용해.
한 점에서 만나는 세 직선 → 두 직선의 교점을 나머지 한 직선도 지남을 이용해.

| 정답 및 풀이 50쪽 |

✔ 다음 조건을 만족시키는 직선의 방정식을 구하시오.
[01~04]

> ❶ 먼저 두 직선 $x+y+1=0$, $3x-2y-7=0$의 교점을 구한 후
> ❷ 그 교점과 점 $(0, -4)$를 지나는 직선의 방정식을 구해.

**01** 두 직선 $x+y+1=0$, $3x-2y-7=0$의 교점과 점 $(0, -4)$를 지나는 직선의 방정식

연립방정식 $\begin{cases} x+y+1=0 \\ 3x-2y-7=0 \end{cases}$ 을 풀면

$x=\boxed{\phantom{0}}$, $y=\boxed{\phantom{0}}$

즉, 두 직선 $x+y+1=0$,
$3x-2y-7=0$의 교점의 좌표는
$(\boxed{\phantom{0}}, \boxed{\phantom{0}})$이다.

따라서 두 점 $(\boxed{\phantom{0}}, \boxed{\phantom{0}})$, $(0, -4)$를 지나는 직선의 기울기는 $\boxed{\phantom{0}}$이므로 이 직선의 방정식은

$y=\boxed{\phantom{0}}x-4$

**02** 두 직선 $2x+5y-6=0$, $x+2y-3=0$의 교점과 점 $(2, 3)$을 지나는 직선의 방정식

**03** 두 직선 $x-y+5=0$, $3x-y+11=0$의 교점을 지나고 기울기가 4인 직선의 방정식

**04** 두 직선 $4x+y+3=0$, $x-3y+4=0$의 교점을 지나고 직선 $x-y-1=0$과 평행한 직선의 방정식

✔ 다음 세 직선이 한 점에서 만날 때, 상수 $a$의 값을 구하시오. [05~08]

> ❶ 먼저 $a$가 없는 두 직선 $x+2y-10=0$, $x-y+2=0$의 교점을 구한 후
> ❷ 그 교점이 직선 $ax+2y-14=0$도 지남을 이용하여 $a$의 값을 구해.

**05** $x+2y-10=0$, $x-y+2=0$,
$ax+2y-14=0$

연립방정식 $\begin{cases} x+2y-10=0 \\ x-y+2=0 \end{cases}$ 을 풀면

$x=\boxed{\phantom{0}}$, $y=\boxed{\phantom{0}}$

즉, 두 직선 $x+2y-10=0$, $x-y+2=0$
의 교점의 좌표는 $(\boxed{\phantom{0}}, \boxed{\phantom{0}})$이다.

따라서 직선 $ax+2y-14=0$이
점 $(\boxed{\phantom{0}}, \boxed{\phantom{0}})$를 지나므로

$a=\boxed{\phantom{0}}$

**06** $x-2y=0$, $2x+y+5=0$, $3x+ay+1=0$

**07** $x-3y-8=0$, $x+ay+3=0$,
$2x-y-11=0$

**08** $3x+2y+4=0$, $2x+ay-2=0$,
$5x-4y-8=0$

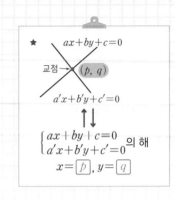

**01** 두 일차방정식 $x-2y+4=0$, $3x-y+7=0$의 그래프의 교점의 좌표를 $(a,\ b)$라 할 때, $a+b$의 값은?

① $-4$  ② $-3$  ③ $-2$  ④ $-1$  ⑤ $0$

**02** 연립방정식 $\begin{cases} 3x+ay=3 \\ bx-4y=18 \end{cases}$의 각 일차방정식의 그래프가 오른쪽 그림과 같을 때, 상수 $a$, $b$에 대하여 $b-a$의 값은?

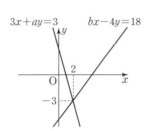

① $0$  ② $1$  ③ $2$
④ $3$  ⑤ $4$

'연립일차방정식의 해'
= '두 직선의 교점의 좌표'

**03** 두 일차방정식 $x-3y-4=0$, $2x+y-1=0$의 그래프의 교점을 지나고 직선 $4x-y-6=0$과 평행한 직선의 방정식은?

① $y=-4x+3$  ② $y=-4x+5$  ③ $y=4x-1$
④ $y=4x-3$  ⑤ $y=4x-5$

**04** 세 직선 $2x-3y+9=0$, $ax+3y+12=0$, $x+y+2=0$이 한 점에서 만날 때, 상수 $a$의 값은?

① $4$  ② $5$  ③ $6$  ④ $7$  ⑤ $8$

# 24 두 그래프의 위치 관계로 해의 개수를 구해

## ● 연립방정식의 해의 개수와 그래프

연립방정식에서 각 일차방정식의 그래프인 두 직선에 대하여

① 두 직선이 한 점에서 만난다 → 연립방정식의 해는 한 쌍이다.
　　　　　　기울기가 달라.

② 두 직선이 평행하다. 즉, 교점이 없다. → 연립방정식의 해는 없다.
　　　　　　기울기가 같고, $y$절편은 달라.

③ 두 직선이 일치한다. 즉, 교점이 무수히 많다. → 연립방정식의 해는 무수히 많다.
　　　　　　기울기가 같고, $y$절편도 같아.

'연립일차방정식의 해'='두 직선의 교점의 좌표'이니까
'연립일차방정식의 해의 개수'='두 직선의 교점의 개수'

| 연립방정식 | $\begin{cases} x-y=1 \\ 2x+y=5 \end{cases} \rightarrow \begin{cases} y=x-1 \\ y=-2x+5 \end{cases}$ | $\begin{cases} 2x+y=1 \\ 2x+y=5 \end{cases} \rightarrow \begin{cases} y=-2x+1 \\ y=-2x+5 \end{cases}$ | $\begin{cases} 2x+y=3 \\ 4x+2y=6 \end{cases} \rightarrow \begin{cases} y=-2x+3 \\ y=-2x+3 \end{cases}$ |
|---|---|---|---|
| 두 직선의 위치 관계 | (그래프) 한 점에서 만난다. | (그래프) 평행하다. | (그래프) 일치한다. |
| 두 직선의 교점 | 한 개 | 없다. | 무수히 많다. |
| 연립방정식의 해 | 한 쌍 | 없다. | 무수히 많다. |
| 기울기와 $y$절편 | 기울기가 다르다. | 기울기는 같지만 $y$절편은 다르다. | 기울기가 같고 $y$절편도 같다. |

## ● 직선으로 둘러싸인 도형의 넓이

두 직선의 방정식을 연립하여 두 직선의 교점의 좌표를 구하고 $x$절편(또는 $y$절편)을 구하여 직선으로 둘러싸인 도형의 넓이를 구한다.

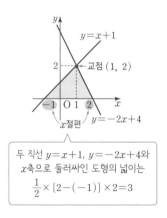

두 직선 $y=x+1$, $y=-2x+4$와 $x$축으로 둘러싸인 도형의 넓이는
$\dfrac{1}{2} \times \{2-(-1)\} \times 2 = 3$

## ● 실생활에의 활용

두 직선이 주어진 활용 문제를 해결할 때는 우선 주어진 좌표로부터 두 직선의 방정식을 구한 후 두 직선의 방정식을 연립하여 두 직선의 교점의 좌표를 구하여 해결한다.

**A** '연립일차방정식의 해의 개수' = '두 직선의 교점의 개수' 이므로
두 직선의 위치 관계를 파악하여 연립방정식의 해의 개수를 구해.

| 정답 및 풀이 52쪽 |

☑ 다음 연립방정식을 이루는 두 일차방정식의 그래프를
주어진 좌표평면 위에 그리고, 교점의 개수와 연립방
정식의 해의 개수로 옳은 것에 ○표를 하시오.

[01~03]

01 $\begin{cases} x+y=-1 \\ 2x-y=4 \end{cases}$

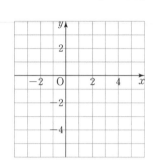

↓ 교점의 개수

한 점, 없다.

무수히 많나.

↓ 해의 개수

한 쌍, 없다.

무수히 많다.

02 $\begin{cases} x-2y=4 \\ -x+2y=2 \end{cases}$

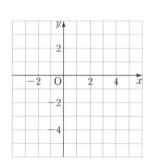

↓ 교점의 개수

한 점, 없다.

무수히 많다.

↓ 해의 개수

한 쌍, 없다.

무수히 많다.

03 $\begin{cases} 3x+y=6 \\ 6x+2y=12 \end{cases}$

↓ 교점의 개수

한 점, 없다.

무수히 많다.

↓ 해의 개수

한 쌍, 없다.

무수히 많다.

---

연립방정식의 해의 개수와 두 직선의 기울기 및 $y$절편

연립방정식을 변형하여 $\begin{cases} y=mx+n \\ y=m'x+n' \end{cases}$ 꼴로 나타냈을 때,

① 기울기가 다르면 두 직선은 한 점에서 만난다.
→ $m \neq m'$이면 연립방정식의 해는 한 쌍이다.
② 기울기가 같고, $y$절편이 다르면 두 직선은 평행하다.
→ $m=m'$, $n \neq n'$이면 연립방정식의 해는 없다.
③ 기울기가 같고, $y$절편도 같으면 두 직선은 일치한다.
→ $m=m'$, $n=n'$이면 연립방정식의 해는 무수히 많다.

☑ 다음 연립방정식을 이루는 두 일차방정식을 각각 일
차함수의 식 꼴로 나타내고, 이를 이용하여 연립방정
식의 해의 개수로 옳은 것에 ○표를 하시오. [04~08]

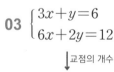
연립방정식 　 두 일차함수의 식 　 해의 개수

04 $\begin{cases} x-y=-3 \\ 2x-2y=6 \end{cases}$ → $\begin{cases} y=x+3 \\ y=\boxed{\phantom{xx}} \end{cases}$ → 한 쌍, 없다.
무수히 많다.

05 $\begin{cases} 3x+y=-1 \\ -3x+y=1 \end{cases}$ → $\begin{cases} y=\boxed{\phantom{xx}} \\ y=\boxed{\phantom{xx}} \end{cases}$ → 한 쌍, 없다.
무수히 많다.

06 $\begin{cases} 4x-y=5 \\ 8x-2y=10 \end{cases}$ → $\begin{cases} y=\boxed{\phantom{xx}} \\ y=\boxed{\phantom{xx}} \end{cases}$ → 한 쌍, 없다.
무수히 많다.

07 $\begin{cases} x+2y=1 \\ 3x+6y=3 \end{cases}$ → $\begin{cases} y=\boxed{\phantom{xx}} \\ y=\boxed{\phantom{xx}} \end{cases}$ → 한 쌍, 없다.
무수히 많다.

08 $\begin{cases} 2x-3y=6 \\ -6x+9y=3 \end{cases}$ → $\begin{cases} y=\boxed{\phantom{xx}} \\ y=\boxed{\phantom{xx}} \end{cases}$ → 한 쌍, 없다.
무수히 많다.

**B** 연립방정식의 해의 개수와 계수의 비를 이용하여 상수 $a$, $b$의 값 또는 조건을 구해.

| 정답 및 풀이 52쪽 |

---

**연립방정식의 해의 개수와 계수의 비**

연립방정식 $\begin{cases} ax+by=c \\ a'x+b'y=c' \end{cases}$, 즉 $\begin{cases} y=-\dfrac{a}{b}x+\dfrac{c}{b} \\ y=-\dfrac{a'}{b'}x+\dfrac{c'}{b'} \end{cases}$ 에서

① 연립방정식의 해가 <mark>한 쌍</mark>이다.
  → 두 직선이 한 점에서 만난다. 즉, 기울기가 다르다.
  → $-\dfrac{a}{b} \neq -\dfrac{a'}{b'}$ 이므로 $\dfrac{a}{a'} \neq \dfrac{b}{b'}$

② 연립방정식의 해가 <mark>없다</mark>.
  → 두 직선이 평행하다. 즉, 기울기는 같지만 $y$절편은 다르다.
  → $-\dfrac{a}{b} = -\dfrac{a'}{b'}$ 이고, $\dfrac{c}{b} \neq \dfrac{c'}{b'}$ 이므로 $\dfrac{a}{a'} = \dfrac{b}{b'} \neq \dfrac{c}{c'}$

③ 연립방정식의 해가 <mark>무수히 많다</mark>.
  → 두 직선이 일치한다. 즉, 기울기가 같고 $y$절편도 같다.
  → $-\dfrac{a}{b} = -\dfrac{a'}{b'}$ 이고, $\dfrac{c}{b} = \dfrac{c'}{b'}$ 이므로 $\dfrac{a}{a'} = \dfrac{b}{b'} = \dfrac{c}{c'}$

---

✔ 다음 연립방정식의 해가 한 쌍일 때, 상수 $a$의 조건을 구하시오. [01~03]

**01** $\begin{cases} ax+y=3 \\ x-y=2 \end{cases}$

$\dfrac{a}{1} \neq \dfrac{1}{-1}$

**02** $\begin{cases} x+ay=7 \\ 2x+4y=9 \end{cases}$

**03** $\begin{cases} -3x+ay=1 \\ 2x-6y=-5 \end{cases}$

✔ 다음 연립방정식의 해가 없을 때, 상수 $a$, $b$의 값 또는 조건을 구하시오. [04~06]

**04** $\begin{cases} ax-y=3 \\ 2x+y=b \end{cases}$

$\dfrac{a}{2} = \dfrac{-1}{1} \neq \dfrac{3}{b}$

**05** $\begin{cases} 2x+ay=4 \\ x-4y=b \end{cases}$

**06** $\begin{cases} 3x+3y=b \\ ax-y=-2 \end{cases}$

✔ 다음 연립방정식의 해가 무수히 많을 때, 상수 $a$, $b$의 값 또는 조건을 구하시오. [07~09]

**07** $\begin{cases} ax+4y=-6 \\ 2x-2y=b \end{cases}$

$\dfrac{a}{2} = \dfrac{4}{-2} = \dfrac{-6}{b}$

**08** $\begin{cases} ax+3y=-3 \\ 4x+by=2 \end{cases}$

**09** $\begin{cases} -2x+ay=5 \\ 8x+4y=b \end{cases}$

직선으로 둘러싸인 도형의 넓이 → 두 직선의 교점의 좌표와 $x$절편(또는 $y$절편)을 구해.
실생활에의 활용 → 두 직선의 방정식을 구하고 교점의 좌표를 구해.

| 정답 및 풀이 53쪽 |

**01** 두 직선 $y=-2x+6$, $y=3x+6$과 $x$축으로 둘러싸인 도형의 넓이를 구하시오.

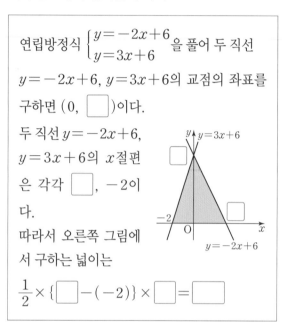

연립방정식 $\begin{cases} y=-2x+6 \\ y=3x+6 \end{cases}$ 을 풀어 두 직선 $y=-2x+6$, $y=3x+6$의 교점의 좌표를 구하면 $(0, \boxed{\phantom{0}})$이다.

두 직선 $y=-2x+6$, $y=3x+6$의 $x$절편은 각각 $\boxed{\phantom{0}}$, $-2$이다.

따라서 오른쪽 그림에서 구하는 넓이는

$\dfrac{1}{2} \times \{\boxed{\phantom{0}} - (-2)\} \times \boxed{\phantom{0}} = \boxed{\phantom{0}}$

**02** 두 직선 $x+4y-8=0$, $x+y-8=0$과 $y$축으로 둘러싸인 도형의 넓이를 구하시오.

**03** 오른쪽 그림과 같이 두 직선 $x-2y+4=0$, $3x+2y-12=0$ 과 $x$축으로 둘러싸인 도형의 넓이를 구하시오.

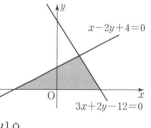

**04** 서연이네 학급에서는 학교 축제에서 호떡을 팔아 불우이웃을 돕기로 하였다. 호떡을 $x$개 팔았을 때의 금액을 $y$원이라 하고, 총수입과 총비용을 나타내는 그래프를 그리면 위의 그림과 같다. 다음 물음에 답하시오.

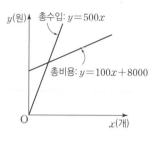

(1) 호떡을 10개 팔았을 때의 총수입과 총비용을 각각 구하시오.

(2) 호떡을 몇 개 팔았을 때, 총수입과 총비용이 같아지는지 구하시오.

**05** 48 L, 30 L의 물이 각각 들어 있는 두 물통 A, B에서 일정한 속력으로 물을 빼낸다. $x$분 후 두 물통 A, B에 남아 있는 물의 양을 $y$ L라 할 때, $x$와 $y$ 사이의 관계를 그래프로 나타내면 위의 그림과 같다. 다음 물음에 답하시오.

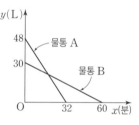

(1) 두 물통 A, B에 대한 직선의 방정식을 각각 구하시오.

(2) 물을 빼내기 시작한 지 몇 분 후에 두 물통에 남아 있는 물의 양이 같아지는지 구하시오.

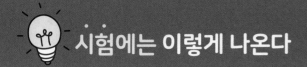

**01** 두 직선 $2x-y-8=0$, $ax-4y+2=0$이 한 점에서 만날 때, 상수 $a$의 값이 될 수 <u>없는</u> 것은?

① 8      ② 9      ③ 10      ④ 11      ⑤ 12

**02** 연립방정식 $\begin{cases} ax+18y=-9 \\ 4x-6y=b \end{cases}$ 의 해가 무수히 많을 때, 상수 $a$, $b$에 대하여 $a+b$의 값은?

① $-10$      ② $-9$      ③ $-8$      ④ $-7$      ⑤ $-6$

**03** 연립방정식 $\begin{cases} 2x+ay=4 \\ 3x-y=b \end{cases}$ 의 해가 존재하지 않도록 하는 상수 $a$, $b$의 조건을 구하시오.

**04** 오른쪽 그림과 같이 두 직선 $x-y-1=0$, $2x+y-5=0$과 $y$축으로 둘러싸인 도형의 넓이는?

① 4      ② 5      ③ 6

④ 7      ⑤ 8

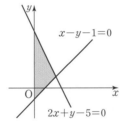

**05** 형과 동생이 달리기를 하는데 형은 A지점에서 출발하고 동생은 형보다 50 m 앞에서 동시에 출발하였다. 출발한 지 $x$초 후 형과 동생의 A지점으로부터의 거리를 $y$ m라 할 때, $x$와 $y$ 사이의 관계를 그래프로 나타내면 오른쪽 그림과 같다. 출발한 지 몇 초 후에 형과 동생이 만나는가?

① 35초      ② 40초      ③ 45초      ④ 50초      ⑤ 55초

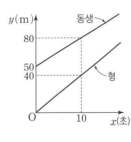

★ $\begin{cases} ax+by+c=0 \\ a'x+b'y+c'=0 \end{cases}$ 에서 두 일차방정식의 그래프인 두 직선에 대하여

① 두 직선이 한 점에서 만난다.
  → 연립방정식의 해는 한 쌍 이다.
  → $\dfrac{a}{a'} \neq \dfrac{b}{b'}$

② 두 직선이 평행하면 교점이 없다.
  → 연립방정식의 해는 없다.
  → $\dfrac{a}{a'} = \dfrac{b}{b'} \boxed{\neq} \dfrac{c}{c'}$

③ 두 직선이 일치하면 교점이 무수히 많다.
  → 연립방정식의 해는 무수히 많다.
  → $\dfrac{a}{a'} = \dfrac{b}{b'} \boxed{=} \dfrac{c}{c'}$

**쉼터**

# 중·고등수학에서 배우는 함수의 그래프 엿보기

일차함수의 그래프와 직선의 방정식으로 함수의 그래프 세계에 첫발을 내디딘 걸 환영해~
앞으로 배울 함수의 그래프와 도형의 방정식은 어떤 것들이 있는지 살짝 엿볼까?

**중등**

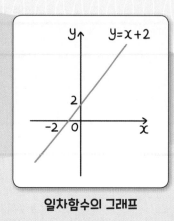

일차함수의 그래프

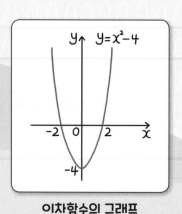

이차함수의 그래프

**고등**

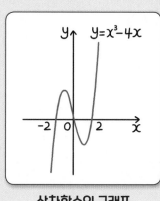

삼차함수의 그래프

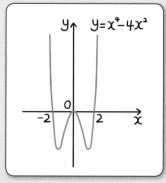

사차함수의 그래프

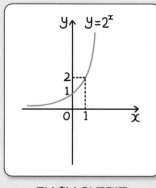

지수함수의 그래프

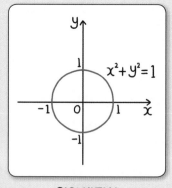     ...

원의 방정식

$x$, $y$로 이루어진 식이 이렇게 다양하고 예쁜 곡선이 된다니 신기하지 않아?
이 모든 함수의 그래프와 도형을 다루는 실력은 일차함수의 그래프와 직선의 방정식부터 기초를
탄탄히 다져야 그 바탕 위에 차근차근 쌓을 수 있어. 여러분의 성공적인 수학 공부를 응원할게~

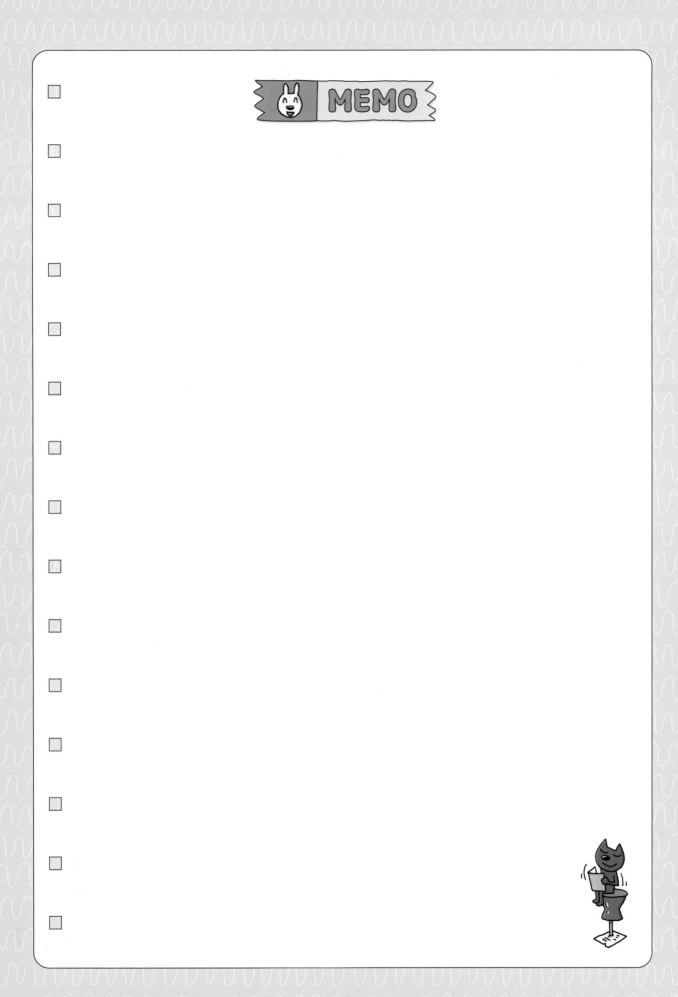

MEMO

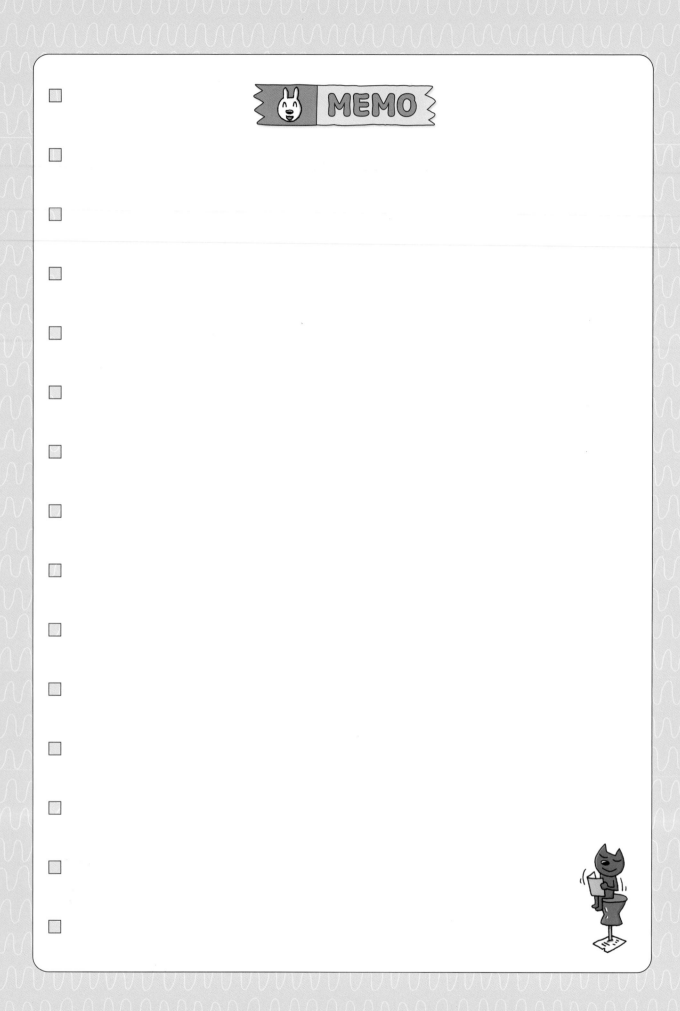

# 2학기, 가장 먼저 풀어야 할 문제집!
# 바쁜 중1을 위한 빠른 중학도형

출간 예정

허세 없는 기본 문제집 – 새 교육과정 반영 (2025년 중1 적용)

바빠 중학연산 시리즈
대치동 일명 수학 임미연 지음

## 바쁜 중1을 위한 빠른 중학도형

1학년 2학기
전 단원

• 기본 도형과 작도
• 평면도형
• 입체도형
• 통계

"쉬운 문제부터 풀면 수포자가 되지 않습니다."
— 전국의 명강사들이 박수 치며 추천한 책!

• 모든 개념, 저자 직강 제공! ▶
• 명강사의 노하우 꿀팁이 가득!

이번 학기 가장 먼저 푸는 책!

이지스에듀

1학년 2학기 과정 | 〈기본 도형과 작도, 평면도형, 입체도형, 통계〉

2학기 수학 기초 완성!

# 기초부터
# 시험 대비까지!
# 바빠로 끝낸다!

이번 학기 가장 먼저 푸는 책!

---

## 중학교 2학기 첫 수학은 '바빠 중학도형'이다!

★ 2학기, 가장 먼저 풀어야 할 문제집!
도형뿐만 아니라 확률과 통계까지 기본 문제를 한 권에 모아, 기초가 탄탄해져요.

★ 대치동 명강사의 노하우가 쏙쏙 '바빠 꿀팁'
책에는 없던, 말로만 듣던 꿀팁을 그대로 담아 더욱 쉽게 이해돼요.

★ '앗! 실수' 코너로 실수 문제 잡기!
중학생 70%가 틀린 문제를 짚어 주어, 실수를 확~ 줄여 줘요.

★ 내신 대비 '거저먹는 시험 문제' 수록
이 문제들만 풀어도 2학기 학교 시험은 문제없어요.

★ 선생님들도 박수 치며 좋아하는 책!
자습용이나 학원 선생님들이 숙제로 내주기 딱 좋은 책이에요.

▶ 저자의 개념 강의도 있어!

15 일에 완성하는 **영역별 강화 프로그램**

바빠 친구들이 즐거워지는 빠른 학습법
바빠 중학수학 **특강**

# 바쁜 중학생을 위한

$y = ax + b$

# 빠른 일차함수

## 정답 및 풀이

**취약한 부분만 빠르게 보강!**

개념부터 활용까지
일차함수만
한 번에 **콕!**

**한 권으로 총정리!**

- 일차함수와 그래프
- 일차함수와
  일차방정식의 관계

중학교 2학년 필독서

이지스에듀

15 일에 완성하는 영역별 강화 프로그램

# 바쁜 중학생을 위한

# 빠른 일차함수

## 정답 및 풀이

이지스에듀

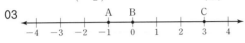

**A**                                                                    13쪽

01 $A(-3), B(1), C(4)$

02 $A(-4), B\left(-\dfrac{3}{2}\right)$ (또는 $B(-1.5)$), $C\left(\dfrac{8}{3}\right)$

03

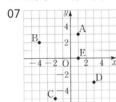

04

05 $A(4, 3), B(-2, 2), C(-1, -3)$

06 $A(2, -1), B(0, 4), C(-3, 0)$

07

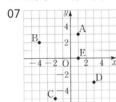

01 ③      02 ④      03 ②      04 ⑤

01 ③ $C\left(-\dfrac{3}{2}\right)$

02 ④ $D(-3, -2)$

03 $y$축 위의 점은 $x$좌표가 0이므로
$2a-4=0, 2a=4$
따라서 $a=2$

04 (삼각형 ABC의 넓이)
$=\dfrac{1}{2}\times\overline{BC}\times$(높이)
$=\dfrac{1}{2}\times6\times5$
$=15$

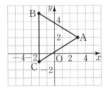

**B**                                                                    14쪽

| 01 $(2, 6)$ | 02 $(4, -4)$ | 03 $(0, 0)$ | 04 $(-5, 0)$ |
| 05 $(0, 9)$ | 06 $(0, -7)$ | 07 40 | 08 28 |
| 09 18 | | | |

07 (직사각형 ABCD의 넓이)
$=\overline{BC}\times\overline{AB}$
$=8\times5$
$=40$

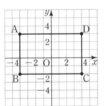

08 (삼각형 ABC의 넓이)
$=\dfrac{1}{2}\times\overline{BC}\times\overline{AB}$
$=\dfrac{1}{2}\times8\times7$
$=28$

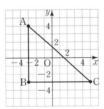

09 (삼각형 ABC의 넓이)
$=\dfrac{1}{2}\times\overline{BC}\times$(높이)
$=\dfrac{1}{2}\times6\times6$
$=18$

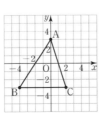

**A**                                                                    17쪽

01~06

01 제1사분면                02 제4사분면
03 제2사분면                04 제3사분면
05 어느 사분면에도 속하지 않는다.
06 어느 사분면에도 속하지 않는다.
07 $+, 1$                  08 $-, -, 3$
09 $-, +, 2$               10 $+, -, 4$
11 점 D                    12 점 A, 점 H
13 점 F                    14 점 B, 점 G
15 점 C, 점 E, 점 I

11 제1사분면 위의 점의 좌표의 부호는 $(+, +)$이므로 제1사분면 위의 점은 점 D이다.
12 제2사분면 위의 점의 좌표의 부호는 $(-, +)$이므로 제2사분면 위의 점은 점 A, 점 H이다.
13 제3사분면 위의 점의 좌표의 부호는 $(-, -)$이므로 제3사분면 위의 점은 점 F이다.
14 제4사분면 위의 점의 좌표의 부호는 $(+, -)$이므로 제4사분면 위의 점은 점 B, 점 G이다.

| | |
|---|---|
| 01 +, +, 1 | 02 −, +, 2 |
| 03 −, −, 3 | 04 −, +, 2 |
| 05 −, −, 3 | 06 +, −, 4 |
| 07 +, −, 4 | 08 −, +, 2 |
| 09 +, +, 1 | 10 −, +, 2 |
| 11 +, +, 1 | 12 −, −, 3 |

07 점 $(a, b)$가 제3사분면 위의 점이므로
점 $(a, b)$의 좌표의 부호 ➡ $(-, -)$
점 $(-a, b)$의 좌표의 부호 ➡ $(+, -)$ ➡ 제4사분면

08 점 $(a, b)$의 좌표의 부호 ➡ $(-, -)$
점 $(a, -b)$의 좌표의 부호 ➡ $(-, +)$ ➡ 제2사분면

09 점 $(a, b)$의 좌표의 부호 ➡ $(-, -)$
점 $(-a, -b)$의 좌표의 부호 ➡ $(+, +)$ ➡ 제1사분면

10 점 $(a, b)$가 제4사분면 위의 점이므로
점 $(a, b)$의 좌표의 부호 ➡ $(+, -)$
점 $(b, a)$의 좌표의 부호 ➡ $(-, +)$ ➡ 제2사분면

11 점 $(a, b)$의 좌표의 부호 ➡ $(+, -)$
점 $(a, -b)$의 좌표의 부호 ➡ $(+, +)$ ➡ 제1사분면

12 점 $(a, b)$의 좌표의 부호 ➡ $(+, -)$
점 $(ab, b)$의 좌표의 부호 ➡ $(-, -)$ ➡ 제3사분면

01 ②     02 ⑤     03 ⑤     04 ④

01 제2사분면 위의 점의 좌표의 부호는 $(-, +)$이므로 제2사분면 위의 점은 ② $(-6, 8)$이다.

02 ① $(0, 6)$ ➡ 어느 사분면에도 속하지 않는다.
② $(-2, 9)$ ➡ 제2사분면
③ $(7, -10)$ ➡ 제4사분면
④ $(-5, 11)$ ➡ 제2사분면

03 $a > 0, b < 0$이므로
① 점 $(a, -b)$의 좌표의 부호 ➡ $(+, +)$ ➡ 제1사분면
② 점 $(b, a)$의 좌표의 부호 ➡ $(-, +)$ ➡ 제2사분면
③ 점 $(-a, -b)$의 좌표의 부호 ➡ $(-, +)$ ➡ 제2사분면
④ 점 $(a, ab)$의 좌표의 부호 ➡ $(+, -)$ ➡ 제4사분면
⑤ 점 $\left(\dfrac{b}{a}, b\right)$의 좌표의 부호 ➡ $(-, -)$ ➡ 제3사분면

따라서 제3사분면 위의 점은 ⑤ $\left(\dfrac{b}{a}, b\right)$이다.

04 점 $(a, b)$가 제3사분면 위의 점이므로
점 $(a, b)$의 좌표의 부호 ➡ $(-, -)$
점 $(ab, a+b)$의 좌표의 부호 ➡ $(+, -)$ ➡ 제4사분면

**03** 그래프로 변화의 흐름을 한눈에 볼 수 있어

01 $(1, 80), (2, 120), (3, 140), (4, 120), (5, 110),$
$(6, 100), (7, 90), (8, 90)$

02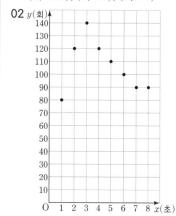

03

| $x$(초) | 1 | 2 | 3 | 4 | 5 | 6 | 7 | 8 |
|---|---|---|---|---|---|---|---|---|
| $y$(L) | 35 | 30 | 25 | 20 | 15 | 10 | 5 | 0 |

04 $(1, 35), (2, 30), (3, 25), (4, 20), (5, 15), (6, 10),$
$(7, 5), (8, 0)$

05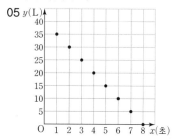

**B**

01 ㄱ     02 ㄷ     03 ㄴ     04 ㄹ

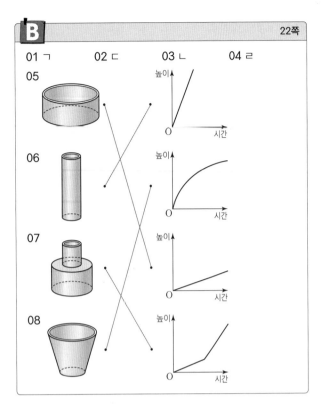

05 물통의 폭이 일정하므로 물의 높이가 일정하게 증가한다. 06의 물통보다 물통의 폭이 넓으므로 06의 물통보다 물의 높이가 느리게 높아진다.

06 물통의 폭이 일정하므로 물의 높이가 일정하게 증가한다. 05의 물통보다 물통의 폭이 좁으므로 05의 물통보다 물의 높이가 빠르게 높아진다.

07 물통의 폭이 넓고 일정한 부분에서 물의 높이는 느리고 일정하게 증가하다가 물통의 폭이 좁고 일정한 부분에서 물의 높이는 빠르고 일정하게 증가한다.

08 물통의 폭이 위로 갈수록 넓어지므로 물의 높이가 점점 느리게 증가한다.

**C**

01 2     02 18     03 10     04 60
05 2     06 1

03 그래프의 $x$축은 시간, $y$축은 거리를 나타낸다. 거리가 변하지 않는 평평한 구간에서 버스를 기다리는 것이므로 출발한 지 5분 후부터 15분 후까지 10분 동안 버스를 기다렸다.

06 그래프의 $x$축은 시간, $y$축은 높이를 나타낸다. 눈썰매를 타고 내려올 때 높이는 감소한다. 처음으로 높이가 감소하기 시작하는 때는 10분 후부터이고, 높이가 0 m가 되는 때는 11분 후이므로 눈썰매를 탄 지 1분 만에 내려왔다.

💡 **시험에는 이렇게 나온다**        

01 ③      02 ⑤

01 물통의 폭이 좁고 일정한 부분에서 물의 높이는 빠르고 일정하게 증가하다가 물통의 폭이 넓고 일정한 부분에서 물의 높이는 느리고 일정하게 증가하므로 그래프로 알맞은 것은 ③이다.

02 그래프의 $x$축은 시간, $y$축은 거리를 나타낸다.
  ② 휴게소에 머문 시간은 1시간 후부터 1시간 30분 후까지 30분이다.
  ④ 할머니 댁에 머문 시간은 2시간 30분 후부터 4시간 30분 후까지 2시간이다.
  ⑤ 할머니 댁에서 집으로 올 때 거리가 감소한다. 처음으로 거리가 감소하기 시작하는 때는 4시간 30분 후부터이고, 거리가 0 m가 되는 때는 6시간 후이므로 할머니 댁에서 집으로 오는 데 1시간 30분이 걸렸다.

**04** 함수는 1개를 넣으면 1개가 나오는 기계야

**A**

01 표는 풀이 참조, ○, ○     02 표는 풀이 참조, ×, ×
03 표는 풀이 참조, ○, ○     04 표는 풀이 참조, ×, ×
05 표는 풀이 참조, ○, ○     06 표는 풀이 참조, ○, ○
07 표는 풀이 참조, ×, ×

01

| $x$ | 1 | 2 | 3 | 4 | … |
|-----|---|---|---|---|---|
| $y$ | 3 | 4 | 5 | 6 | … |

$x$의 값이 변함에 따라 $y$의 값이 하나씩 정해지므로 $y$는 $x$의 함수이다.

02

| $x$ | 1 | 2 | 3 | 4 | … |
|-----|-----|-----|---|------|---|
| $y$ | 없다. | 없다. | 2 | 2, 3 | … |

$x$의 값이 하나 정해지는데 $y$의 값이 정해지지 않거나 2개 이상 정해지는 경우가 있다. 따라서 $y$는 $x$의 함수가 아니다.

**03**

| $x$ | 1 | 2 | 3 | 4 | $\cdots$ |
|---|---|---|---|---|---|
| $y$ | 0 | 0 | 1 | 2 | $\cdots$ |

$x$의 값이 변함에 따라 $y$의 값이 하나씩 정해지므로 $y$는 $x$의 함수이다.

**04**

| $x$ | 1 | 2 | 3 | 4 | $\cdots$ |
|---|---|---|---|---|---|
| $y$ | 1 | 1, 2 | 1, 3 | 1, 2, 4 | $\cdots$ |

$x$의 값이 하나 정해지는데 $y$의 값이 2개 이상 정해지는 경우가 있다. 따라서 $y$는 $x$의 함수가 아니다.

**05**

| $x$ | 1 | 2 | 3 | 4 | $\cdots$ |
|---|---|---|---|---|---|
| $y$ | 1 | 2 | 2 | 3 | $\cdots$ |

$x$의 값이 변함에 따라 $y$의 값이 하나씩 정해지므로 $y$는 $x$의 함수이다.

**06**

| $x$ | $\cdots$ | $-2$ | 1 | 0 | 1 | 2 | $\cdots$ |
|---|---|---|---|---|---|---|---|
| $y$ | $\cdots$ | 2 | 1 | 0 | 1 | 2 | $\cdots$ |

$x$의 값이 변함에 따라 $y$의 값이 하나씩 정해지므로 $y$는 $x$의 함수이다.

**07**

| $x$ | 1 | 2 | 3 | 4 | $\cdots$ |
|---|---|---|---|---|---|
| $y$ | $-1, 1$ | $-2, 2$ | $-3, 3$ | $-4, 4$ | $\cdots$ |

$x$의 값이 하나 정해지는데 $y$의 값이 2개 정해진다. 따라서 $y$는 $x$의 함수가 아니다.

---

**B**                                      28쪽

**01** 표는 풀이 참조, $1000x$, ◯

**02** 표는 풀이 참조, $3x$, ◯    **03** 표는 풀이 참조, $\dfrac{1}{5}x$, ◯

**04** 표는 풀이 참조, $\dfrac{36}{x}$, ◯    **05** 표는 풀이 참조, $\dfrac{12}{x}$, ◯

**06** 표는 풀이 참조, $\dfrac{60}{x}$, ◯

---

**01**

| $x$ | 1 | 2 | 3 | 4 | $\cdots$ |
|---|---|---|---|---|---|
| $y$ | 1000 | 2000 | 3000 | 4000 | $\cdots$ |

(가격)=(물병 1개의 가격)×(물병의 개수)이므로

$y=\boxed{1000x}$

이때 $x$의 값이 변함에 따라 $y$의 값이 하나씩 정해지므로 $y$는 $x$의 함수이다.

**02**

| $x$ | 1 | 2 | 3 | 4 | $\cdots$ |
|---|---|---|---|---|---|
| $y$ | 3 | 6 | 9 | 12 | $\cdots$ |

(정삼각형의 둘레의 길이)=3×(한 변의 길이)이므로

$y=\boxed{3x}$

이때 $x$의 값이 변함에 따라 $y$의 값이 하나씩 정해지므로 $y$는 $x$의 함수이다.

**03**

| $x$ | 100 | 200 | 300 | 400 | $\cdots$ |
|---|---|---|---|---|---|
| $y$ | 20 | 40 | 60 | 80 | $\cdots$ |

(소금의 양)$=\dfrac{(소금물의 농도)}{100}\times$(소금물의 양)이므로

$y=\dfrac{20}{100}\times x$에서 $y=\boxed{\dfrac{1}{5}x}$

이때 $x$의 값이 변함에 따라 $y$의 값이 하나씩 정해지므로 $y$는 $x$의 함수이다.

**04**

| $x$ | 1 | 2 | 3 | 4 | $\cdots$ |
|---|---|---|---|---|---|
| $y$ | 36 | 18 | 12 | 9 | $\cdots$ |

(직사각형의 넓이)=(가로의 길이)×(세로의 길이)이므로

$x\times y=36$에서 $y=\boxed{\dfrac{36}{x}}$

이때 $x$의 값이 변함에 따라 $y$의 값이 하나씩 정해지므로 $y$는 $x$의 함수이다.

**05**

| $x$ | 1 | 2 | 3 | 4 | $\cdots$ |
|---|---|---|---|---|---|
| $y$ | 12 | 6 | 4 | 3 | $\cdots$ |

(전체 연필의 수)

=(나누어 가지는 사람 수)×(한 명이 가지게 되는 연필의 수)

이므로 $x\times y=12$에서 $y=\boxed{\dfrac{12}{x}}$

이때 $x$의 값이 변함에 따라 $y$의 값이 하나씩 정해지므로 $y$는 $x$의 함수이다.

**06**

| $x$ | 1 | 2 | 3 | 4 | $\cdots$ |
|---|---|---|---|---|---|
| $y$ | 60 | 30 | 20 | 15 | $\cdots$ |

(시간)$=\dfrac{(거리)}{(속력)}$이므로 $y=\boxed{\dfrac{60}{x}}$

이때 $x$의 값이 변함에 따라 $y$의 값이 하나씩 정해지므로 $y$는 $x$의 함수이다.

**C**

01 표는 풀이 참조, $20-x$, ○
02 표는 풀이 참조, $x^2$, ○  03 표는 풀이 참조, 2, ○
04 ○  05 ○  06 ×  07 ×
08 ○  09 ○

**01**

| $x$ | 1 | 2 | 3 | 4 | ⋯ |
|---|---|---|---|---|---|
| $y$ | 19 | 18 | 17 | 16 | ⋯ |

(남은 테이프의 길이)$=20-$(사용한 테이프의 길이)이므로
$y=\boxed{20-x}$
이때 $x$의 값이 변함에 따라 $y$의 값이 하나씩 정해지므로 $y$는 $x$의 함수이다.

**02**

| $x$ | 1 | 2 | 3 | 4 | ⋯ |
|---|---|---|---|---|---|
| $y$ | 1 | 4 | 9 | 16 | ⋯ |

(정사각형의 넓이)$=$(한 변의 길이)$^2$이므로
$y=\boxed{x^2}$
이때 $x$의 값이 변함에 따라 $y$의 값이 하나씩 정해지므로 $y$는 $x$의 함수이다.

**03**

| $x$ | 1 | 2 | 3 | 4 | ⋯ |
|---|---|---|---|---|---|
| $y$ | 2 | 2 | 2 | 2 | ⋯ |

$x$년 후에도 형과 동생의 나이 차는 2살로 일정하므로
$y=\boxed{2}$
이때 $x$의 값이 변함에 따라 $y$의 값이 하나씩 정해지므로 $y$는 $x$의 함수이다.

**04** 돼지의 다리는 4개이므로 $y=4x$
이때 $x$의 값이 변함에 따라 $y$의 값이 하나씩 정해지므로 $y$는 $x$의 함수이다.

**05** 홀수를 2로 나눈 나머지는 1이고, 짝수를 2로 나눈 나머지는 0이다. 이때 $x$의 값이 변함에 따라 $y$의 값이 하나씩 정해지므로 $y$는 $x$의 함수이다.

**06** 1보다 작은 홀수는 없고, 4보다 작은 홀수는 1, 3의 2개이다. 즉, $x$의 값이 하나 정해지는데 $y$의 값이 정해지지 않거나 2개 이상 정해지는 경우가 있으므로 $y$는 $x$의 함수가 아니다.

**07** 키가 같아도 몸무게가 다른 학생이 여러 명 있을 수 있다. 즉, $x$의 값이 하나 정해지는데 $y$의 값이 2개 이상 정해지는 경우가 있을 수 있으므로 $y$는 $x$의 함수가 아니다.

**08** 하루는 24시간이므로 $y=24-x$
이때 $x$의 값이 변함에 따라 $y$의 값이 하나씩 정해지므로 $y$는 $x$의 함수이다.

**09** (원의 넓이)$=\pi \times$(반지름의 길이)$^2$이므로
$y=\pi x^2$
이때 $x$의 값이 변함에 따라 $y$의 값이 하나씩 정해지므로 $y$는 $x$의 함수이다.

**시험에는 이렇게 나온다**

01 ②  02 ③, ⑤  03 ②

**01** ① $y=\dfrac{1}{x}$
이때 $x$의 값이 변함에 따라 $y$의 값이 하나씩 정해지므로 $y$는 $x$의 함수이나.
② 1, 2보다 작은 짝수는 없고, 5보다 작은 짝수는 2, 4의 2개이다. 즉, $x$의 값이 하나 정해지는데 $y$의 값이 정해지지 않거나 2개 이상 정해지는 경우가 있으므로 $y$는 $x$의 함수가 아니다.
③ $y=800x$
이때 $x$의 값이 변함에 따라 $y$의 값이 하나씩 정해지므로 $y$는 $x$의 함수이다.
④ $y=4x$
이때 $x$의 값이 변함에 따라 $y$의 값이 하나씩 정해지므로 $y$는 $x$의 함수이다.
⑤ $y=120-x$
이때 $x$의 값이 변함에 따라 $y$의 값이 하나씩 정해지므로 $y$는 $x$의 함수이다.
따라서 $y$가 $x$의 함수가 아닌 것은 ②이다.

**02** ① 1과 3의 공배수는 3, 6, 9, ⋯이다. 즉, $x$의 값이 하나 정해지는데 $y$의 값이 2개 이상 정해지는 경우가 있으므로 $y$는 $x$의 함수가 아니다.
② 2와 서로소인 자연수는 1, 3, 5, ⋯이다. 즉, $x$의 값이 하나 정해지는데 $y$의 값이 2개 이상 정해지는 경우가 있으므로 $y$는 $x$의 함수가 아니다.
③ 오징어의 다리는 10개이므로 $y=10x$
이때 $x$의 값이 변함에 따라 $y$의 값이 하나씩 정해지므로 $y$는 $x$의 함수이다.
④ 6의 소인수는 2, 3이다. 즉, $x$의 값이 하나 정해지는데 $y$의 값이 2개 이상 정해지는 경우가 있으므로 $y$는 $x$의 함수가 아니다.
⑤ $xy=2$에서 $y=\dfrac{2}{x}$
이때 $x$의 값이 변함에 따라 $y$의 값이 하나씩 정해지므로 $y$는 $x$의 함수이다.
따라서 $y$가 $x$의 함수인 것은 ③, ⑤이다.

**03** ㄱ. 자연수 $x$와 1의 공약수는 항상 1이다.
이때 $x$의 값이 변함에 따라 $y$의 값이 하나씩 정해지므로

$y$는 $x$의 함수이다.

ㄴ. 500원짜리 사탕 $x$개의 가격은 $500x$원이고 10000원을 냈으므로 $y=10000-500x$
이때 $x$의 값이 변함에 따라 $y$의 값이 하나씩 정해지므로 $y$는 $x$의 함수이다.

ㄷ. 1학기 중간고사에서 수학 점수가 같아도 영어 점수가 다른 학생이 여러 명 있을 수 있다. 즉, $x$의 값이 하나 정해지는데 $y$의 값이 2개 이상 정해지는 경우가 있을 수 있으므로 $y$는 $x$의 함수가 아니다.

따라서 $y$가 $x$의 함수인 것은 ㄱ, ㄴ이다.

## 05 함숫값은 함수 기계에서 나오는 결과야

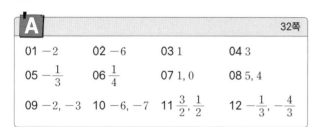

**A**                                    32쪽

| | | | |
|---|---|---|---|
| 01 $-2$ | 02 $-6$ | 03 1 | 04 3 |
| 05 $-\dfrac{1}{3}$ | 06 $\dfrac{1}{4}$ | 07 1, 0 | 08 5, 4 |
| 09 $-2, -3$ | 10 $-6, -7$ | 11 $\dfrac{3}{2}, \dfrac{1}{2}$ | 12 $-\dfrac{1}{3}, -\dfrac{4}{3}$ |

03 $f(x)=-x$이므로 $f(-1)=-(-1)=\boxed{1}$

04 $f(x)=-x$이므로 $f(-3)=-(-3)=\boxed{3}$

05 $f(x)=-x$이므로 $f\left(\dfrac{1}{3}\right)=\boxed{-\dfrac{1}{3}}$

06 $f(x)=-x$이므로 $f\left(-\dfrac{1}{4}\right)=-\left(-\dfrac{1}{4}\right)=\boxed{\dfrac{1}{4}}$

07 $f(x)=x-1$이므로 $f(\boxed{1})=1-1=\boxed{0}$

08 $f(x)=x-1$이므로 $f(\boxed{5})=5-1=\boxed{4}$

09 $f(x)=x-1$이므로 $f(\boxed{-2})=(-2)-1=\boxed{-3}$

10 $f(x)=x-1$이므로 $f(\boxed{-6})=(-6)-1=\boxed{-7}$

11 $f(x)=x-1$이므로 $f\left(\boxed{\dfrac{3}{2}}\right)=\dfrac{3}{2}-1=\boxed{\dfrac{1}{2}}$

12 $f(x)=x-1$이므로 $f\left(\boxed{-\dfrac{1}{3}}\right)=\left(-\dfrac{1}{3}\right)-1=\boxed{-\dfrac{4}{3}}$

**B**                                    33쪽

| | | | |
|---|---|---|---|
| 01 6 | 02 4 | 03 2 | 04 $-2$ |
| 05 9 | 06 4 | 07 1 | 08 $-20$ |
| 09 $-2$ | 10 $-6$ | 11 2 | 12 3 |

01 $f(x)=3x$이므로 $f(2)=3\times2=6$

02 $f(x)=-2x$이므로 $f(-2)=-2\times(-2)=4$

03 $f(x)=6x$이므로 $f\left(\dfrac{1}{3}\right)=6\times\dfrac{1}{3}=2$

04 $f(x)=\dfrac{1}{2}x$이므로 $f(-4)=\dfrac{1}{2}\times(-4)=-2$

05 $f(x)=2x+3$이므로 $f(3)=2\times3+3=6+3=9$

06 $f(x)=4x$이므로
$f(0)=4\times0=0$, $f(1)=4\times1=4$
따라서 $f(0)+f(1)=0+4=4$

07 $f(x)=\dfrac{2}{x}$이므로 $f(2)=\dfrac{2}{2}=1$

08 $f(x)=-\dfrac{10}{x}=(-10)\div x$이므로
$f\left(\dfrac{1}{2}\right)=(-10)\div\dfrac{1}{2}=(-10)\times2=-20$

09 $f(x)=\dfrac{6}{x}+1$이므로 $f(-2)=\dfrac{6}{-2}+1=-3+1=-2$

10 $f(x)=\dfrac{9}{x}$이므로
$f(-1)=\dfrac{9}{-1}=-9$, $f(3)=\dfrac{9}{3}=3$
따라서 $f(-1)+f(3)=-9+3=-6$

11 $f(x)=$ (자연수 $x$를 3으로 나눈 나머지)이므로
$f(5)=$ (5를 3으로 나눈 나머지)이다.
$5=3\times1+2$이므로 5를 3으로 나눈 나머지는 2이다.
따라서 $f(5)=2$

12 $f(x)=$ (자연수 $x$보다 작은 소수의 개수)이므로
$f(6)=$ (6보다 작은 소수의 개수)이다.
6보다 작은 소수는 2, 3, 5이므로 3개이다.
따라서 $f(6)=3$

| 01 2 | 02 −4 | 03 −1 | 04 −1 |
|------|-------|-------|-------|
| 05 2 | 06 $\frac{1}{3}$ | 07 1 | 08 −2 |
| 09 $\frac{1}{2}$ | 10 3 | 11 −6 | 12 24 |

| 01 −3 | 02 $\frac{2}{3}$ | 03 6 | 04 −7 |
|-------|------------------|------|-------|
| 05 14 | 06 −2 | 07 8 | 08 −30 |
| 09 −4 | 10 6 | 11 −10 | 12 −1 |

**01** $f(x)=x+2$이므로 $f(a)=a+2=4$에서 $a=2$

**02** $f(x)=x+2$이므로 $f(a)=a+2=-2$에서 $a=-4$

**03** $f(x)=x+2$이므로 $f(a)=a+2=1$에서 $a=-1$

**04** $f(x)=-5x$이므로 $f(a)=-5a=5$에서 $a=-1$

**05** $f(x)=-5x$이므로 $f(a)=-5a=-10$에서 $a=2$

**06** $f(x)=-5x$이므로 $f(a)=-5a=-\dfrac{5}{3}$에서 $a=\dfrac{1}{3}$

**07** $f(x)=2x-1$이므로 $f(a)=2a-1=1$에서
$2a=2$, $a=1$

**08** $f(x)=2x-1$이므로 $f(a)=2a-1=-5$에서
$2a=-4$, $a=-2$

**09** $f(x)=2x-1$이므로 $f(a)=2a-1=0$에서
$2a=1$, $a=\dfrac{1}{2}$

**10** $f(x)=\dfrac{12}{x}$이므로 $f(a)=\dfrac{12}{a}=4$에서
$4a=12$, $a=3$

**11** $f(x)=\dfrac{12}{x}$이므로 $f(a)=\dfrac{12}{a}=-2$에서
$-2a=12$, $a=-6$

**12** $f(x)=\dfrac{12}{x}$이므로 $f(a)=\dfrac{12}{a}=\dfrac{1}{2}$에서
$\dfrac{1}{2}a=12$, $a=24$

**01** $f(x)=ax$이므로 $f(2)=2a=-6$에서 $a=\boxed{-3}$

**02** $f(x)=ax$이므로 $f(3)=3a=2$에서 $a=\dfrac{2}{3}$

**03** $f(x)=x+a$이므로 $f(-1)=-1+a=5$에서 $a=6$

**04** $f(x)=x+a$이므로 $f(4)=4+a=-3$에서 $a=-7$

**05** $f(x)=\dfrac{a}{x}$이므로 $f(2)=\dfrac{a}{2}=7$에서 $a=14$

**06** $f(x)=\dfrac{a}{x}$이므로 $f(6)=\dfrac{a}{6}=-\dfrac{1}{3}$에서 $a=-2$

**07** $f(x)=ax$이므로 $f(3)=3a=12$에서 $a=\boxed{4}$
따라서 $f(x)=\boxed{4}x$이므로 $f(2)=4\times2=\boxed{8}$

**08** $f(x)=ax$이므로 $f(-1)=-a=6$에서 $a=-6$
따라서 $f(x)=-6x$이므로 $f(5)=-6\times5=-30$

**09** $f(x)=x+a$이므로 $f(3)=3+a=1$에서 $a=-2$
따라서 $f(x)=x-2$이므로 $f(-2)=-2-2=-4$

**10** $f(x)=x+a$이므로 $f(4)=4+a=0$에서 $a=-4$
따라서 $f(x)=x-4$이므로 $f(10)=10-4=6$

**11** $f(x)=\dfrac{a}{x}$이므로 $f(4)=\dfrac{a}{4}=5$에서 $a=20$
따라서 $f(x)=\dfrac{20}{x}$이므로 $f(-2)=\dfrac{20}{-2}=-10$

**12** $f(x)=\dfrac{a}{x}$이므로 $f(6)=\dfrac{a}{6}=\dfrac{1}{2}$에서 $a=3$
따라서 $f(x)=\dfrac{3}{x}$이므로 $f(-3)=\dfrac{3}{-3}=-1$

| 01 ⑤ | 02 ③ | 03 ② | 04 ① |
|------|------|------|------|
| 05 ② | | | |

**01** $f(x)=-3x$이므로

① $f(0)=-3\times0=0$

② $f(1)=-3\times1=-3$

③ $f(-2)=-3\times(-2)=6$

④ $f\left(-\dfrac{1}{3}\right)=-3\times\left(-\dfrac{1}{3}\right)=1$

⑤ $f\left(\dfrac{5}{6}\right)=-3\times\dfrac{5}{6}=-\dfrac{5}{2}$

따라서 옳지 않은 것은 ⑤이다.

**02** $f(x)=-\dfrac{24}{x}+2$이므로

$f(8)=-\dfrac{24}{8}+2=-3+2=-1$

**03** 6의 약수는 1, 2, 3, 6의 4개이므로 $f(6)=4$

7의 약수는 1, 7의 2개이므로 $f(7)=2$

따라서 $f(6)+f(7)=4+2=6$

**04** $f(x)=x+6$이므로

$f(-3)=-3+6=3$, 즉 $a=3$

$f(b)=b+6=-2$에서 $b=-8$

따라서 $a+b=3+(-8)=-5$

**05** $f(x)=\dfrac{a}{x}$이므로 $f(2)=\dfrac{a}{2}=-6$에서 $a=-12$

따라서 $f(x)=-\dfrac{12}{x}$이므로 $f(3)=-\dfrac{12}{3}=-4$

## 06 일차함수는 $y=ax+b$ 꼴이야

**A**     38쪽

| 01 ○ | 02 ○ | 03 × | 04 × |
|------|------|------|------|
| 05 ○ | 06 × | 07 × | 08 × |
| 09 ○ | 10 ○ | 11 × | 12 ○ |

**07** $y=3(x+2)-3x=3x+6-3x=6$

따라서 $y=6$이므로 $y$는 $x$에 대한 일차함수가 아니다.

**08** $y=x(x+1)=x^2+x$

따라서 $y=x^2+x$이므로 $y$는 $x$에 대한 일차함수가 아니다.

**09** $y=x^2-(x^2-x+7)=x^2-x^2+x-7=x-7$

따라서 $y=x-7$이므로 $y$는 $x$에 대한 일차함수이다.

**10** $2x+y=9$에서 $y=-2x+9$

따라서 $y$는 $x$에 대한 일차함수이다.

**11** $6x+y=6x+5$에서 $y=6x+5-6x$, 즉 $y=5$

따라서 $y$는 $x$에 대한 일차함수가 아니다.

**12** $4x+1=x-y$에서 $y=x-4x-1$, 즉 $y=-3x-1$

따라서 $y$는 $x$에 대한 일차함수이다.

**B**     39쪽

| 01 $24-x$, ○ | | 02 $500x+1000$, ○ | |
|------|------|------|------|
| 03 $x^2$, × | | 04 $\dfrac{300}{x}$, × | |
| 05 ○ | 06 ○ | 07 ○ | 08 ○ |
| 09 × | 10 × | | |

**04** (시간)$=\dfrac{(거리)}{(속력)}$이므로 $y=\dfrac{300}{x}$

따라서 $y$는 $x$에 대한 일차함수가 아니다.

**05** $y=30000x$이므로 $y$는 $x$에 대한 일차함수이다.

**06** 고양이는 다리가 4개, 앵무새는 다리가 2개이므로

$y=4x+2$

따라서 $y$는 $x$에 대한 일차함수이다.

**07** (직사각형의 둘레의 길이)$=2\times\{($가로의 길이$)+($세로의 길이$)\}$

이므로

$y=2\times(x+6)$, 즉 $y=2x+12$

따라서 $y$는 $x$에 대한 일차함수이다.

**08** (남은 쪽수)$=($전체 쪽수$)-($매일 5쪽씩 $x$일 동안 푼 쪽수$)$

이므로 $y=160-5x$

따라서 $y$는 $x$에 대한 일차함수이다.

**09** (삼각형의 넓이)$=\dfrac{1}{2}\times($밑변의 길이$)\times($높이$)$이므로

$\dfrac{1}{2}\times x\times y=20$, 즉 $y=\dfrac{40}{x}$

따라서 $y$는 $x$에 대한 일차함수가 아니다.

**10** $x$각형에서 외각의 크기의 합은 $360\degree$이므로 $y=360$

따라서 $y$는 $x$에 대한 일차함수가 아니다.

| | | | |
|---|---|---|---|
| 01 13 | 02 −1 | 03 2 | 04 14 |
| 05 6 | 06 −1 | 07 3 | 08 2 |
| 09 $-\dfrac{1}{3}$ | 10 8 | | |

01 $f(x)=3x+7$이므로
$f(2)=3\times2+7=6+7=13$

02 $f(x)=-4x-9$이므로
$f(-2)=-4\times(-2)-9=8-9=-1$

03 $f(x)=\dfrac{2}{3}x-4$이므로
$f(9)=\dfrac{2}{3}\times9-4=6-4=2$

04 $f(x)=6x-2$이므로
$f(0)=6\times0-2=-2$
$f(3)=6\times3-2=18-2=16$
따라서 $f(0)+f(3)=-2+16=14$

05 $f(x)=-5x+3$이므로
$f(-1)=-5\times(-1)+3=5+3=8$
$f(1)=-5\times1+3=-5+3=-2$
따라서 $f(-1)+f(1)=8+(-2)=6$

06 $f(x)=2x+3$이므로 $f(a)=2a+3=1$에서
$2a=-2,\ a=-1$

07 $f(x)=5x-10$이므로 $f(a)=5a-10=5$에서
$5a=15,\ a=3$

08 $f(x)=-3x+8$이므로 $f(a)=-3a+8=2$에서
$-3a=-6,\ a=2$

09 $f(x)=-6x-2$이므로 $f(a)=-6a-2=0$에서
$-6a=2,\ a=-\dfrac{1}{3}$

10 $f(x)=\dfrac{1}{2}x-5$이므로 $f(a)=\dfrac{1}{2}a-5=-1$에서
$\dfrac{1}{2}a=4,\ a=8$

| | | | |
|---|---|---|---|
| 01 −1 | 02 5 | 03 −6 | 04 −11 |
| 05 18 | | 06 $a=2, b=-1$ | |
| 07 $a=3, b=9$ | | 08 $a=-5, b=4$ | |
| 09 3 | | | |

01 $f(x)=4x+a$이므로 $f(1)=4+a=3$에서 $a=-1$

02 $f(x)=ax-3$이므로
$f(2)=2a-3=7$에서 $2a=10,\ a=5$

03 $f(x)=ax+9$이므로
$f\left(\dfrac{1}{2}\right)=\dfrac{1}{2}a+9=6$에서
$\dfrac{1}{2}a=-3,\ a=-6$

04 $f(x)=-8x+a$이므로
$f(-1)=8+a=5$에서 $a=-3$
따라서 $f(x)=-8x-3$이므로
$f(1)=-8-3=-11$

05 $f(x)=ax+2$이므로
$f(-3)=-3a+2=14$에서
$-3a=12,\ a=-4$
따라서 $f(x)=-4x+2$이므로
$f(-4)=-4\times(-4)+2=16+2=18$

06 $f(x)=ax+b$이므로
$f(1)=a+b=1$ $\qquad\cdots\cdots$ ㉠
$f(2)=\boxed{2a+b}=3$ $\qquad\cdots\cdots$ ㉡
㉡−㉠을 하면 $a=\boxed{2}$
$a=\boxed{2}$를 ㉠에 대입하면 $2+b=1,\ b=\boxed{-1}$

07 $f(x)=ax+b$이므로
$f(0)=b=9$ $\qquad\cdots\cdots$ ㉠
$f(-3)=-3a+b=0$ $\qquad\cdots\cdots$ ㉡
㉠을 ㉡에 대입하면
$-3a+9=0,\ -3a=-9,\ a=3$

08 $f(x)=ax+b$이므로
$f(1)=a+b=-1$ $\qquad\cdots\cdots$ ㉠
$f(-1)=-a+b=9$ $\qquad\cdots\cdots$ ㉡
㉠+㉡을 하면 $2b=8,\ b=4$
$b=4$를 ㉠에 대입하면
$a+4=-1,\ a=-5$

**09** $f(x)=ax+b$이므로

$f(2)=2a+b=9$ ····· ㉠

$f(3)=3a+b=15$ ····· ㉡

㉡$-$㉠을 하면 $a=6$

$a=6$을 ㉠에 대입하면 $12+b=9$, $b=-3$

따라서 $a+b=6+(-3)=3$

💡 시험에는 이렇게 나온다                                          42쪽

01 ③, ⑤      02 ②      03 ①      04 ⑤

**01** ④ $y-x=3-x$에서 $y=3$이므로 $y$는 $x$에 대한 일차함수가 아니다.

⑤ $y=x^2-x(x+5)=x^2-x^2-5x=-5x$이므로 $y$는 $x$에 대한 일차함수이다.

따라서 $y$가 $x$에 대한 일차함수인 것은 ③, ⑤이다.

**02** ① $y=2000x+5000$이므로 $y$는 $x$에 대한 일차함수이다.

② $xy=60$에서 $y=\dfrac{60}{x}$이므로 $y$는 $x$에 대한 일차함수가 아니다.

③ $y=2\pi x$이므로 $y$는 $x$에 대한 일차함수이다.

④ $y=12x$이므로 $y$는 $x$에 대한 일차함수이다.

⑤ 시속 $x$ km로 6시간 동안 이동한 거리는 $6x$ km이므로 남은 거리는 $(100-6x)$km이다.

즉, $y=100-6x$이므로 $y$는 $x$에 대한 일차함수이다.

따라서 $y$가 $x$에 대한 일차함수가 아닌 것은 ②이다.

**03** $f(x)=\dfrac{3}{4}x-2$이므로 $f(a)=\dfrac{3}{4}a-2=4$에서

$\dfrac{3}{4}a=6$, $a=8$

**04** $f(x)=ax+b$이므로

$f(2)=2a+b=-1$ ····· ㉠

$f(-2)=-2a+b=7$ ····· ㉡

㉠$+$㉡을 하면 $2b=6$, $b=3$

$b=3$을 ㉠에 대입하면

$2a+3=-1$, $2a=-4$, $a=-2$

따라서 $b-a=3-(-2)=3+2=5$

**07** 일차함수 $y=ax$의 그래프는 원점을 지나는 직선이야

**A**                                                          44쪽

**01** 풀이 참조

**02**
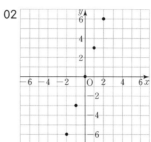

**03**
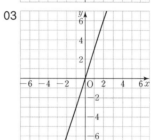

**04** 제1사분면과 제3사분면      **05** 풀이 참조

**06**
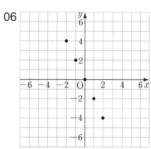

**07**
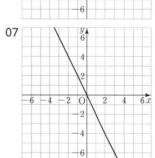

**08** 제2사분면과 제4사분면

**01**

| $x$ | $-2$ | $-1$ | $0$ | $1$ | $2$ |
|---|---|---|---|---|---|
| $y$ | $-6$ | $-3$ | $0$ | $3$ | $6$ |

**05**

| $x$ | $-2$ | $-1$ | $0$ | $1$ | $2$ |
|---|---|---|---|---|---|
| $y$ | $4$ | $2$ | $0$ | $-2$ | $-4$ |

45쪽

01 0, 1    02 0, 6    03 0, 1    04 0, −1

05 0, −3    06 0, −1

07

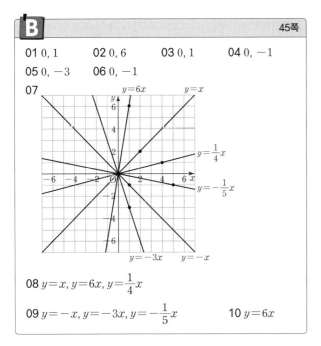

08 $y=x, y=6x, y=\dfrac{1}{4}x$

09 $y=-x, y=-3x, y=-\dfrac{1}{5}x$    10 $y=6x$

08 일차함수 $y=ax$의 그래프는 $a>0$이면 제1사분면과 제3사분면을 지난다.

09 일차함수 $y=ax$의 그래프는 $a<0$이면 $x$의 값이 증가할 때, $y$의 값은 감소한다. 또 함수의 그래프가 오른쪽 아래로 향하는 직선이고, 제2사분면과 제4사분면을 지난다.

C

46쪽

01 ×    02 ○    03 ○    04 ×

05 −6    06 −7    07 −3    08 $-\dfrac{8}{3}$

01 $y=4x$에 $x=4, y=1$을 대입하면 $1\neq4\times4$이므로
점 $(4, 1)$은 일차함수 $y=4x$의 그래프 위의 점이 아니다.

02 $y=4x$에 $x=\dfrac{1}{2}, y=2$를 대입하면 $2=4\times\dfrac{1}{2}$이므로
점 $\left(\dfrac{1}{2}, 2\right)$는 일차함수 $y=4x$의 그래프 위의 점이다.

03 $y=-\dfrac{2}{3}x$에 $x=3, y=-2$를 대입하면 $-2=-\dfrac{2}{3}\times3$이므로
점 $(3, -2)$는 일차함수 $y=-\dfrac{2}{3}x$의 그래프 위의 점이다.

04 $y=-\dfrac{2}{3}x$에 $x=-6, y=-4$를 대입하면
$-4\neq-\dfrac{2}{3}\times(-6)$이므로 점 $(-6, -4)$는 일차함수
$y=-\dfrac{2}{3}x$의 그래프 위의 점이 아니다.

05 $y=-2x$에 $x=3, y=a$를 대입하면
$a=-2\times3=-6$

06 $y=-2x$에 $x=a, y=14$를 대입하면
$14=-2\times a, a=-7$

07 $y=\dfrac{3}{4}x$에 $x=-4, y=a$를 대입하면
$a=\dfrac{3}{4}\times(-4)=-3$

08 $y=\dfrac{3}{4}x$에 $x=a, y=-2$를 대입하면
$-2=\dfrac{3}{4}\times a, a=-2\times\dfrac{4}{3}=-\dfrac{8}{3}$

D

47쪽

01 −3    02 2    03 −4    04 $\dfrac{5}{3}$

05 9    06 3    07 $-\dfrac{3}{5}$    08 $\dfrac{1}{6}$

01 $y=ax$에 $x=-1, y=3$을 대입하면
$3=a\times(-1), a=-3$

02 $y=ax$에 $x=5, y=10$을 대입하면
$10=a\times5, a=2$

03 $y=ax$에 $x=3, y=-12$를 대입하면
$-12=a\times3, a=-4$

04 $y=ax$에 $x=-3, y=-5$를 대입하면
$-5=a\times(-3), a=\dfrac{5}{3}$

05 $y=ax$에 $x=\dfrac{1}{3}, y=3$을 대입하면
$3=a\times\dfrac{1}{3}, a=9$

06 일차함수 $y=ax$의 그래프가 점 $(4, 12)$를 지나므로
$y=ax$에 $x=4, y=12$를 대입하면
$12=a\times4, a=3$

07 일차함수 $y=ax$의 그래프가 점 $(5, -3)$을 지나므로
$y=ax$에 $x=5, y=-3$을 대입하면
$-3=a\times5, a=-\dfrac{3}{5}$

**08** 일차함수 $y=ax$의 그래프가 점 $\left(3, \dfrac{1}{2}\right)$을 지나므로

$y=ax$에 $x=3$, $y=\dfrac{1}{2}$을 대입하면

$\dfrac{1}{2}=a\times 3$, $a=\dfrac{1}{6}$

💡**시험에는 이렇게 나온다**       **48쪽**

**01** ③      **02** ⑤      **03** ⑤      **04** ③

**01** ③ $y=-4x$에서 $-4<0$이므로 오른쪽 아래로 향하는 직선이다.

**02** $\left|\dfrac{9}{2}\right|>|-3|>|2|>\left|-\dfrac{3}{2}\right|>|-1|$이므로 일차함수의 그래프 중 $y$축에 가장 가까운 것은 ⑤이다.

**03** $y=-\dfrac{2}{5}x$에

① $x=-10$, $y=-4$를 대입하면 $-4\neq -\dfrac{2}{5}\times(-10)$

② $x=-2$, $y=5$를 대입하면 $5\neq -\dfrac{2}{5}\times(-2)$

③ $x=1$, $y=-\dfrac{5}{2}$를 대입하면 $-\dfrac{5}{2}\neq -\dfrac{2}{5}\times 1$

④ $x=5$, $y=2$를 대입하면 $2\neq -\dfrac{2}{5}\times 5$

⑤ $x=15$, $y=-6$을 대입하면 $-6=-\dfrac{2}{5}\times 15$

따라서 일차함수 $y=-\dfrac{2}{5}x$의 그래프 위의 점인 것은

⑤ $(15, -6)$이다.

**04** 일차함수 $y=ax$의 그래프가 점 $(-8, 6)$을 지나므로
$y=ax$에 $x=-8$, $y=6$을 대입하면

$6=a\times(-8)$, $a=-\dfrac{3}{4}$

**08** | $y=ax$의 그래프를 평행이동하면 $y=ax+b$의 그래프야

**A**       **50쪽**

**01** 표는 풀이 참조, 2      **02** 그래프는 풀이 참조, 2
**03** 표는 풀이 참조, 1      **04** 그래프는 풀이 참조, $-1$

**01**

| $x$ | $-2$ | $-1$ | $0$ | $1$ | $2$ |
|---|---|---|---|---|---|
| $y=x$ | $-2$ | $-1$ | $0$ | $1$ | $2$ |
| $y=x+2$ | $0$ | $1$ | $2$ | $3$ | $4$ |

→ $x$의 각 값에 대하여 일차함수 $y=x+2$의 함숫값은 일차함수 $y=x$의 함숫값보다 항상 $\boxed{2}$만큼 크다.

**02**

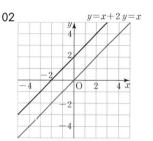

→ 일차함수 $y=x+2$의 그래프는 일차함수 $y=x$의 그래프를 $y$축의 방향으로 $\boxed{2}$만큼 평행이동한 것이다.

**03**

| $x$ | $-2$ | $-1$ | $0$ | $1$ | $2$ |
|---|---|---|---|---|---|
| $y=2x$ | $-4$ | $-2$ | $0$ | $2$ | $4$ |
| $y=2x-1$ | $-5$ | $-3$ | $-1$ | $1$ | $3$ |

→ $x$의 각 값에 대하여 일차함수 $y=2x-1$의 함숫값은 일차함수 $y=2x$의 함숫값보다 항상 $\boxed{1}$만큼 작다.

**04**

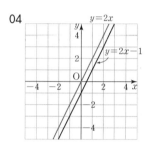

→ 일차함수 $y=2x-1$의 그래프는 일차함수 $y=2x$의 그래프를 $y$축의 방향으로 $\boxed{-1}$만큼 평행이동한 것이다.

**B**       **51쪽**

**01** 1      **02** 3      **03** $-4$
**04**

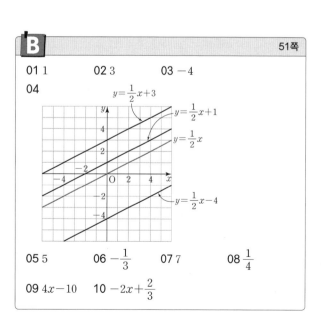

**05** 5      **06** $-\dfrac{1}{3}$      **07** 7      **08** $\dfrac{1}{4}$

**09** $4x-10$      **10** $-2x+\dfrac{2}{3}$

| 01 ○ | 02 × | 03 × | 04 ○ |
|------|------|------|------|
| 05 −1 | 06 4 | 07 −4 | 08 8 |
| 09 −5 | | | |

**01** $y=2x-3$에 $x=2$, $y=1$을 대입하면 $1=2\times2-3$이므로 점 $(2,\ 1)$은 일차함수 $y=2x-3$의 그래프 위의 점이다.

**02** $y=2x-3$에 $x=\dfrac{1}{2}$, $y=-1$을 대입하면

$-1\neq2\times\dfrac{1}{2}-3$이므로 점 $\left(\dfrac{1}{2},\ -1\right)$은 일차함수 $y=2x-3$의 그래프 위의 점이 아니다.

**03** $y=-3x+4$에 $x=-3$, $y=-5$를 대입하면 $-5\neq-3\times(-3)+4$이므로 점 $(-3,\ -5)$는 일자함수 $y=-3x+4$의 그래프 위의 점이 아니다.

**04** $y=-3x+4$에 $x=\dfrac{2}{3}$, $y=2$를 대입하면 $2=-3\times\dfrac{2}{3}+4$이므로 점 $\left(\dfrac{2}{3},\ 2\right)$는 일차함수 $y=-3x+4$의 그래프 위의 점이다.

**05** $y=4x+1$에 $x=a$, $y=-3$을 대입하면 $-3=4\times a+1$, $4a=-4$, $a=-1$

**06** $y=3x-4$에 $x=a$, $y=2a$를 대입하면 $2a=3a-4$, $a=4$

**07** $y=2x+a$에 $x=1$, $y=-2$를 대입하면 $-2=2\times1+a$, $a=-4$

**08** $y=-\dfrac{1}{2}x+a$에 $x=6$, $y=5$를 대입하면 $5=-\dfrac{1}{2}\times6+a$, $5=-3+a$, $a=8$

**09** $y=ax-3$에 $x=-2$, $y=7$을 대입하면 $7=-2a-3$, $2a=-10$, $a=-5$

| 01 ④, ⑤ | 02 ③ | 03 ① | 04 −2 |
|----------|------|------|-------|

**01** ④ 일차함수 $y=\dfrac{5}{3}x$의 그래프를 $y$축의 방향으로 $-3$만큼 평행이동하면 일차함수 $y=\dfrac{5}{3}x-3$의 그래프와 겹쳐진다.

⑤ 일차함수 $y=\dfrac{5}{3}x$의 그래프를 $y$축의 방향으로 $\dfrac{1}{2}$만큼 평행이동하면 일차함수 $y=\dfrac{5}{3}x+\dfrac{1}{2}$의 그래프와 겹쳐진다.

**02** $y=-4x+2$에
① $x=-3$, $y=14$를 대입하면 $14=-4\times(-3)+2$
② $x=-2$, $y=10$을 대입하면 $10=-4\times(-2)+2$
③ $x=\dfrac{1}{2}$, $y=2$를 대입하면 $2\neq-4\times\dfrac{1}{2}+2$
④ $x=\dfrac{3}{4}$, $y=-1$을 대입하면 $-1=-4\times\dfrac{3}{4}+2$
⑤ $x=1$, $y=-2$를 대입하면 $-2=-4\times1+2$
따라서 일차함수 $y=-4x+2$의 그래프 위의 점이 아닌 것은 ③ $\left(\dfrac{1}{2},\ 2\right)$이다.

**03** $y=-2x+4$에 $x=a$, $y=a+1$을 대입하면 $a+1=-2a+4$, $3a=3$, $a=1$

**04** 일차함수 $y=ax+6$의 그래프가 점 $(-1,\ 4)$를 지나므로 $y=ax+6$에 $x=-1$, $y=4$를 대입하면 $4=-a+6$, $a=2$
따라서 일차함수 $y=2x+6$의 그래프가 점 $(b,\ -2)$를 지나므로 $y=2x+6$에 $x=b$, $y=-2$를 대입하면 $-2=2b+6$, $2b=-8$, $b=-4$
따라서 $a+b=2+(-4)=-2$

## 09 일차함수 $y=ax+b$의 그래프도 평행이동해 보자

| 01 표는 풀이 참조, 3 | 02 그래프는 풀이 참조, 3 |
|---------------------|------------------------|
| 03 1 | 04 −3 | 05 2 | 06 3 |
| 07 $4x+1$ | | 08 $-\dfrac{2}{3}x-4$ |

**01**

| $x$ | −2 | −1 | 0 | 1 | 2 |
|-----|-----|-----|-----|-----|-----|
| $y=x-1$ | −3 | −2 | −1 | 0 | 1 |
| $y=x+2$ | 0 | 1 | 2 | 3 | 4 |

→ $x$의 각 값에 대하여 일차함수 $y=x+2$의 함숫값은 일차함수 $y=x-1$의 함숫값보다 항상 $\boxed{3}$만큼 크다.

**02**

→ 일차함수 $y=x+2$의 그래프는 일차함수 $y=x-1$의 그래프를 $y$축의 방향으로 $\boxed{3}$만큼 평행이동한 것이다.

**05** 일차함수 $y=3x-2$의 그래프를 $y$축의 방향으로 4만큼 평행이동한 그래프의 식은

$y=3x-2+4$, 즉 $y=3x+\boxed{2}$

**06** 일차함수 $y=\dfrac{1}{2}x+3$의 그래프를 $y$축의 방향으로 $-6$만큼 평행이동한 그래프의 식은

$y=\dfrac{1}{2}x+3-6$, 즉 $y=\dfrac{1}{2}x-\boxed{3}$

**07** 일차함수 $y=4x+5$의 그래프를 $y$축의 방향으로 $-4$만큼 평행이동한 그래프의 식은

$y=4x+5-4$, 즉 $y=\boxed{4x+1}$

**08** 일차함수 $y=-\dfrac{2}{3}x-7$의 그래프를 $y$축의 방향으로 3만큼 평행이동한 그래프의 식은

$y=-\dfrac{2}{3}x-7+3$, 즉 $y=\boxed{-\dfrac{2}{3}x-4}$

---

**B** 56쪽

| | | |
|---|---|---|
| 01 2 | 02 $-3$ | 03 6 |
| 04 2 | 05 $a=1, b=2$ | 06 $a=3, b=6$ |
| 07 $a=-5, b=1$ | 08 $a=-\dfrac{3}{2}, b=-9$ | |

**01** 일차함수 $y=x+k$의 그래프를 $y$축의 방향으로 1만큼 평행이동한 그래프의 식은

$y=x+k+\boxed{1}$

따라서 $k+\boxed{1}=3$이므로 $k=\boxed{2}$

**02** 일차함수 $y=-2x+k$의 그래프를 $y$축의 방향으로 7만큼 평행이동한 그래프의 식은

$y=-2x+k+7$

따라서 $k+7=4$이므로 $k=-3$

**03** 일차함수 $y=3x+k$의 그래프를 $y$축의 방향으로 $-9$만큼 평행이동한 그래프의 식은

$y=3x+k-9$

따라서 $k-9=-3$이므로 $k=6$

**04** 일차함수 $y=-\dfrac{4}{3}x+k$의 그래프를 $y$축의 방향으로 $-4$만큼 평행이동한 그래프의 식은

$y=-\dfrac{4}{3}x+k-4$

따라서 $k-4=-2$이므로 $k=2$

**05** 일차함수 $y=ax+1$의 그래프를 $y$축의 방향으로 1만큼 평행이동한 그래프의 식은

$y=ax+1+\boxed{1}$, 즉 $y=ax+\boxed{2}$

따라서 $a=\boxed{1}$, $b=\boxed{2}$

**06** 일차함수 $y=ax-2$의 그래프를 $y$축의 방향으로 8만큼 평행이동한 그래프의 식은

$y=ax-2+8$, 즉 $y=ax+6$

따라서 $a=3$, $b=6$

**07** 일차함수 $y=ax+3$의 그래프를 $y$축의 방향으로 $-2$만큼 평행이동한 그래프의 식은

$y=ax+3-2$, 즉 $y=ax+1$

따라서 $a=-5$, $b=1$

**08** 일차함수 $y=ax-4$의 그래프를 $y$축의 방향으로 $-5$만큼 평행이동한 그래프의 식은

$y=ax-4-5$, 즉 $y=ax-9$

따라서 $a=-\dfrac{3}{2}$, $b=-9$

---

**C** 57쪽

| | | | |
|---|---|---|---|
| 01 ○ | 02 × | 03 ○ | 04 × |
| 05 6 | 06 $-3$ | 07 9 | 08 $-8$ |
| 09 3 | | | |

**01** 일차함수 $y=3x-1$의 그래프를 $y$축의 방향으로 2만큼 평행이동한 그래프의 식은

$y=3x-1+2$, 즉 $y=3x+1$

$y=3x+1$에 $x=2$, $y=7$을 대입하면 $7=3\times2+1$이므로 점 $(2, 7)$은 일차함수 $y=3x+1$의 그래프 위의 점이다.

**02** 평행이동한 그래프의 식 $y=3x+1$에 $x=-1$, $y=-4$를 대입하면 $-4\neq3\times(-1)+1$이므로 점 $(-1, -4)$는 일차함수 $y=3x+1$의 그래프 위의 점이 아니다.

**03** 일차함수 $y=-\dfrac{1}{2}x+2$의 그래프를 $y$축의 방향으로 $-5$만큼

평행이동한 그래프의 식은

$y=-\dfrac{1}{2}x+2-5$, 즉 $y=-\dfrac{1}{2}x-3$

$y=-\dfrac{1}{2}x-3$에 $x=4$, $y=-5$를 대입하면 $-5=-\dfrac{1}{2}\times4-3$

이므로 점 $(4,\ -5)$는 일차함수 $y=-\dfrac{1}{2}x-3$의 그래프 위의

점이다.

**04** 평행이동한 그래프의 식 $y=-\dfrac{1}{2}x-3$에 $x=-10$, $y=3$을

대입하면 $3\neq-\dfrac{1}{2}\times(-10)-3$이므로 점 $(-10,\ 3)$은 일차

함수 $y=-\dfrac{1}{2}x-3$의 그래프 위의 점이 아니다.

**05** 일차함수 $y=2x+5$의 그래프를 $y$축의 방향으로 $3$만큼 평행이

동한 그래프의 식은

$y=2x+5+3$, 즉 $y=2x+8$

일차함수 $y=2x+8$의 그래프가 점 $(-1,\ a)$를 지나므로

$y=2x+8$에 $x=-1$, $y=a$를 대입하면

$a=2\times(-1)+8=6$

**06** 일차함수 $y=-x+3$의 그래프를 $y$축의 방향으로 $-2$만큼 평

행이동한 그래프의 식은

$y=-x+3-2$, 즉 $y=-x+1$

일차함수 $y=-x+1$의 그래프가 점 $(a,\ 4)$를 지나므로

$y=-x+1$에 $x=a$, $y=4$를 대입하면

$4=-a+1$, $a=-3$

**07** 일차함수 $y=-4x+a$의 그래프를 $y$축의 방향으로 $2$만큼 평행

이동한 그래프의 식은 $y=-4x+a+2$

일차함수 $y=-4x+a+2$의 그래프가 점 $(2,\ 3)$을 지나므로

$y=-4x+a+2$에 $x=2$, $y=3$을 대입하면

$3=-4\times2+a+2$, $3=a-6$, $a=9$

**08** 일차함수 $y=ax+2$의 그래프를 $y$축의 방향으로 $3$만큼 평행이

동한 그래프의 식은

$y=ax+2+3$, 즉 $y=ax+5$

일차함수 $y=ax+5$의 그래프가 점 $(1,\ -3)$을 지나므로

$y=ax+5$에 $x=1$, $y=-3$을 대입하면

$-3=a+5$, $a=-8$

**09** 일차함수 $y=-2x-6$의 그래프를 $y$축의 방향으로 $a$만큼 평행

이동한 그래프의 식은 $y=-2x-6+a$

일차함수 $y=-2x-6+a$의 그래프가 점 $(-2,\ 1)$을 지나므

로 $y=-2x-6+a$에 $x=-2$, $y=1$을 대입하면

$1=-2\times(-2)-6+a$, $1=-2+a$, $a=3$

💡 시험에는 이렇게 나온다                58쪽

**01** ①       **02** ③       **03** ⑤       **04** ②

**01** 일차함수 $y=-2x+1$의 그래프를 $y$축의 방향으로 $-7$만큼 평

행이동한 그래프의 식은

$y=-2x+1-7$, 즉 $y=-2x-6$

따라서 $a=-2$, $b=-6$이므로 $a+b=-2+(-6)=-8$

**02** 일차함수 $y=ax-3$의 그래프를 $y$축의 방향으로 $8$만큼 평행이

동한 그래프의 식은

$y=ax-3+8$, 즉 $y=ax+5$

따라서 $a=6$, $b=5$이므로 $a-b=6-5=1$

**03** 일차함수 $y=-3x-1$의 그래프를 $y$축의 방향으로 $5$만큼 평행

이동한 그래프의 식은

$y=-3x-1+5$, 즉 $y=-3x+4$

$y=-3x+4$에

① $x=-2$, $y=10$을 대입하면 $10=-3\times(-2)+4$

② $x=-1$, $y=7$을 대입하면 $7=-3\times(-1)+4$

③ $x=0$, $y=4$를 대입하면 $4=-3\times0+4$

④ $x=\dfrac{1}{3}$, $y=3$을 대입하면 $3=-3\times\dfrac{1}{3}+4$

⑤ $x=3$, $y=-4$를 대입하면 $-4\neq-3\times3+4$

따라서 일차함수 $y=-3x+4$의 그래프 위의 점이 아닌 것은

⑤ $(3,\ -4)$이다.

**04** 일차함수 $y=-5x+2$의 그래프를 $y$축의 방향으로 $k$만큼 평행

이동한 그래프의 식은

$y=-5x+2+k$

일차함수 $y=-5x+2+k$의 그래프가 점 $(-2,\ 6)$을 지나므

로 $y=-5x+2+k$에 $x=-2$, $y=6$을 대입하면

$6=-5\times(-2)+2+k$, $6=12+k$, $k=-6$

## 10 $x$절편은 $x$축 위의 수, $y$절편은 $y$축 위의 수!

**A**                                          60쪽

**01** $\mathrm{A}(2,\ 0)$, $\mathrm{B}(0,\ 1)$, $x$절편: $2$, $y$절편: $1$

**02** $\mathrm{A}(3,\ 0)$, $\mathrm{B}(0,\ 2)$, $x$절편: $3$, $y$절편: $2$

**03** $\mathrm{A}(1,\ 0)$, $\mathrm{B}(0,\ -1)$, $x$절편: $1$, $y$절편: $-1$

**04** $\mathrm{A}(-10,\ 0)$, $\mathrm{B}(0,\ 4)$, $x$절편: $-10$, $y$절편: $4$

**05** $\mathrm{A}(-4,\ 0)$, $\mathrm{B}(0,\ -8)$, $x$절편: $-4$, $y$절편: $-8$

**06** $\mathrm{A}(9,\ 0)$, $\mathrm{B}(0,\ -5)$, $x$절편: $9$, $y$절편: $-5$

**07** $\mathrm{A}(-7,\ 0)$, $\mathrm{B}(0,\ -6)$, $x$절편: $-7$, $y$절편: $-6$

01 $x$절편: $-2$, $y$절편: 2, 그래프: ㄷ
02 $x$절편: 4, $y$절편: 4, 그래프: ㄱ
03 $x$절편: 1, $y$절편: $-2$, 그래프: ㅅ
04 $x$절편: $-2$, $y$절편: $-8$, 그래프: ㅂ
05 $x$절편: $\dfrac{2}{3}$, $y$절편: 2, 그래프: ㄴ
06 $x$절편: $-4$, $y$절편: $-1$, 그래프: ㅁ
07 $x$절편: 3, $y$절편: $-5$, 그래프: ㅇ
08 $x$절편: $-1$, $y$절편: $\dfrac{1}{2}$, 그래프: ㄹ

01 일차함수 $y=x+2$의 그래프의 $y$절편은 2이다.
$y=0$일 때, $0=x+2$, $x=-2$
즉, $x$절편은 $-2$이다.
따라서 보기에서 $x$절편이 $-2$, $y$절편이 2인 그래프를 찾으면 ㄷ이다.

02 일차함수 $y=-x+4$의 그래프의 $y$절편은 4이다.
$y=0$일 때, $0=-x+4$, $x=4$
즉, $x$절편은 4이다.
따라서 보기에서 $x$절편이 4, $y$절편이 4인 그래프를 찾으면 ㄱ이다.

03 일차함수 $y=2x-2$의 그래프의 $y$절편은 $-2$이다.
$y=0$일 때, $0=2x-2$, $2x=2$, $x=1$
즉, $x$절편은 1이다.
따라서 보기에서 $x$절편이 1, $y$절편이 $-2$인 그래프를 찾으면 ㅅ이다.

04 일차함수 $y=-4x-8$의 그래프의 $y$절편은 $-8$이다.
$y=0$일 때, $0=-4x-8$, $4x=-8$, $x=-2$
즉, $x$절편은 $-2$이다.
따라서 보기에서 $x$절편이 $-2$, $y$절편이 $-8$인 그래프를 찾으면 ㅂ이다.

05 일차함수 $y=-3x+2$의 그래프의 $y$절편은 2이다.
$y=0$일 때, $0=-3x+2$, $3x=2$, $x=\dfrac{2}{3}$
즉, $x$절편은 $\dfrac{2}{3}$이다.
따라서 보기에서 $x$절편이 $\dfrac{2}{3}$, $y$절편이 2인 그래프를 찾으면 ㄴ이다.

06 일차함수 $y=-\dfrac{1}{4}x-1$의 그래프의 $y$절편은 $-1$이다.
$y=0$일 때, $0=-\dfrac{1}{4}x-1$, $\dfrac{1}{4}x=-1$, $x=-4$
즉, $x$절편은 $-4$이다.
따라서 보기에서 $x$절편이 $-4$, $y$절편이 $-1$인 그래프를 찾으면 ㅁ이다.

07 일차함수 $y=\dfrac{5}{3}x-5$의 그래프의 $y$절편은 $-5$이다.
$y=0$일 때, $0=\dfrac{5}{3}x-5$, $\dfrac{5}{3}x=5$, $x=3$
즉, $x$절편은 3이다.
따라서 보기에서 $x$절편이 3, $y$절편이 $-5$인 그래프를 찾으면 ㅇ이다.

08 일차함수 $y=\dfrac{1}{2}x+\dfrac{1}{2}$의 그래프의 $y$절편은 $\dfrac{1}{2}$이다.
$y=0$일 때, $0=\dfrac{1}{2}x+\dfrac{1}{2}$, $\dfrac{1}{2}x=-\dfrac{1}{2}$, $x=-1$
즉, $x$절편은 $-1$이다.
따라서 보기에서 $x$절편이 $-1$, $y$절편이 $\dfrac{1}{2}$인 그래프를 찾으면 ㄹ이다.

| 01 $-4$ | 02 $-1$ | 03 8 | 04 $-3$ |
|---|---|---|---|
| 05 $-4$ | 06 5 | 07 $-7$ | 08 1 |
| 09 1 | | | |

01 일차함수 $y=2x+a$의 그래프가 점 $(2,\ 0)$을 지나므로
$0=2\times2+a$, $0=4+a$, $a=-4$

02 일차함수 $y=ax-1$의 그래프가 점 $(-1,\ 0)$을 지나므로
$0=-a-1$, $a=-1$

03 일차함수 $y=4x+a$의 그래프가 점 $(-2,\ 0)$을 지나므로
$0=4\times(-2)+a$, $0=-8+a$, $a=8$
따라서 $y=4x+8$이므로 이 일차함수의 그래프의 $y$절편은 8이다.

04 일차함수 $y=\dfrac{1}{2}x-a$의 그래프가 점 $(6,\ 0)$을 지나므로
$0=\dfrac{1}{2}\times6-a$, $0=3-a$, $a=3$
따라서 $y=\dfrac{1}{2}x-3$이므로 이 일차함수의 그래프의 $y$절편은 $-3$이다.

05 일차함수 $y=x+a$의 그래프의 $y$절편이 4이므로 $a=4$
따라서 $y=x+4$이므로
$y=0$일 때, $0=x+4$, $x=-4$
즉, $x$절편은 $-4$이다.

**06** 일차함수 $y=-2x+a$의 그래프의 $y$절편이 10이므로 $a=10$
따라서 $y=-2x+10$이므로
$y=0$일 때, $0=-2x+10$, $2x=10$, $x=5$
즉, $x$절편은 5이다.

**07** 일차함수 $y=-x+1$의 그래프를 $y$축의 방향으로 $a$만큼 평행이동한 그래프의 식은
$y=-x+1+a$
이 그래프의 $y$절편이 $-6$이므로
$1+a=-6$, $a=-7$

**08** 일차함수 $y=2x+a$의 그래프를 $y$축의 방향으로 $-3$만큼 평행이동한 그래프의 식은
$y=2x+a-3$
이 그래프의 $x$절편이 1이므로 그래프가 점 $(1, 0)$을 지난다. 즉,
$0=2\times1+a-3$, $0=a-1$, $a=1$

**09** 일차함수 $y=ax-3$의 그래프를 $y$축의 방향으로 5만큼 평행이동한 그래프의 식은
$y=ax-3+5$, 즉 $y=ax+2$
이 그래프의 $x$절편이 $-2$이므로 그래프가 점 $(-2, 0)$을 지난다. 즉,
$0=-2a+2$, $2a=2$, $a=1$

---

💡 **시험에는 이렇게 나온다**      63쪽

01 ③     02 ⑤     03 ④     04 ①
05 4

**01** 일차함수 $y=\dfrac{2}{3}x-4$의 그래프의 $y$절편은 $-4$이다.
$y=0$일 때, $0=\dfrac{2}{3}x-4$, $\dfrac{2}{3}x=4$, $x=6$
즉, $x$절편은 6이다.
따라서 $a=6$, $b=-4$이므로 $a+b=6+(-4)=2$

**02** 일차함수 $y=-2x+8$의 그래프와 $x$축 위에서 만나려면 $x$절편이 같아야 한다.
$y=-2x+8$에서 $y=0$일 때, $0=-2x+8$, $2x=8$, $x=4$
즉, 일차함수 $y=-2x+8$의 그래프의 $x$절편은 4이다.
각 일차함수의 $x$절편을 구하면 다음과 같다.
① $y=-4x-12$에서 $y=0$일 때, $0=-4x-12$
$4x=-12$, $x=-3$
즉, $x$절편은 $-3$이다.
② $y=-x-4$에서 $y=0$일 때, $0=-x-4$, $x=-4$
즉, $x$절편은 $-4$이다.
③ $y=x+8$에서 $y=0$일 때, $0=x+8$, $x=-8$
즉, $x$절편은 $-8$이다.

④ $y=2x+8$에서 $y=0$일 때, $0=2x+8$
$2x=-8$, $x=-4$
즉, $x$절편은 $-4$이다.
⑤ $y=\dfrac{1}{2}x-2$에서 $y=0$일 때, $0=\dfrac{1}{2}x-2$
$\dfrac{1}{2}x=2$, $x=4$
즉, $x$절편은 4이다.
따라서 ⑤ 일차함수 $y=\dfrac{1}{2}x-2$의 그래프가 일차함수 $y=-2x+8$의 그래프와 $x$축 위에서 만난다.

**03** 일차함수 $y=ax-3$의 그래프가 점 $\left(\dfrac{1}{2}, 0\right)$을 지나므로
$0=\dfrac{1}{2}a-3$, $\dfrac{1}{2}a=3$, $a=6$

**04** 일차함수 $y=3x+a$의 그래프를 $y$축의 방향으로 $-5$만큼 평행이동한 그래프의 식은
$y=3x+a-5$
이 그래프의 $y$절편이 4이므로 $a-5=4$, $a=9$

**05** 일차함수 $y=-4x+a$의 그래프가 점 $(-2, 0)$을 지나므로
$0=-4\times(-2)+a$, $0=8+a$, $a=-8$
따라서 $y=-4x-8$이고 이 그래프가 점 $(1, k)$를 지나므로
$k=-4\times1-8=-4-8=-12$
따라서 $a-k=-8-(-12)=-8+12=4$

---

**11** 기울기는 직선이 기울어진 정도를 나타낸 수야

**A**      65쪽

| 01 풀이 참조 | | 02 풀이 참조 | |
| 03 1 | 04 2 | 05 $-3$ | 06 $-5$ |
| 07 $-\dfrac{1}{2}$ | 08 $\dfrac{4}{3}$ | | |

**01**

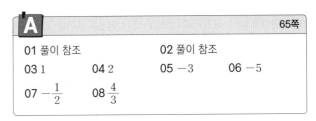

| $x$ | $\cdots$ | $-2$ | $-1$ | 0 | 1 | 2 | $\cdots$ |
|---|---|---|---|---|---|---|---|
| $y$ | $\cdots$ | 4 | 3 | 2 | 1 | 0 | $\cdots$ |

→ $x$의 값이 $-2$에서 $-1$까지 1만큼 증가할 때,
$y$의 값은 4에서 3까지 $-1$만큼 증가하므로
$(기울기)=\dfrac{-1}{1}=-1$

→ $x$의 값이 0에서 2까지 2만큼 증가할 때,

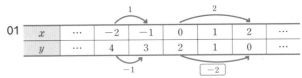

$y$의 값은 2에서 0까지 $\boxed{-2}$만큼 증가하므로
$(기울기)=\dfrac{\boxed{-2}}{2}=\boxed{-1}$

**02**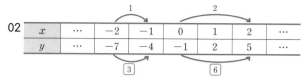

| $x$ | $\cdots$ | $-2$ | $-1$ | $0$ | $1$ | $2$ | $\cdots$ |
|---|---|---|---|---|---|---|---|
| $y$ | $\cdots$ | $-7$ | $-4$ | $-1$ | $2$ | $5$ | $\cdots$ |

→ $x$의 값이 $-2$에서 $-1$까지 1만큼 증가할 때,
  $y$의 값은 $-7$에서 $-4$까지 $\boxed{3}$만큼 증가하므로
  (기울기)$=\dfrac{\boxed{3}}{1}=\boxed{3}$

→ $x$의 값이 0에서 2까지 2만큼 증가할 때,
  $y$의 값은 $-1$에서 5까지 $\boxed{6}$만큼 증가하므로
  (기울기)$=\dfrac{\boxed{6}}{2}=\boxed{3}$

### B
66쪽

| 01 $\dfrac{3}{4}$ | 02 $-\dfrac{1}{2}$ | 03 $\dfrac{2}{3}$ | 04 $-3$ |
|---|---|---|---|
| 05 $5$ | 06 $4$ | 07 $-1$ | 08 $\dfrac{3}{2}$ |
| 09 $-\dfrac{1}{2}$ | 10 $-3$ | | |

**01** (기울기)$=\dfrac{(y의\ 값의\ 증가량)}{(x의\ 값의\ 증가량)}=\dfrac{3}{4}$

**02** (기울기)$=\dfrac{(y의\ 값의\ 증가량)}{(x의\ 값의\ 증가량)}=\dfrac{-1}{2}=-\dfrac{1}{2}$

**03** (기울기)$=\dfrac{(y의\ 값의\ 증가량)}{(x의\ 값의\ 증가량)}=\dfrac{2}{3}$

**04** (기울기)$=\dfrac{(y의\ 값의\ 증가량)}{(x의\ 값의\ 증가량)}=\dfrac{-6}{2}=-3$

**05** 두 점 $(0,\,2)$, $(1,\,7)$을 지나는 일차함수의 그래프의 기울기는
  $\dfrac{7-2}{1-0}=5$

**06** 두 점 $(-1,\,0)$, $(0,\,4)$를 지나는 일차함수의 그래프의
  기울기는 $\dfrac{4-0}{0-(-1)}=\dfrac{4}{1}=4$

**07** 두 점 $(4,\,0)$, $(6,\,-2)$를 지나는 일차함수의 그래프의
  기울기는 $\dfrac{-2-0}{6-4}=\dfrac{-2}{2}=-1$

**08** 두 점 $(-1,\,-2)$, $(3,\,4)$를 지나는 일차함수의 그래프의
  기울기는 $\dfrac{4-(-2)}{3-(-1)}=\dfrac{6}{4}=\dfrac{3}{2}$

**09** 두 점 $(-1,\,2)$, $(5,\,-1)$을 지나는 일차함수의 그래프의
  기울기는 $\dfrac{-1-2}{5-(-1)}=\dfrac{-3}{6}=-\dfrac{1}{2}$

**10** 두 점 $(-4,\,-3)$, $(-3,\,-6)$을 지나는 일차함수의 그래프의
  기울기는 $\dfrac{-6-(-3)}{-3-(-4)}=\dfrac{-3}{1}=-3$

### C
67쪽

| 01 $2$ | 02 $-9$ | 03 $6$ | 04 $-6$ |
|---|---|---|---|
| 05 $8$ | 06 $\dfrac{1}{2}$ | 07 $-4$ | 08 $-\dfrac{3}{4}$ |
| 09 $-2$ | 10 $3$ | | |

**01** 기울기는 $\boxed{1}=\dfrac{(y의\ 값의\ 증가량)}{2}$이므로
  $(y의\ 값의\ 증가량)=\boxed{2}$

**02** 기울기는 $-3=\dfrac{(y의\ 값의\ 증가량)}{3}$이므로
  $(y의\ 값의\ 증가량)=-9$

**03** 기울기는 $\dfrac{3}{2}=\dfrac{(y의\ 값의\ 증가량)}{4}$이므로
  $(y의\ 값의\ 증가량)=6$

**04** 기울기는 $-2=\dfrac{(y의\ 값의\ 증가량)}{1-(-2)}$이므로
  $-2=\dfrac{(y의\ 값의\ 증가량)}{3}$
  따라서 $(y의\ 값의\ 증가량)=-6$

**05** 기울기는 $\dfrac{1}{2}=\dfrac{k-6}{4}$이므로
  $k-6=2$
  따라서 $k=8$

**06** 기울기는 $a=\dfrac{\boxed{3}}{6}=\boxed{\dfrac{1}{2}}$

**07** 기울기는 $a=\dfrac{-8}{2}=-4$

**08** 기울기는 $a=\dfrac{-3}{5-1}=-\dfrac{3}{4}$

**09** 기울기는 $a=\dfrac{-4-2}{3}=\dfrac{-6}{3}=-2$

**10** 기울기는 $a = \dfrac{8-5}{0-(-1)} = \dfrac{3}{1} = 3$

**D** 68쪽

| 01 5 | 02 3 | 03 −2 | 04 4 |
|---|---|---|---|
| 05 0 | 06 3 | 07 11 | 08 −10 |
| 09 4 | 10 −8 | | |

**01** $\dfrac{k-3}{1-0} = 2$이므로 $k-3 = 2$, $k = 5$

**02** $\dfrac{k-0}{0-(-2)} = \dfrac{3}{2}$이므로 $\dfrac{k}{2} = \dfrac{3}{2}$, $k = 3$

**03** $\dfrac{k-1}{5-2} = -1$이므로 $\dfrac{k-1}{3} = -1$, $k-1 = -3$, $k = -2$

**04** $\dfrac{0-k}{4-3} = -4$이므로 $-k = -4$, $k = 4$

**05** $\dfrac{5-k}{0-(-1)} = 5$이므로 $5-k = 5$, $k = 0$

**06** $\dfrac{2-k}{-3-(-6)} = -\dfrac{1}{3}$이므로 $\dfrac{2-k}{3} = -\dfrac{1}{3}$
$2-k = -1$, $-k = -3$, $k = 3$

**07** $\dfrac{5-(-1)}{3-1} = \dfrac{k-5}{5-3}$이므로 $\dfrac{6}{2} = \dfrac{k-5}{2}$
$6 = k-5$, $k = 11$

**08** $\dfrac{-4-(-1)}{1-0} = \dfrac{k-(-4)}{3-1}$이므로 $-3 = \dfrac{k+4}{2}$
$-6 = k+4$, $k = -10$

**09** $\dfrac{7-3}{6-(-2)} = \dfrac{7-k}{6-0}$이므로 $\dfrac{4}{8} = \dfrac{7-k}{6}$
$3 = 7-k$, $k = 4$

**10** $\dfrac{-11-(-2)}{5-(-4)} = \dfrac{-11-k}{5-2}$이므로 $\dfrac{-9}{9} = \dfrac{-11-k}{3}$
$-3 = -11-k$, $k = -8$

💡 **시험에는 이렇게 나온다** 69쪽

| 01 ② | 02 ④ | 03 $\dfrac{3}{2}$ | 04 ① |
|---|---|---|---|
| 05 ⑤ | | | |

**01** (기울기) $= \dfrac{(y\text{의 값의 증가량})}{(x\text{의 값의 증가량})} = \dfrac{-6}{2} = -3$
따라서 그래프의 기울기가 $-3$인 일차함수는 ②이다.

**02** 두 점 $(-2, 1)$, $(1, 13)$을 지나는 일차함수의 그래프의 기울기는 $\dfrac{13-1}{1-(-2)} = \dfrac{12}{3} = 4$

**03** 기울기는 $a = \dfrac{6}{3-(-1)} = \dfrac{6}{4} = \dfrac{3}{2}$

**04** $\dfrac{k-7}{-3-(-5)} = -2$이므로 $\dfrac{k-7}{2} = -2$
$k-7 = -4$, $k = 3$

**05** 세 점 $A(0, k)$, $B(4, 0)$, $C(10, 3)$에 대하여
(직선 AB의 기울기) = (직선 BC의 기울기)이므로
$\dfrac{0-k}{4-0} = \dfrac{3-0}{10-4}$, $\dfrac{-k}{4} = \dfrac{3}{6}$
$-k = 2$, $k = -2$

**12** 두 점만 알면 일차함수의 그래프를 그릴 수 있어

**A** 71쪽

**01** $x$절편: $-3$, $y$절편: $3$, 그래프는 풀이 참조
**02** $x$절편: $2$, $y$절편: $-4$, 그래프는 풀이 참조
**03** $x$절편: $-2$, $y$절편: $-6$, 그래프는 풀이 참조
**04** $x$절편: $2$, $y$절편: $-1$, 그래프는 풀이 참조
**05** $x$절편: $3$, $y$절편: $2$, 그래프는 풀이 참조

**01** 일차함수 $y = x+3$의 그래프의 $y$절편은 $\boxed{3}$이므로 $y$축 위에 점 $(0, \boxed{3})$을 찍는다.
$y = 0$일 때, $0 = x+3$, $x = -3$
즉, $x$절편은 $\boxed{-3}$이므로 $x$축 위에 점 $(\boxed{-3}, 0)$을 찍는다.
따라서 찍은 두 점을 지나는 직선을 그으면 일차함수 $y = x+3$의 그래프는 오른쪽 그림과 같다.

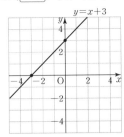

**02** 일차함수 $y = 2x-4$의 그래프의 $y$절편은 $\boxed{-4}$이므로 $y$축 위에 점 $(0, \boxed{-4})$를 찍는다.
$y = 0$일 때, $0 = 2x-4$, $2x = 4$, $x = 2$

즉, $x$절편은 $\boxed{2}$이므로 $x$축 위에 점 $(\boxed{2},\ 0)$을 찍는다.

따라서 찍은 두 점을 지나는 직선을 그으면 일차함수 $y=2x-4$의 그래프는 오른쪽 그림과 같다.

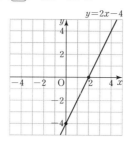

03 일차함수 $y=-3x-6$의 그래프의 $y$절편은 $\boxed{-6}$이므로 $y$축 위에 점 $(0,\ -6)$을 찍는다.

$y=0$일 때, $0=-3x-6$, $3x=-6$, $x=-2$

즉, $x$절편은 $\boxed{-2}$이므로 $x$축 위에 점 $(-2,\ 0)$을 찍는다.

따라서 찍은 두 점을 지나는 직선을 그으면 일차함수 $y=-3x-6$의 그래프는 오른쪽 그림과 같다.

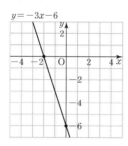

04 일차함수 $y=\dfrac{1}{2}x-1$의 그래프의 $y$절편은 $\boxed{-1}$이므로 $y$축 위에 점 $(0,\ -1)$을 찍는다.

$y=0$일 때, $0=\dfrac{1}{2}x-1$, $\dfrac{1}{2}x=1$, $x=2$

즉, $x$절편은 $\boxed{2}$이므로 $x$축 위에 점 $(2,\ 0)$을 찍는다.

따라서 찍은 두 점을 지나는 직선을 그으면 일차함수 $y=\dfrac{1}{2}x-1$의 그래프는 오른쪽 그림과 같다.

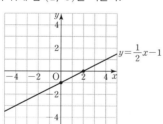

05 일차함수 $y=-\dfrac{2}{3}x+2$의 그래프의 $y$절편은 $\boxed{2}$이므로 $y$축 위에 점 $(0,\ 2)$를 찍는다.

$y=0$일 때, $0=-\dfrac{2}{3}x+2$, $\dfrac{2}{3}x=2$, $x=3$

즉, $x$절편은 $\boxed{3}$이므로 $x$축 위에 점 $(3,\ 0)$을 찍는다.

따라서 찍은 두 점을 지나는 직선을 그으면 일차함수 $y=-\dfrac{2}{3}x+2$의 그래프는 오른쪽 그림과 같다.

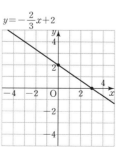

72쪽

**B**

01 기울기: 4, $y$절편: $-2$, 그래프는 풀이 참조
02 기울기: $-3$, $y$절편: 1, 그래프는 풀이 참조
03 기울기: 3, $y$절편: 2, 그래프는 풀이 참조
04 기울기: $-2$, $y$절편: 5, 그래프는 풀이 참조
05 기울기: $-6$, $y$절편. $-1$, 그래프는 풀이 참조

01 일차함수 $y=4x-2$의 그래프의 $y$절편은 $\boxed{-2}$이므로 $y$축 위에 점 $(0,\ \boxed{-2})$를 찍는다.

기울기는 $\boxed{4}$이므로

다른 한 점 $(1,\ \boxed{2})$를 찍는다.

4만큼 증가
$(0,\ \boxed{-2})\quad(1,\ \boxed{2})$
1만큼 증가

따라서 찍은 두 점을 지나는 직선을 그으면 일차함수 $y=4x-2$의 그래프는 오른쪽과 그림과 같다.

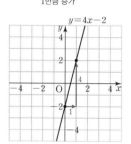

02 일차함수 $y=-3x+1$의 그래프의 $y$절편은 $\boxed{1}$이므로 $y$축 위에 점 $(0,\ \boxed{1})$를 찍는다.

기울기는 $\boxed{-3}$이므로

다른 한 점 $(1,\ \boxed{-2})$를 찍는다.

$-3$만큼 증가
$(0,\ \boxed{1})\quad(1,\ \boxed{-2})$
1만큼 증가

따라서 찍은 두 점을 지나는 직선을 그으면 일차함수 $y=-3x+1$의 그래프는 오른쪽 그림과 같다.

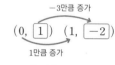

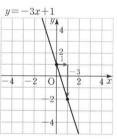

03 일차함수 $y=3x+2$의 그래프의 $y$절편은 $\boxed{2}$이므로 $y$축 위에 점 $(0,\ 2)$를 찍는다.

기울기는 $\boxed{3}$이므로

다른 한 점 $(1,\ 5)$를 찍는다.

3만큼 증가
$(0,\ 2)\quad(1,\ 5)$
1만큼 증가

따라서 찍은 두 점을 지나는 직선을 그으면 일차함수 $y=3x+2$의 그래프는 오른쪽 그림과 같다.

**04** 일차함수 $y=-2x+5$의 그래프의 $y$절편은 $\boxed{5}$이므로 $y$축 위에 점 $(0,5)$를 찍는다.

기울기는 $\boxed{-2}$이므로

다른 한 점 $(1,3)$을 찍는다.

$-2$만큼 증가
$(0,5)$  $(1,3)$
1만큼 증가

따라서 찍은 두 점을 지나는 직선을 그으면 일차함수 $y=-2x+5$의 그래프는 오른쪽 그림과 같다.

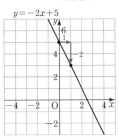

**05** 일차함수 $y=-6x-1$의 그래프의 $y$절편은 $\boxed{-1}$이므로 $y$축 위에 점 $(0,-1)$을 찍는다.

기울기는 $\boxed{-6}$이므로

다른 한 점 $(1,-7)$을 찍는다.

$-6$만큼 증가
$(0,-1)$  $(1,-7)$
1만큼 증가

따라서 찍은 두 점을 지나는 직선을 그으면 일차함수 $y=-6x-1$의 그래프는 오른쪽 그림과 같다.

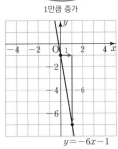

73쪽

**C**

**01** 기울기: $\dfrac{1}{3}$, $y$절편: 1, 그래프는 풀이 참조

**02** 기울기: $-\dfrac{1}{4}$, $y$절편: 2, 그래프는 풀이 참조

**03** 기울기: $\dfrac{1}{2}$, $y$절편: $-5$, 그래프는 풀이 참조

**04** 기울기: $\dfrac{3}{4}$, $y$절편: $-1$, 그래프는 풀이 참조

**05** 기울기: $-\dfrac{5}{2}$, $y$절편: 3, 그래프는 풀이 참조

**01** 일차함수 $y=\dfrac{1}{3}x+1$의 그래프의 $y$절편은 $\boxed{1}$이므로 $y$축 위에 점 $(0,\boxed{1})$을 찍는다.

기울기는 $\boxed{\dfrac{1}{3}}$이므로

다른 한 점 $(3,\boxed{2})$를 찍는다.

1만큼 증가
$(0,\boxed{1})$  $(3,\boxed{2})$
3만큼 증가

따라서 찍은 두 점을 지나는 직선을 그으면 일차함수 $y=\dfrac{1}{3}x+1$의 그래프는 오른쪽 그림과 같다.

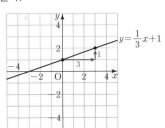

**02** 일차함수 $y=-\dfrac{1}{4}x+\boxed{2}$의 그래프의 $y$절편은 $\boxed{2}$이므로 $y$축 위에 점 $(0,\boxed{2})$를 찍는다.

기울기는 $\boxed{-\dfrac{1}{4}}$이므로

다른 한 점 $(4,\boxed{1})$을 찍는다.

$-1$만큼 증가
$(0,\boxed{2})$  $(4,\boxed{1})$
4만큼 증가

따라서 찍은 두 점을 지나는 직선을 그으면 일차함수 $y=-\dfrac{1}{4}x+2$의 그래프는 오른쪽 그림과 같다.

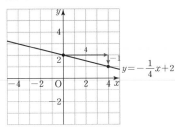

**03** 일차함수 $y=\dfrac{1}{2}x-5$의 그래프의 $y$절편은 $\boxed{-5}$이므로 $y$축 위에 점 $(0,-5)$를 찍는다.

기울기는 $\boxed{\dfrac{1}{2}}$이므로

다른 한 점 $(2,-4)$를 찍는다.

1만큼 증가
$(0,-5)$  $(2,-4)$
2만큼 증가

따라서 찍은 두 점을 지나는 직선을 그으면 일차함수 $y=\dfrac{1}{2}x-5$의 그래프는 오른쪽 그림과 같다.

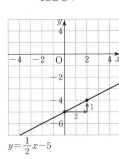

**04** 일차함수 $y=\dfrac{3}{4}x-1$의 그래프의 $y$절편은 $\boxed{-1}$이므로 $y$축 위에 점 $(0,-1)$을 찍는다.

기울기는 $\boxed{\dfrac{3}{4}}$이므로

다른 한 점 $(4,2)$를 찍는다.

3만큼 증가
$(0,-1)$  $(4,2)$
4만큼 증가

따라서 찍은 두 점을 지나는 직선을 그으면 일차함수 $y=\dfrac{3}{4}x-1$의 그래프는 오른쪽 그림과 같다.

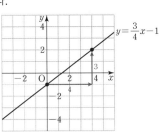

**05** 일차함수 $y=-\dfrac{5}{2}x+3$의 그래프의 $y$절편은 $\boxed{3}$이므로 $y$축 위에 점 $(0,3)$을 찍는다.

기울기는 $\boxed{-\dfrac{5}{2}}$이므로

다른 한 점 $(2,-2)$를 찍는다.

$-5$만큼 증가
$(0,3)$  $(2,-2)$
2만큼 증가

따라서 찍은 두 점을 지나는 직선을 그으면 일차함수 $y=-\dfrac{5}{2}x+3$의 그래프는 오른쪽 그림과 같다.

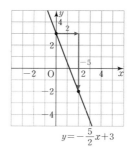

$y=-\dfrac{5}{2}x+3$

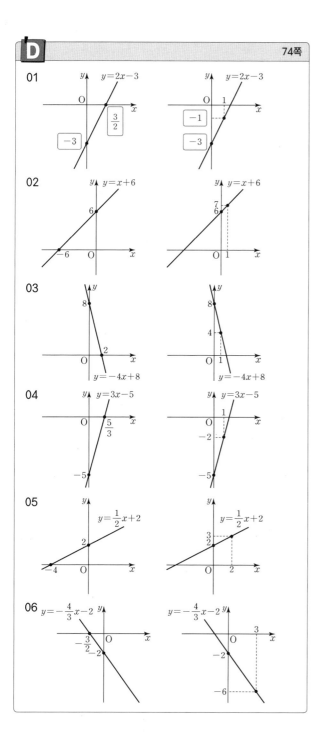

**01** 일차함수 $y=2x-3$의 그래프의 $y$절편은 $-3$이다.

$y=0$일 때, $0=2x-3$, $x=\dfrac{3}{2}$

즉, $x$절편은 $\dfrac{3}{2}$이다.

기울기가 2, 즉 정수이므로 기울기를 이용한 점은 $x$좌표가 1인 점으로 하면 편하다

$x=1$일 때, $y=2\times1-3=-1$

따라서 일차함수 $y=2x-3$의 그래프는 다음 두 점을 지나는 직선이다.

| $x$절편, $y$절편 이용 | 기울기, $y$절편 이용 |
|---|---|
| $(0,\ -3),\ \left(\dfrac{3}{2},\ 0\right)$ | $(0,\ -3),\ (1,\ -1)$ |

**02** 일차함수 $y=x+6$의 그래프의 $y$절편은 6이다.

$y=0$일 때, $0=x+6$, $x=-6$

즉, $x$절편은 $-6$이다.

기울기가 1, 즉 정수이므로 기울기를 이용한 점은 $x$좌표가 1인 점으로 하면 편하다.

$x=1$일 때, $y=1+6=7$

따라서 일차함수 $y=x+6$의 그래프는 다음 두 점을 지나는 직선이다.

| $x$절편, $y$절편 이용 | 기울기, $y$절편 이용 |
|---|---|
| $(0,\ 6),\ (-6,\ 0)$ | $(0,\ 6),\ (1,\ 7)$ |

**03** 일차함수 $y=-4x+8$의 그래프의 $y$절편은 8이다.

$y=0$일 때, $0=-4x+8$, $4x=8$, $x=2$

즉, $x$절편은 2이다.

기울기가 $-4$, 즉 정수이므로 기울기를 이용한 점은 $x$좌표가 1인 점으로 하면 편하다.

$x=1$일 때, $y=-4\times1+8=4$

따라서 일차함수 $y=-4x+8$의 그래프는 다음 두 점을 지나는 직선이다.

| $x$절편, $y$절편 이용 | 기울기, $y$절편 이용 |
|---|---|
| $(0,\ 8),\ (2,\ 0)$ | $(0,\ 8),\ (1,\ 4)$ |

**04** 일차함수 $y=3x-5$의 그래프의 $y$절편은 $-5$이다.

$y=0$일 때, $0=3x-5$, $3x=5$, $x=\dfrac{5}{3}$

즉, $x$절편은 $\dfrac{5}{3}$이다.

기울기가 3, 즉 정수이므로 기울기를 이용한 점은 $x$좌표가 1인 점으로 하면 편하다.

$x=1$일 때, $y=3\times1-5=-2$

따라서 일차함수 $y=3x-5$의 그래프는 다음 두 점을 지나는 직선이다.

| $x$절편, $y$절편 이용 | 기울기, $y$절편 이용 |
|---|---|
| $(0,\ -5),\ \left(\dfrac{5}{3},\ 0\right)$ | $(0,\ -5),\ (1,\ -2)$ |

05 일차함수 $y=\dfrac{1}{2}x+2$의 그래프의 $y$절편은 2이다.

$y=0$일 때, $0=\dfrac{1}{2}x+2$, $\dfrac{1}{2}x=-2$, $x=-4$

즉, $x$절편은 $-4$이다.

기울기가 $\dfrac{1}{2}$, 즉 분수이므로 기울기를 이용한 점은 $x$좌표가 2인 점으로 하면 편하다.

$x=2$일 때, $y=\dfrac{1}{2}\times2+2=3$

따라서 일차함수 $y=\dfrac{1}{2}x+2$의 그래프는 다음 두 점을 지나는 직선이다.

| $x$절편, $y$절편 이용 | 기울기, $y$절편 이용 |
|---|---|
| $(0,\ 2),\ (-4,\ 0)$ | $(0,\ 2),\ (2,\ 3)$ |

06 일차함수 $y=-\dfrac{4}{3}x-2$의 그래프의 $y$절편은 $-2$이다.

$y=0$일 때, $0=-\dfrac{4}{3}x-2$, $\dfrac{4}{3}x=-2$, $x=-\dfrac{3}{2}$

즉, $x$절편은 $-\dfrac{3}{2}$이다.

기울기가 $-\dfrac{4}{3}$, 즉 분수이므로 기울기를 이용한 점은 $x$좌표가 3인 점으로 하면 편하다.

$x=3$일 때, $y=-\dfrac{4}{3}\times3-2=-6$

따라서 일차함수 $y=-\dfrac{4}{3}x-2$의 그래프는 다음 두 점을 지나는 직선이다.

| $x$절편, $y$절편 이용 | 기울기, $y$절편 이용 |
|---|---|
| $(0,\ -2),\ \left(-\dfrac{3}{2},\ 0\right)$ | $(0,\ -2),\ (3,\ -6)$ |

### E

| 01 6 | 02 8 | 03 3 | 04 24 |
|---|---|---|---|
| 05 25 | 06 12 | | |

01 일차함수 $y=\dfrac{1}{3}x-2$의 그래프의 $y$절편은 $-2$이다.

$y=0$일 때, $0=\dfrac{1}{3}x-2$, $\dfrac{1}{3}x=2$, $x=6$

즉, $x$절편은 $\boxed{6}$ 이다.

그러므로 일차함수 $y=\dfrac{1}{3}x-2$의 그래프는 오른쪽 그림과 같다.

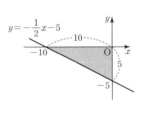

따라서 구하는 넓이는 색칠한 삼각형의 넓이이므로

$\dfrac{1}{2}\times\boxed{6}\times2=\boxed{6}$

02 일차함수 $y=-x+4$의 그래프의 $y$절편은 4이다.

$y=0$일 때, $0=-x+4$, $x=4$

즉, $x$절편은 4이다.

그러므로 일차함수 $y=-x+4$의 그래프는 오른쪽 그림과 같다.

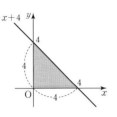

따라서 구하는 넓이는 색칠한 삼각형의 넓이이므로

$\dfrac{1}{2}\times4\times4=8$

03 일차함수 $y=6x-6$의 그래프의 $y$절편은 $-6$이다.

$y=0$일 때, $0=6x-6$, $6x=6$, $x=1$

즉, $x$절편은 1이다.

그러므로 일차함수 $y=6x-6$의 그래프는 오른쪽 그림과 같다.

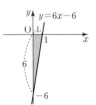

따라서 구하는 넓이는 색칠한 삼각형의 넓이이므로

$\dfrac{1}{2}\times1\times6=3$

04 일차함수 $y=3x+12$의 그래프의 $y$절편은 12이다.

$y=0$일 때, $0=3x+12$, $3x=-12$, $x=-4$

즉, $x$절편은 $-4$이다.

그러므로 일차함수 $y=3x+12$의 그래프는 오른쪽 그림과 같다.

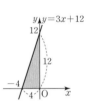

따라서 구하는 넓이는 색칠한 삼각형의 넓이이므로

$\dfrac{1}{2}\times4\times12=24$

05 일차함수 $y=-\dfrac{1}{2}x-5$의 그래프의 $y$절편은 $-5$이다.

$y=0$일 때, $0=-\dfrac{1}{2}x-5$, $\dfrac{1}{2}x=-5$, $x=-10$

즉, $x$절편은 $-10$이다.

그러므로 일차함수 $y=-\dfrac{1}{2}x-5$의 그래프는 오른쪽 그림과 같다.

따라서 구하는 넓이는 색칠한 삼각형의 넓이이므로

$\dfrac{1}{2}\times10\times5=25$

06 일차함수 $y=\dfrac{2}{3}x-4$의 그래프의 $y$절편은 $-4$이다.

$y=0$일 때, $0=\dfrac{2}{3}x-4$, $\dfrac{2}{3}x=4$, $x=6$

즉, $x$절편은 6이다.

그러므로 일차함수 $y=\dfrac{2}{3}x-4$의 그래프는 오른쪽 그림과 같다. 따라서 구하는 넓이는 색칠한 삼각형의 넓이이므로

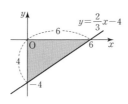

$\dfrac{1}{2}\times 6\times 4=12$

76쪽

💡 **시험에는 이렇게 나온다**

| 01 ④ | 02 ③ | 03 제4사분면 |
|------|------|-----------|
| 04 ① | 05 2 | |

**01** 일차함수 $y=-3x+4$의 그래프의 $y$절편은 4이다.

$y=0$일 때, $0=-3x+4$, $3x=4$, $x=\dfrac{4}{3}$

즉, $x$절편은 $\dfrac{4}{3}$이다.

기울기가 $-3$, 즉 정수이므로 기울기를 이용한 점은 $x$좌표가 1인 점으로 하면 편하다.

$x=1$일 때, $y=-3\times 1+4=1$

따라서 일차함수 $y=-3x+4$의 그래프는 다음 두 점을 지나는 직선이다.

| $x$절편, $y$절편 이용 | 기울기, $y$절편 이용 |
|---|---|
| $(0,\,4),\,\left(\dfrac{4}{3},\,0\right)$ | $(0,\,4),\,(1,\,1)$ |

그러므로 일차함수 $y=-3x+4$의 그래프는 ④이다.

**02** ① 일차함수 $y=-4x-5$의 그래프의 $x$절편은 $-\dfrac{5}{4}$, $y$절편은 $-5$이므로 그래프는 오른쪽 그림과 같다.

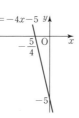

② 일차함수 $y=-2x-4$의 그래프의 $x$절편은 $-2$, $y$절편은 $-4$이므로 그래프는 오른쪽 그림과 같다.

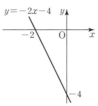

③ 일차함수 $y=-\dfrac{1}{2}x+3$의 그래프의 $x$절편은 6, $y$절편은 3이므로 그래프는 오른쪽 그림과 같다.

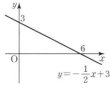

④ 일차함수 $y=x-2$의 그래프의 $x$절편은 2, $y$절편은 $-2$이므로 그래프는 오른쪽 그림과 같다.

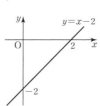

⑤ 일차함수 $y=3x+5$의 그래프의 $x$절편은 $-\dfrac{5}{3}$, $y$절편은 5이므로 그래프는 오른쪽 그림과 같다.

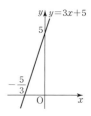

따라서 그래프가 제3사분면을 지나지 않는 일차함수는

③ $y=-\dfrac{1}{2}x+3$이다.

**03** 일차함수 $y=2x-1$의 그래프를 $y$축의 방향으로 6만큼 평행이동한 그래프의 식은

$y=2x-1+6$, 즉 $y=2x+5$

일차함수 $y=2x+5$의 그래프의 $x$절편은 $-\dfrac{5}{2}$, $y$절편은 5이므로 그래프는 오른쪽 그림과 같다.

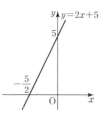

따라서 그래프는 제4사분면을 지나지 않는다

**04** 일차함수 $y=-\dfrac{1}{4}x-2$의 그래프의 $x$절편은 $-8$, $y$절편은 $-2$이므로 그래프는 오른쪽 그림과 같다.

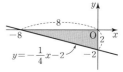

따라서 구하는 넓이는 색칠한 삼각형의 넓이이므로

$\dfrac{1}{2}\times 8\times 2=8$

**05** 일차함수 $y=ax+6$의 그래프의 $x$절편은 $-\dfrac{6}{a}$, $y$절편은 6이다. 이때 주어진 그래프에서 $x$절편은 음수이므로 $\overline{\mathrm{AO}}=\dfrac{6}{a}$이고, $\overline{\mathrm{BO}}=6$이다.

삼각형 AOB의 넓이가 9이므로

$\dfrac{1}{2}\times\dfrac{6}{a}\times 6=9$, $\dfrac{18}{a}=9$

따라서 $a=2$

**13** 기울기와 $y$절편의 부호로 그래프의 개형을 알 수 있어

**A**                                      79쪽

| 01 풀이 참조 | 02 양수, 증가, 위 |
|---|---|
| 03 양수, 양 | 04 풀이 참조 |
| 05 양수, 증가, 위 | 06 음수, 음 |
| 07 풀이 참조 | 08 음수, 감소, 아래 |
| 09 양수, 양 | 10 풀이 참조 |
| 11 음수, 감소, 아래 | 12 음수, 음 |

**01** 일차함수 $y=2x+4$의 그래프의 기울기는 2, $y$절편은 4, $x$절편은 $-2$이고, 그래프는 오른쪽 그림과 같다.

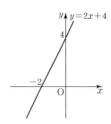

**04** 일차함수 $y=4x-3$의 그래프의 기울기는 4, $y$절편은 $-3$, $x$절편은 $\frac{3}{4}$이고, 그래프는 오른쪽 그림과 같다.

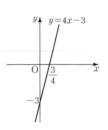

**07** 일차함수 $y=-\frac{1}{3}x+2$의 그래프의 기울기는 $-\frac{1}{3}$, $y$절편은 2, $x$절편은 6이고, 그래프는 오른쪽 그림과 같다.

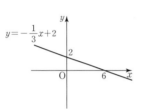

**10** 일차함수 $y=-2x-6$의 그래프의 기울기는 $-2$, $y$절편은 $-6$, $x$절편은 $-3$이고, 그래프는 오른쪽 그림과 같다.

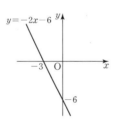

---

**B**                                                80쪽

**01** ㄱ, ㄷ, ㅁ            **02** ㄴ, ㄹ, ㅂ
**03** ㄱ, ㄷ, ㅁ            **04** ㄴ, ㄹ, ㅂ
**05** ㄷ, ㄹ                **06** ㄱ, ㄴ, ㅁ, ㅂ
**07** ㄱ. 그래프의 개형은 풀이 참조, 2
　　 ㄴ. 그래프의 개형은 풀이 참조, 1
　　 ㄷ. 그래프의 개형은 풀이 참조, 4
　　 ㄹ. 그래프의 개형은 풀이 참조, 3
　　 ㅁ. 그래프의 개형은 풀이 참조, 2
　　 ㅂ. 그래프의 개형은 풀이 참조, 1

**01** 기울기가 양수인 일차함수의 그래프이므로 ㄱ, ㄷ, ㅁ이다.

**02** 기울기가 음수인 일차함수의 그래프이므로 ㄴ, ㄹ, ㅂ이다.

**03** 기울기가 양수인 일차함수의 그래프이므로 ㄱ, ㄷ, ㅁ이다.

---

**04** 기울기가 음수인 일차함수의 그래프이므로 ㄴ, ㄹ, ㅂ이다.

**05** $y$절편이 양수인 일차함수의 그래프이므로 ㄷ, ㄹ이다.

**06** $y$절편이 음수인 일차함수의 그래프이므로 ㄱ, ㄴ, ㅁ, ㅂ이다.

**07** ㄱ. (기울기)$=2>0$, ($y$절편)$=-5<0$이므로 그래프는 오른쪽 위로 향하고, $y$축과 음의 부분에서 만난다. 따라서 그래프의 개형은 오른쪽 그림과 같으므로 그래프는 제2사분면을 지나지 않는다.

　　 ㄴ. (기울기)$=-3<0$, ($y$절편)$=-9<0$이므로 그래프는 오른쪽 아래로 향하고, $y$축과 음의 부분에서 만난다. 따라서 그래프의 개형은 오른쪽 그림과 같으므로 그래프는 제1사분면을 지나지 않는다.

　　 ㄷ. (기울기)$=\frac{3}{2}>0$, ($y$절편)$=3>0$이므로 그래프는 오른쪽 위로 향하고, $y$축과 양의 부분에서 만난다. 따라서 그래프의 개형은 오른쪽 그림과 같으므로 그래프는 제4사분면을 지나지 않는다.

　　 ㄹ. (기울기)$=-\frac{1}{5}<0$, ($y$절편)$=1>0$이므로 그래프는 오른쪽 아래로 향하고, $y$축과 양의 부분에서 만난다. 따라서 그래프의 개형은 오른쪽 그림과 같으므로 그래프는 제3사분면을 지나지 않는다.

　　 ㅁ. (기울기)$=6>0$, ($y$절편)$=-\frac{1}{4}<0$이므로 그래프는 오른쪽 위로 향하고, $y$축과 음의 부분에서 만난다. 따라서 그래프의 개형은 오른쪽 그림과 같으므로 그래프는 제2사분면을 지나지 않는다.

　　 ㅂ. (기울기)$=-\frac{4}{3}<0$, ($y$절편)$=-\frac{1}{6}<0$이므로 그래프는 오른쪽 아래로 향하고, $y$축과 음의 부분에서 만난다. 따라서 그래프의 개형은 오른쪽 그림과 같으므로 그래프는 제1사분면을 지나지 않는다.

---

**C**                                                81쪽

**01** 풀이 참조            **02** $y=6x-2$
**03** $y=6x-2$            **04** $\frac{1}{3}<a<1$
**05** $-2<a<-\frac{1}{2}$

**01** 일차함수 $y=x-2$의 그래프는 두 점 $(0,-2)$, $(1,-1)$을 지나는 직선이다.

일차함수 $y=6x-2$의 그래프는 두 점 $(0,-2)$, $(1,4)$를 지나는 직선이다.

일차함수 $y=\dfrac{1}{4}x-2$의 그래프는 두 점 $(0,-2)$, $(4,-1)$을 지나는 직선이다.

일차함수 $y=-x-2$의 그래프는 두 점 $(0,-2)$, $(1,-3)$을 지나는 직선이다.

일차함수 $y=-3x-2$의 그래프는 두 점 $(0,-2)$, $(1,-5)$를 지나는 직선이다.

일차함수 $y=-\dfrac{1}{5}x-2$의 그래프는 두 점 $(0,-2)$, $(5,-3)$을 지나는 직선이다.

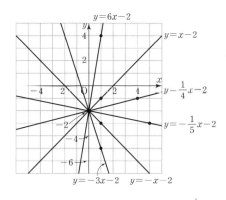

**03** 일차함수의 그래프는 기울기의 절댓값이 클수록 $y$축에 가깝다.

이때 $|6|>|-3|>|1|=|-1|>\left|\dfrac{1}{4}\right|>\left|-\dfrac{1}{5}\right|$ 이므로 기울기의 절댓값이 가장 큰 직선을 그래프로 하는 일차함수는 $y=6x-2$이다.

**04** 일차함수의 그래프는 기울기의 절댓값이 클수록 $y$축에 가까우므로 일차함수 $y=ax+2$의 그래프의 기울기 $a$의 값의 범위는
$\dfrac{1}{3}<a<1$

**05** 일차함수의 그래프는 기울기의 절댓값이 클수록 $y$축에 가까우므로 일차함수 $y=ax-1$의 그래프의 기울기 $a$의 값의 범위는
$-2<a<-\dfrac{1}{2}$

---

**💡시험에는 이렇게 나온다**      82쪽

| 01 ⑤ | 02 ④ | 03 ① | 04 ④ |
|---|---|---|---|

---

**01** $x$의 값이 증가하면 $y$의 값은 감소하는 일차함수는 그 그래프의 기울기가 음수이므로 ⑤이다.

**02** ④ 일차함수 $y=-\dfrac{1}{2}x+3$의 그래프의

(기울기)$=-\dfrac{1}{2}<0$이고, ($y$절편)$=3>0$

이므로 그래프의 개형은 오른쪽 그림과 같다. 따라서 그래프는 제1, 2, 4사분면을 지난다.

**03** 일차함수의 그래프는 기울기의 절댓값이 클수록 $y$축에 가깝다.

$|7|>|5|>|-4|>\left|-\dfrac{3}{2}\right|>\left|\dfrac{1}{3}\right|$ 이므로 그 그래프가 $y$축에 가장 가까운 일차함수는 ①이다.

**04** 일차함수의 그래프는 기울기의 절댓값이 클수록 $y$축에 가까우므로 일차함수 $y=ax-2$의 그래프의 기울기 $a$의 값의 범위는
$-3<a<-1$

---

**14** 기울기와 $y$절편이 문자여도 그래프의 개형을 알 수 있어

**A**      84쪽

| 01 >, > | 02 >, < | 03 <, > | 04 >, < |
|---|---|---|---|
| 05 <, < | 06 <, > | 07 <, > | 08 <, < |
| 09 >, > | 10 <, < | 11 >, < | 12 >, > |

**01** 오른쪽 위로 향하고 $y$축과 양의 부분에서 만나는 직선을 그래프로 하는 일차함수의 식이 $y=ax+b$이므로
(기울기)$=a>0$, ($y$절편)$=b>0$

**02** 오른쪽 위로 향하고 $y$축과 양의 부분에서 만나는 직선을 그래프로 하는 일차함수의 식이 $y=ax-b$이므로
(기울기)$=a>0$
($y$절편)$=-b>0$, $b<0$

**03** 오른쪽 위로 향하고 $y$축과 양의 부분에서 만나는 직선을 그래
프로 하는 일차함수의 식이 $y=-ax+b$이므로
(기울기)$=-a>0$, $a<0$
($y$절편)$=b>0$

**04** 오른쪽 위로 향하고 $y$축과 음의 부분에서 만나는 직선을 그래
프로 하는 일차함수의 식이 $y=ax+b$이므로
(기울기)$=a>0$, ($y$절편)$=b<0$

**05** 오른쪽 위로 향하고 $y$축과 음의 부분에서 만나는 직선을 그래
프로 하는 일차함수의 식이 $y=-ax+b$이므로
(기울기)$=-a>0$, $a<0$
($y$절편)$=b<0$

**06** 오른쪽 위로 향하고 $y$축과 음의 부분에서 만나는 직신을 그래
프로 하는 일차함수의 식이 $y=-ax-b$이므로
(기울기)$=-a>0$, $a<0$
($y$절편)$=-b<0$, $b>0$

**07** 오른쪽 아래로 향하고 $y$축과 양의 부분에서 만나는 직선을 그
래프로 하는 일차함수의 식이 $y=ax+b$이므로
(기울기)$=a<0$, ($y$절편)$=b>0$

**08** 오른쪽 아래로 향하고 $y$축과 양의 부분에서 만나는 직선을 그
래프로 하는 일차함수의 식이 $y=ax-b$이므로
(기울기)$=a<0$
($y$절편)$=-b>0$, $b<0$

**09** 오른쪽 아래로 향하고 $y$축과 양의 부분에서 만나는 직선을 그
래프로 하는 일차함수의 식이 $y=-ax+b$이므로
(기울기)$=-a<0$, $a>0$
($y$절편)$=b>0$

**10** 오른쪽 아래로 향하고 $y$축과 음의 부분에서 만나는 직선을 그
래프로 하는 일차함수의 식이 $y=ax+b$이므로
(기울기)$=a<0$, ($y$절편)$=b<0$

**11** 오른쪽 아래로 향하고 $y$축과 음의 부분에서 만나는 직선을 그
래프로 하는 일차함수의 식이 $y=-ax+b$이므로
(기울기)$=-a<0$, $a>0$
($y$절편)$=b<0$

**12** 오른쪽 아래로 향하고 $y$축과 음의 부분에서 만나는 직선을 그
래프로 하는 일차함수의 식이 $y=-ax-b$이므로
(기울기)$=-a<0$, $a>0$
($y$절편)$=-b<0$, $b>0$

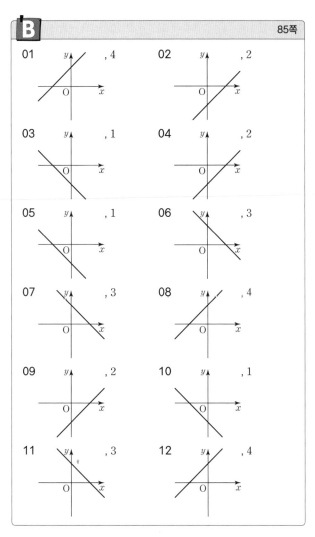

**B**

**01** $a>0$, $b>0$이므로 일차함수 $y=ax+b$의 그래프에서
(기울기)$=a>0$, ($y$절편)$=b>0$
즉, 그래프는 오른쪽 위로 향하고, $y$축과 양
의 부분에서 만나는 직선이다.
따라서 그래프의 개형은 오른쪽 그림과 같으
므로 그래프는 제4사분면을 지나지 않는다.

**02** $a>0$, $b>0$이므로 일차함수 $y=ax-b$의 그래프에서
(기울기)$=a>0$, ($y$절편)$=-b<0$
즉, 그래프는 오른쪽 위로 향하고, $y$축과 음
의 부분에서 만나는 직선이다.
따라서 그래프의 개형은 오른쪽 그림과 같으
므로 그래프는 제2사분면을 지나지 않는다.

**03** $a>0$, $b>0$이므로 일차함수 $y=-ax-b$의 그래프에서
(기울기)$=-a<0$, ($y$절편)$=-b<0$
즉, 그래프는 오른쪽 아래로 향하고, $y$축과
음의 부분에서 만나는 직선이다.
따라서 그래프의 개형은 오른쪽 그림과 같으
므로 그래프는 제1사분면을 지나지 않는다.

04 $a>0$, $b<0$이므로 일차함수 $y=ax+b$의 그래프에서
(기울기)$=a>0$, ($y$절편)$=b<0$
즉, 그래프는 오른쪽 위로 향하고, $y$축과 음
의 부분에서 만나는 직선이다.
따라서 그래프의 개형은 오른쪽 그림과 같으
므로 그래프는 제2사분면을 지나지 않는다

05 $a>0$, $b<0$이므로 일차함수 $y=-ax+b$의 그래프에서
(기울기)$=-a<0$, ($y$절편)$=b<0$
즉, 그래프는 오른쪽 아래로 향하고, $y$축과
음의 부분에서 만나는 직선이다.
따라서 그래프의 개형은 오른쪽 그림과 같으
므로 그래프는 제1사분면을 지나지 않는다.

06 $a>0$, $b<0$이므로 일차함수 $y=-ax-b$의 그래프에서
(기울기)$=-a<0$, ($y$절편)$=-b>0$
즉, 그래프는 오른쪽 아래로 향하고, $y$축과
양의 부분에서 만나는 직선이다.
따라서 그래프의 개형은 오른쪽 그림과 같으
므로 그래프는 제3사분면을 지나지 않는다.

07 $a<0$, $b>0$이므로 일차함수 $y=ax+b$의 그래프에서
(기울기)$=a<0$, ($y$절편)$=b>0$
즉, 그래프는 오른쪽 아래로 향하고, $y$축과
양의 부분에서 만나는 직선이다.
따라서 그래프의 개형은 오른쪽 그림과 같으
므로 그래프는 제3사분면을 지나지 않는다.

08 $a<0$, $b>0$이므로 일차함수 $y=-ax+b$의 그래프에서
(기울기)$=-a>0$, ($y$절편)$=b>0$
즉, 그래프는 오른쪽 위로 향하고, $y$축과 양
의 부분에서 만나는 직선이다.
따라서 그래프의 개형은 오른쪽 그림과 같으
므로 그래프는 제4사분면을 지나지 않는다.

09 $a<0$, $b>0$이므로 일차함수 $y=-ax-b$의 그래프에서
(기울기)$=-a>0$, ($y$절편)$=-b<0$
즉, 그래프는 오른쪽 위로 향하고, $y$축과 음
의 부분에서 만나는 직선이다.
따라서 그래프의 개형은 오른쪽 그림과 같으
므로 그래프는 제2사분면을 지나지 않는다.

10 $a<0$, $b<0$이므로 일차함수 $y=ax+b$의 그래프에서
(기울기)$=a<0$, ($y$절편)$=b<0$
즉, 그래프는 오른쪽 아래로 향하고, $y$축과
음의 부분에서 만나는 직선이다.
따라서 그래프의 개형은 오른쪽 그림과 같으
므로 그래프는 제1사분면을 지나지 않는다.

11 $a<0$, $b<0$이므로 일차함수 $y=ax-b$의 그래프에서
(기울기)$=a<0$, ($y$절편)$=-b>0$
즉, 그래프는 오른쪽 아래로 향하고, $y$축과
양의 부분에서 만나는 직선이다.
따라서 그래프의 개형은 오른쪽 그림과 같으
므로 그래프는 제3사분면을 지나지 않는다.

12 $a<0$, $b<0$이므로 일차함수 $y=-ax-b$의 그래프에서
(기울기)$=-a>0$, ($y$절편)$=-b>0$
즉, 그래프는 오른쪽 위로 향하고, $y$축과 양
의 부분에서 만나는 직선이다.
따라서 그래프의 개형은 오른쪽 그림과 같으
므로 그래프는 제4사분면을 지나지 않는다.

**C**

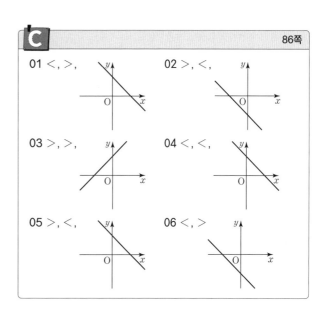

01 $<$, $>$,
02 $>$, $<$,
03 $>$, $>$,
04 $<$, $<$,
05 $>$, $<$,
06 $<$, $>$

01 $ab<0$이므로 $a$, $b$의 부호는 서로 다르다.
또 $a<b$이므로 $a<0$, $b>0$이다.
이때 일차함수 $y=ax+b$의 그래프의
(기울기)$=a<0$, ($y$절편)$=b>0$이므로 그
래프의 개형은 오른쪽 그림과 같다.

02 $ab<0$이므로 $a$, $b$의 부호는 서로 다르다.
또 $a>b$이므로 $a>0$, $b<0$이다.
이때 일차함수 $y=-ax+b$의 그래프의
(기울기)$=-a<0$, ($y$절편)$=b<0$이므로
그래프의 개형은 오른쪽 그림과 같다.

03 $ab>0$이므로 $a$, $b$의 부호는 서로 같다.
또 $a+b>0$이므로 $a>0$, $b>0$이다.
이때 일차함수 $y=ax+b$의 그래프의
(기울기)$=a>0$, ($y$절편)$=b>0$이므로 그
래프의 개형은 오른쪽 그림과 같다.

04 $ab>0$이므로 $a$, $b$의 부호는 서로 같다.
또 $a+b<0$이므로 $a<0$, $b<0$이다.
이때 일차함수 $y=ax-b$의 그래프의
(기울기)$=a<0$, ($y$절편)$=-b>0$이므로
그래프의 개형은 오른쪽 그림과 같다.

05 오른쪽 위로 향하고 $y$축과 음의 부분에서 만나는 직선을 그래
프로 하는 일차함수의 식이 $y=ax+b$이므로
(기울기)$=a>0$, ($y$절편)$=b<0$
이때 일차함수 $y=abx+a$의 그래프의
(기울기)$=ab<0$, ($y$절편)$=a>0$이므로 일
차함수 $y=abx+a$의 그래프의 개형은 오른
쪽 그림과 같다.

06 오른쪽 아래로 향하고 $y$축과 양의 부분에서 만나는 직선을 그
래프로 하는 일차함수의 식이 $y=ax+b$이므로
(기울기)$=a<0$, ($y$절편)$=b>0$
이때 일차함수 $y=\dfrac{b}{a}x-b$의 그래프의
(기울기)$=\dfrac{b}{a}<0$, ($y$절편)$=-b<0$이므로
일차함수 $y=\dfrac{b}{a}x-b$의 그래프의 개형은 오
른쪽 그림과 같다.

02 $a<0$, $b>0$이므로 일차함수 $y=ax-b$의 그래프에서
(기울기)$=a<0$, ($y$절편)$=-b<0$
따라서 일차함수 $y=ax-b$의 그래프의 개
형은 오른쪽 그림과 같으므로 그래프는 제1
사분면을 지나지 않는다.

03 $ab<0$이므로 $a$, $b$의 부호는 서로 다르다.
또 $a<b$이므로 $a<0$, $b>0$이다.
이때 일차함수 $y=bx+a$의 그래프의
(기울기)$=b>0$, ($y$절편)$=a<0$이므로 그
래프의 개형은 오른쪽 그림과 같다.
따라서 일차함수 $y=bx+a$의 그래프는 제2
사분면을 지나지 않는다.

04 제2, 3, 4사분면을 지나는 일차함수
$y=ax+b$의 그래프의 개형은 오른쪽 그림
과 같으므로
(기울기)$=a<0$, ($y$절편)$=b<0$
이때 일차함수 $y=\dfrac{b}{a}x+a$의 그래프의

(기울기)$=\dfrac{b}{a}>0$, ($y$절편)$=a<0$이므로 일

차함수 $y=\dfrac{b}{a}x+a$의 그래프의 개형은 오른
쪽 그림과 같다.

## 15 기울기가 같으면 평행하거나 일치해

### A
89쪽

| 01 평행 | 02 일치 | 03 일치 | 04 평행 |
| 05 평행 | 06 평행 | 07 ㄴ과 ㅁ | 08 ㄷ과 ㅂ |
| 09 ㄹ | 10 ㄱ | | |

01 두 일차함수의 그래프는 기울기가 1로 같고, $y$절편은 다르므로
서로 평행하다.

02 두 일차함수의 그래프는 기울기가 $-2$로 같고, $y$절편도 3으로
같으므로 일치한다.

## 시험에는 이렇게 나온다
87쪽

| 01 ③ | 02 ① | 03 제2사분면 | 04 ② |

01 오른쪽 아래로 향하고 $y$축과 양의 부분에서 만나는 직선을 그
래프로 하는 일차함수의 식이 $y=-ax+b$이므로
(기울기)$=-a<0$, $a>0$
($y$절편)$=b>0$

**03** $y=3x-6$, $y=3(x-2)=3x-6$

따라서 두 일차함수의 그래프는 기울기가 3으로 같고, $y$절편도 $-6$으로 같으므로 일치한다.

**04** $y=-5(x-1)=-5x+5$, $y=-5x-5$

따라서 두 일차함수의 그래프는 기울기가 $-5$로 같고, $y$절편은 다르므로 서로 평행하다.

**05** $y=\dfrac{1}{2}(x+4)=\dfrac{1}{2}x+2$, $y=\dfrac{1}{2}x+4$

따라서 두 일차함수의 그래프는 기울기가 $\dfrac{1}{2}$로 같고, $y$절편은 다르므로 서로 평행하다.

**06** $y=-\dfrac{2}{3}x-6$, $y=-\dfrac{2}{3}(x-9)=-\dfrac{2}{3}x+6$

따라서 두 일차함수의 그래프는 기울기가 $-\dfrac{2}{3}$로 같고, $y$절편은 다르므로 서로 평행하다.

**07** ㅁ. $y=-\dfrac{1}{3}(x+1)=-\dfrac{1}{3}x-\dfrac{1}{3}$

따라서 ㄴ과 ㅁ은 기울기가 $-\dfrac{1}{3}$로 같고, $y$절편은 다르므로 서로 평행하다.

**08** ㅂ. $y=-4\left(x-\dfrac{1}{2}\right)=-4x+2$

따라서 ㄷ과 ㅂ은 기울기가 $-4$로 같고, $y$절편도 2로 같으므로 일치한다.

**09** 주어진 그래프의 기울기가 $-3$이고, $y$절편이 3이므로 ㄹ과 서로 평행하다.

**10** 주어진 그래프의 기울기가 3이고, $y$절편이 $-3$이므로 ㄱ과 일치한다.

**B** 90쪽

| | | | |
|---|---|---|---|
| 01 $-2$ | 02 4 | 03 $\dfrac{3}{2}$ | 04 $-3$ |
| 05 2 | 06 6 | 07 $a=-1, b=7$ | |
| 08 $a=3, b=-2$ | | 09 $a=5, b=-4$ | |
| 10 $a=-1, b=-2$ | | 11 $a=-4, b=-3$ | |
| 12 $a=-4, b=-2$ | | | |

**04** $y=3(1-x)=-3x+3$이므로 $a=-3$

**05** $2a=4$이므로 $a=2$

**06** $2=\dfrac{a}{3}$이므로 $a=6$

**10** $-3=3a$이므로 $a=-1$

**11** $6=-2b$이므로 $b=-3$

**12** $\dfrac{a}{2}=-2$이므로 $a=-4$

$-12=6b$이므로 $b=-2$

💡 시험에는 이렇게 나온다      91쪽

| | | | |
|---|---|---|---|
| 01 ③ | 02 ④ | 03 ② | 04 ⑤ |

**01** 일차함수 $y=-\dfrac{1}{2}x+1$의 그래프와 평행하려면 기울기는 $-\dfrac{1}{2}$이고 $y$절편은 1이 아니어야 한다.

① $y=\dfrac{1}{2}-x=-x+\dfrac{1}{2}$

② $y=-\dfrac{1}{2}(x-2)=-\dfrac{1}{2}x+1$

③ $y=\dfrac{1}{2}(5-x)=-\dfrac{1}{2}x+\dfrac{5}{2}$

④ $y=-\dfrac{1}{2}(1-x)=\dfrac{1}{2}x-\dfrac{1}{2}$

⑤ $y=-\left(x+\dfrac{1}{2}\right)=-x-\dfrac{1}{2}$

따라서 일차함수 $y=-\dfrac{1}{2}x+1$의 그래프와 평행한 그래프는 ③이다.

**02** 주어진 그래프는 기울기가 $-\dfrac{2}{3}$이고, $y$절편이 2이다.

따라서 일차함수 ④ $y=-\dfrac{2}{3}x-3$의 그래프와 서로 평행하므로 만나지 않는다.

**03** 두 일차함수 $y=2ax-6$, $y=-5x-3b$의 그래프가 일치하므로

$2a=-5$에서 $a=-\dfrac{5}{2}$

$-6=-3b$에서 $b=2$

따라서 $ab=-\dfrac{5}{2}\times2=-5$

**04** 두 일차함수 $y=ax+5$, $y=-3x+8$의 그래프가 평행하므로

$a=-3$

이때 일차함수 $y=ax+5$, 즉 $y=-3x+5$의 그래프가 점 $(-2, k)$를 지나므로

$k=-3\times(-2)+5=6+5=11$

따라서 $a+k=-3+11=8$

## A

93쪽

01 $y=3x-5$

02 $y=-\dfrac{1}{2}x+4$

03 $y=-x+2$

04 $y=4x-1$

05 $y=-5x+4$

06 $y=\dfrac{2}{3}x+3$

07 $y=3x-2$

08 $y=-\dfrac{3}{2}x+6$

09 $y=-2x-3$

10 $y=-x+1$

11 $y=3x-9$

12 $y=-2x+4$

03 기울기가 $-1$이고, $y$절편이 2이므로 구하는 일차함수의 식은 $y=-x+2$이다.

04 기울기가 4이고, $y$절편이 $-1$이므로 구하는 일차함수의 식은 $y=4x-1$이다.

05 $y$축 위에서 만나는 두 직선의 $y$절편이 같으므로 일차함수 $y=x+4$의 그래프와 $y$축 위에서 만나는 직선의 $y$절편은 4이다.
따라서 기울기가 $-5$이고, $y$절편이 4이므로 구하는 일차함수의 식은 $y=-5x+4$이다.

06 $y$축 위에서 만나는 두 직선의 $y$절편이 같으므로 일차함수 $y=-2x+3$의 그래프와 $y$축 위에서 만나는 직선의 $y$절편은 3이다.
따라서 기울기가 $\dfrac{2}{3}$이고, $y$절편이 3이므로 구하는 일차함수의 식은 $y=\dfrac{2}{3}x+3$이다.

07 기울기는 $\dfrac{3}{1}=3$이고, $y$절편이 $-2$이므로 구하는 일차함수의 식은 $y=3x-2$이다.

08 기울기는 $\dfrac{-3}{2}=-\dfrac{3}{2}$이고, $y$절편이 6이므로 구하는 일차함수의 식은 $y=-\dfrac{3}{2}x+6$이다.

09 기울기는 $\dfrac{-4}{2}=-2$이다.
$y$축 위에서 만나는 두 직선의 $y$절편이 같으므로 일차함수 $y=x-3$의 그래프와 $y$축 위에서 만나는 직선의 $y$절편은 $-3$이다.
따라서 기울기가 $-2$이고, $y$절편이 $-3$이므로 구하는 일차함수의 식은 $y=-2x-3$이다.

10 서로 평행한 두 직선은 기울기가 같으므로 일차함수 $y=-x+4$의 그래프와 평행한 직선의 기울기는 $-1$이다.
따라서 기울기가 $-1$이고, $y$절편이 1이므로 구하는 일차함수의 식은 $y=-x+1$이다.

11 서로 평행한 두 직선은 기울기가 같으므로 일차함수 $y=3x+1$의 그래프와 평행한 직선의 기울기는 3이다.
따라서 기울기가 3이고, $y$절편이 $-9$이므로 구하는 일차함수의 식은 $y=3x-9$이다.

12 오른쪽 직선은 기울기가 $-2$이므로 이 직선과 평행한 직선의 기울기는 $-2$이다.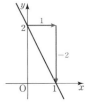
$y$축 위에서 만나는 두 직선의 $y$절편이 같으므로 일차함수 $y=3x+4$의 그래프와 $y$축 위에서 만나는 직선의 $y$절편은 4이다.
따라서 조건을 만족시키는 직선은 기울기가 $-2$이고, $y$절편이 4이므로 이 직선을 그래프로 하는 일차함수의 식은 $y=-2x+4$이다.

## B

94쪽

01 $y=2x-3$

02 $y=-x+5$

03 $y=-3x+1$

04 $y=\dfrac{1}{2}x+3$

05 $y=-\dfrac{1}{3}x+2$

06 $y=4x+8$

07 $y=3x-6$

08 $y=-2x+11$

09 $y=-\dfrac{4}{3}x+4$

10 $y=4x-1$

11 $y=-6x+5$

12 $y=\dfrac{5}{2}x-10$

01 기울기가 2이므로 구하는 일차함수의 식을 $y=2x+b$로 놓자.
이 그래프가 점 $(1, -1)$을 지나므로
$-1=2\times1+b$, $b=-3$
따라서 구하는 일차함수의 식은 $y=2x-3$이다.

02 기울기가 $-1$이므로 구하는 일차함수의 식을 $y=-x+b$로 놓자. 이 그래프가 점 $(2, 3)$을 지나므로
$3=-2+b$, $b=5$
따라서 구하는 일차함수의 식은 $y=-x+5$이다.

03 기울기가 $-3$이므로 구하는 일차함수의 식을 $y=-3x+b$로 놓자. 이 그래프가 점 $(-1, 4)$를 지나므로
$4=-3\times(-1)+b$, $4=3+b$, $b=1$
따라서 구하는 일차함수의 식은 $y=-3x+1$이다.

**04** 기울기가 $\frac{1}{2}$이므로 구하는 일차함수의 식을 $y=\frac{1}{2}x+b$로 놓자. 이 그래프가 점 $(4, 5)$를 지나므로

$5=\frac{1}{2}\times 4+b$, $5=2+b$, $b=3$

따라서 구하는 일차함수의 식은 $y=\frac{1}{2}x+3$이다.

**05** 기울기가 $-\frac{1}{3}$이므로 구하는 일차함수의 식을 $y=-\frac{1}{3}x+b$로 놓자. 이 그래프가 점 $(6, 0)$을 지나므로

$0=-\frac{1}{3}\times 6+b$, $0=-2+b$, $b=2$

따라서 구하는 일차함수의 식은 $y=-\frac{1}{3}x+2$이다.

**06** 기울기가 4이므로 구하는 일차함수의 식을 $y=4x+b$로 놓자. 이 그래프가 점 $(-2, 0)$을 지나므로

$0=4\times(-2)+b$, $0=-8+b$, $b=8$

따라서 구하는 일차함수의 식은 $y=4x+8$이다.

**07** 기울기가 $\frac{6}{2}=3$이므로 구하는 일차함수의 식을 $y=3x+b$로 놓자. 이 그래프가 점 $(1, -3)$을 지나므로

$-3=3\times 1+b$, $b=-6$

따라서 구하는 일차함수의 식은 $y=3x-6$이다.

**08** 기울기가 $\frac{-2}{1}=-2$이므로 구하는 일차함수의 식을 $y=-2x+b$로 놓자. 이 그래프가 점 $(4, 3)$을 지나므로

$3=-2\times 4+b$, $3=-8+b$, $b=11$

따라서 구하는 일차함수의 식은 $y=-2x+11$이다.

**09** 기울기가 $\frac{-4}{3}=-\frac{4}{3}$이므로 구하는 일차함수의 식을 $y=-\frac{4}{3}x+b$로 놓자. 이 그래프가 점 $(3, 0)$을 지나므로

$0=-\frac{4}{3}\times 3+b$, $0=-4+b$, $b=4$

따라서 구하는 일차함수의 식은 $y=-\frac{4}{3}x+4$이다.

**10** 서로 평행한 두 직선은 기울기가 같으므로 일차함수 $y=4x-2$의 그래프와 평행한 직선의 기울기는 4이다.
그러므로 구하는 일차함수의 식을 $y=4x+b$로 놓자. 이 그래프가 점 $(2, 7)$을 지나므로

$7=4\times 2+b$, $7=8+b$, $b=-1$

따라서 구하는 일차함수의 식은 $y=4x-1$이다.

**11** 서로 평행한 두 직선은 기울기가 같으므로 일차함수 $y=-6x+3$의 그래프와 평행한 직선의 기울기는 $-6$이다.
그러므로 구하는 일차함수의 식을 $y=-6x+b$로 놓자. 이 그래프가 점 $\left(\frac{1}{2}, 2\right)$를 지나므로

$2=-6\times\frac{1}{2}+b$, $2=-3+b$, $b=5$

따라서 구하는 일차함수의 식은 $y=-6x+5$이다.

**12** 오른쪽 직선은 기울기가 $\frac{5}{2}$이므로 이 직선과 평행한 직선의 기울기는 $\frac{5}{2}$이다.
그러므로 구하는 일차함수의 식을 $y=\frac{5}{2}x+b$로 놓자. 이 그래프가 점 $(4, 0)$을 지나므로

$0=\frac{5}{2}\times 4+b$, $0=10+b$, $b=-10$

따라서 구하는 일차함수의 식은 $y=\frac{5}{2}x-10$이다.

---

💡 **시험에는 이렇게 나온다**      95쪽

01 ①      02 ⑤      03 ④      04 ③
05 $y=-3x+3$

---

**01** 기울기가 $-2$이고, $y$절편이 6인 직선을 그래프로 하는 일차함수의 식은 $y=-2x+6$이다.
$y=-2x+6$에서 $y=0$일 때,
$0=-2x+6$, $2x=6$, $x=3$
따라서 구하는 $x$절편은 3이다.

**02** 기울기는 $\frac{6}{2}=3$이고, $y$절편이 $-4$이므로 이 직선을 그래프로 하는 일차함수의 식은 $y=3x-4$이다. $y=3x-4$에

① $x=-2$, $y=-10$을 대입하면 $-10=3\times(-2)-4$
② $x=-1$, $y=-7$을 대입하면 $-7=3\times(-1)-4$
③ $x=\frac{1}{3}$, $y=-3$을 대입하면 $-3=3\times\frac{1}{3}-4$
④ $x=1$, $y=-1$을 대입하면 $-1=3\times 1-4$
⑤ $x=\frac{4}{3}$, $y=1$을 대입하면 $1\neq 3\times\frac{4}{3}-4$

따라서 일차함수 $y=3x-4$의 그래프 위의 점이 아닌 것은
⑤ $\left(\frac{4}{3}, 1\right)$이다.

03 오른쪽 직선은 기울기가 $\dfrac{3}{4}$이므로 이

직선과 평행한 직선의 기울기는 $\dfrac{3}{4}$

이다.

$y$축 위에서 만나는 두 직선의 $y$절편이

같으므로 일차함수 $y=5x+2$의 그래

프와 $y$축 위에서 만나는 직선의 $y$절편은 2이다.

따라서 조건을 만족시키는 직선은 기울기가 $\dfrac{3}{4}$이고, $y$절편이

2이므로 이 직선을 그래프로 하는 일차함수의 식은

$y=\dfrac{3}{4}x+2$이다.

04 기울기가 4이므로 일차함수의 식을 $y=4x+b$로 놓자. 이 그래

프가 점 $(2,\ -1)$을 지나므로

$-1=4\times2+b,\ -1=8+b,\ b=-9$

따라서 일차함수의 식은 $y=4x-9$이고, 이 그래프가

점 $(k,\ k+3)$을 지나므로

$k+3=4k-9,\ -3k=-12,\ k=4$

05 서로 평행한 두 직선은 기울기가 같으므로 일차함수

$y=-3x+4$의 그래프와 평행한 직선의 기울기는 $-3$이다.

그러므로 구하는 일차함수의 식을 $y=-3x+b$로 놓자.

$x$축 위에서 만나는 두 직선의 $x$절편이 같고, 일차함수

$y=x-1$의 그래프의 $x$절편이 1이므로 일차함수 $y=-3x+b$

의 그래프의 $x$절편은 1이다.

즉, 일차함수 $y=-3x+b$의 그래프가 점 $(1,\ 0)$을 지나므로

$0=-3+b,\ b=3$

따라서 구하는 일차함수의 식은 $y=-3x+3$이다.

## 17 두 점이 주어질 때, 일차함수의 식 구하기

**A**

97쪽

01 $y=x+2$          02 $y=2x-8$

03 $y=-3x+7$        04 $y=-2x+4$

05 $y=\dfrac{1}{4}x+2$     06 $y=\dfrac{3}{2}x-4$

07 $y=-x+4$         08 $y=3x-2$

09 $y=\dfrac{1}{2}x+3$     10 $y=-\dfrac{2}{3}x+1$

01 기울기가 $\dfrac{3-1}{1-(-1)}=1$이므로 구하는 일차함수의 식을

$y=x+b$로 놓자. 이 그래프가 점 $(1,\ 3)$을 지나므로

$3=1+b,\ b=2$

따라서 구하는 일차함수의 식은 $y=x+2$이다.

02 기울기가 $\dfrac{4-0}{6-4}=2$이므로 구하는 일차함수의 식을 $y=2x+b$

로 놓자. 이 그래프가 점 $(4,\ 0)$을 지나므로

$0=2\times4+b,\ b=-8$

따라서 구하는 일차함수의 식은 $y=2x-8$이다.

03 기울기가 $\dfrac{-8-1}{5-2}=-3$이므로 구하는 일차함수의 식을

$y=-3x+b$로 놓자. 이 그래프가 점 $(2,\ 1)$을 지나므로

$1=-3\times2+b,\ b=7$

따라서 구하는 일차함수의 식은 $y=-3x+7$이다.

04 기울기가 $\dfrac{2-8}{1-(-2)}=-2$이므로 구하는 일차함수의 식을

$y=-2x+b$로 놓자. 이 그래프가 점 $(1,\ 2)$를 지나므로

$2=-2\times1+b,\ b=4$

따라서 구하는 일차함수의 식은 $y=-2x+4$이다.

05 기울기가 $\dfrac{3-1}{4-(-4)}=\dfrac{1}{4}$이므로 구하는 일차함수의 식을

$y=\dfrac{1}{4}x+b$로 놓자. 이 그래프가 점 $(4,\ 3)$을 지나므로

$3=\dfrac{1}{4}\times4+b,\ 3=1+b,\ b=2$

따라서 구하는 일차함수의 식은 $y=\dfrac{1}{4}x+2$이다.

06 기울기가 $\dfrac{5-(-7)}{6-(-2)}=\dfrac{3}{2}$이므로 구하는 일차함수의 식을

$y=\dfrac{3}{2}x+b$로 놓자. 이 그래프가 점 $(6,\ 5)$를 지나므로

$5=\dfrac{3}{2}\times6+b,\ 5=9+b,\ b=-4$

따라서 구하는 일차함수의 식은 $y=\dfrac{3}{2}x-4$이다.

07 주어진 직선이 두 점 $(-2,\ 6),\ (3,\ 1)$을 지나므로 기울기는

$\dfrac{1-6}{3-(-2)}=-1$

그러므로 구하는 일차함수의 식을 $y=-x+b$로 놓자. 이 그래

프가 점 $(3,\ 1)$을 지나므로

$1=-3+b,\ b=4$

따라서 구하는 일차함수의 식은 $y=-x+4$이다.

08 주어진 직선이 두 점 $(-1,\ -5),\ (1,\ 1)$을 지나므로 기울기는

$\dfrac{1-(-5)}{1-(-1)}=3$

그러므로 구하는 일차함수의 식을 $y=3x+b$로 놓자. 이 그래프가 점 $(1, 1)$을 지나므로
$1=3\times1+b, b=-2$
따라서 구하는 일차함수의 식은 $y=3x-2$이다.

**09** 주어진 직선이 두 점 $(-6, 0), (2, 4)$를 지나므로 기울기는
$$\frac{4-0}{2-(-6)}=\frac{1}{2}$$
그러므로 구하는 일차함수의 식을 $y=\frac{1}{2}x+b$로 놓자. 이 그래프가 점 $(-6, 0)$을 지나므로
$0=\frac{1}{2}\times(-6)+b, 0=-3+b, b=3$
따라서 구하는 일차함수의 식은 $y=\frac{1}{2}x+3$이다.

**10** 주어진 직선이 두 점 $(-3, 3), (6, -3)$을 지나므로 기울기는
$$\frac{-3-3}{6-(-3)}=-\frac{2}{3}$$
그러므로 구하는 일차함수의 식을 $y=-\frac{2}{3}x+b$로 놓자. 이 그래프가 점 $(-3, 3)$을 지나므로
$3=-\frac{2}{3}\times(-3)+b, 3=2+b, b=1$
따라서 구하는 일차함수의 식은 $y=-\frac{2}{3}x+1$이다.

---

**B** 98쪽

| | |
|---|---|
| 01 $y=-x+3$ | 02 $y=-2x+4$ |
| 03 $y=\frac{1}{3}x-1$ | 04 $y=4x-4$ |
| 05 $y=5x+10$ | 06 $y=-\frac{3}{4}x-3$ |
| 07 $y=-3x+6$ | 08 $y=\frac{1}{4}x-1$ |
| 09 $y=\frac{5}{3}x+5$ | 10 $y=-\frac{1}{2}x-4$ |

**01** 직선은 두 점 $(3, 0), (0, 3)$을 지난다.
따라서 기울기는 $\frac{3-0}{0-3}=-1$이고, $y$절편은 3이므로 구하는 일차함수의 식은 $y=-x+3$이다.

**02** 직선은 두 점 $(2, 0), (0, 4)$를 지난다.
따라서 기울기는 $\frac{4-0}{0-2}=-2$이고, $y$절편은 4이므로 구하는 일차함수의 식은 $y=-2x+4$이다.

**03** 직선은 두 점 $(3, 0), (0, -1)$을 지난다.
따라서 기울기는 $\frac{-1-0}{0-3}=\frac{1}{3}$이고, $y$절편은 $-1$이므로 구하는 일차함수의 식은 $y=\frac{1}{3}x-1$이다.

**04** 직선은 두 점 $(1, 0), (0, -4)$를 지난다.
따라서 기울기는 $\frac{-4-0}{0-1}=4$이고, $y$절편은 $-4$이므로 구하는 일차함수의 식은 $y=4x-4$이다.

**05** 직선은 두 점 $(-2, 0), (0, 10)$을 지난다.
따라서 기울기는 $\frac{10-0}{0-(-2)}=5$이고, $y$절편은 10이므로 구하는 일차함수의 식은 $y=5x+10$이다.

**06** 직선은 두 점 $(-4, 0), (0, -3)$을 지난다.
따라서 기울기는 $\frac{-3-0}{0-(-4)}=-\frac{3}{4}$이고, $y$절편은 $-3$이므로 구하는 일차함수의 식은 $y=-\frac{3}{4}x-3$이다.

**07** 직선은 두 점 $(2, 0), (0, 6)$을 지난다.
따라서 기울기는 $\frac{6-0}{0-2}=-3$이고, $y$절편은 6이므로 구하는 일차함수의 식은 $y=-3x+6$이다.

다른 풀이
다음과 같이 기울기를 구해도 된다.

→ (기울기)$=\frac{-6}{2}=-3$

**08** 직선은 두 점 $(4, 0), (0, -1)$을 지난다.
따라서 기울기는 $\frac{-1-0}{0-4}=\frac{1}{4}$이고, $y$절편은 $-1$이므로 구하는 일차함수의 식은 $y=\frac{1}{4}x-1$이다.

다른 풀이
다음과 같이 기울기를 구해도 된다.

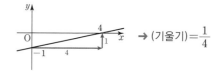

→ (기울기)$=\frac{1}{4}$

**09** 직선은 두 점 $(-3, 0), (0, 5)$를 지난다.
따라서 기울기는 $\frac{5-0}{0-(-3)}=\frac{5}{3}$이고, $y$절편은 5이므로 구하는 일차함수의 식은 $y=\frac{5}{3}x+5$이다.

다른 풀이

다음과 같이 기울기를 구해도 된다.

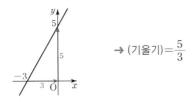

→ (기울기)$=\dfrac{5}{3}$

10 직선은 두 점 $(-8, 0)$, $(0, -4)$를 지난다.

따라서 기울기는 $\dfrac{-4-0}{0-(-8)}=-\dfrac{1}{2}$이고, $y$절편은 $-4$이므로

구하는 일차함수의 식은 $y=-\dfrac{1}{2}x-4$이다.

다른 풀이

다음과 같이 기울기를 구해도 된다.

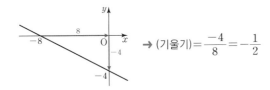

→ (기울기)$=\dfrac{-4}{8}=-\dfrac{1}{2}$

④ 그래프는 오른쪽 그림과 같으므로
제1, 2, 4사분면을 지난다.

⑤ $y=-2x+1$에 $x=5$, $y=-8$을 대입하면
$-8\neq-2\times5+1$
그러므로 그래프는 점 $(5, -8)$을 지나지 않는다.
따라서 옳지 않은 것은 ⑤이다.

03 직선은 두 점 $(-6, 0)$, $(0, 2)$를 지난다.

따라서 기울기는 $\dfrac{2-0}{0-(-6)}=\dfrac{1}{3}$이고, $y$절편은 2이므로 일차

함수의 식은 $y=\dfrac{1}{3}x+2$이다. 이 그래프가 점 $(k, 8)$을 지나므로

$8=\dfrac{1}{3}k+2$, $\dfrac{1}{3}k=6$, $k=18$

04 일차함수 $y=-3x-2$의 그래프의 $y$절편은 $-2$이다.

$y=\dfrac{3}{4}x+3$에서 $y=0$일 때,

$0=\dfrac{3}{4}x+3$, $\dfrac{3}{4}x=-3$, $x=-4$

즉, 일차함수 $y=\dfrac{3}{4}x+3$의 그래프의 $x$절편은 $-4$이다.

구하는 일차함수의 그래프의 $x$절편은 $-4$, $y$절편은 $-2$이므로
이 그래프는 두 점 $(-4, 0)$, $(0, -2)$를 지난다.

따라서 기울기는 $\dfrac{-2-0}{0-(-4)}=-\dfrac{1}{2}$이고, $y$절편은 $-2$이므로

구하는 일차함수의 식은 $y=-\dfrac{1}{2}x-2$이다.

---

💡 **시험에는 이렇게 나온다**　　　　　　　　　　99쪽

| 01 ④ | 02 ⑤ | 03 ② | 04 ⑤ |
|---|---|---|---|

01 기울기가 $\dfrac{8-(-4)}{6-2}=3$이므로 $a=3$이다.

일차함수 $y=3x+b$의 그래프가 점 $(2, -4)$를 지나므로
$-4=3\times2+b$, $-4=6+b$, $b=-10$
따라서 $a+b=3+(-10)=-7$

02 기울기가 $\dfrac{-3-7}{2-(-3)}=-2$이므로 일차함수의 식을

$y=-2x+b$로 놓자. 이 그래프가 점 $(2, -3)$을 지나므로
$-3=-2\times2+b$, $-3=-4+b$, $b=1$
따라서 일차함수의 식은 $y=-2x+1$이다.
① (기울기)$=-2<0$이므로 오른쪽 아래로 향하는 직선이다.
② $y$절편은 1이다.
③ $y=-2x+1$에서 $y=0$일 때, $0=-2x+1$, $x=\dfrac{1}{2}$

즉, $x$절편이 $\dfrac{1}{2}$이므로 $x$축과 점 $\left(\dfrac{1}{2},\ 0\right)$에서 만난다.

---

**18** 길이, 온도, 양의 변화에 대한 일차함수의 활용

**A**　　　　　　　　　　　　　　　　　101쪽

01 (1) $y=20-\dfrac{1}{2}x$　(2) 14 cm　(3) 40분

02 (1) $y=30-\dfrac{2}{5}x$　(2) 17.2 cm

03 (1) $y=20+1.5x$　(2) 44 cm　(3) 20 g

04 30 cm

01 (1) 양초의 길이가 2분마다 1 cm씩 짧아지므로 1분마다 $\dfrac{1}{2}$ cm
씩 짧아진다.

처음 양초의 길이는 20 cm이고, 양초의 길이는 $x$분 동안

$\dfrac{1}{2}x$ cm만큼 짧아지므로 $y$를 $x$에 대한 식으로 나타내면

$y=20-\dfrac{1}{2}x$

(2) $x=12$를 $y=20-\dfrac{1}{2}x$에 대입하면

$$y=20-\dfrac{1}{2}\times 12=20-6=14$$

따라서 양초에 불을 붙인 지 12분 후의 양초의 길이는 14 cm이다.

(3) 양초가 모두 타면 양초의 길이는 0 cm가 되므로

$y=0$을 $y=20-\dfrac{1}{2}x$에 대입하면

$$0=20-\dfrac{1}{2}x,\ \dfrac{1}{2}x=20,\ x=40$$

따라서 양초가 모두 타는 것은 불을 붙인 지 40분 후이다.

**02** (1) 양초의 길이가 5분마다 2 cm씩 짧아지므로 1분마다 $\dfrac{2}{5}$ cm씩 짧아진다.

처음 양초의 길이는 30 cm이고, 양초의 길이는 $x$분 동안 $\dfrac{2}{5}x$ cm만큼 짧아지므로 $y$를 $x$에 대한 식으로 나타내면

$$y=30-\dfrac{2}{5}x$$

(2) $x=32$를 $y=30-\dfrac{2}{5}x$에 대입하면

$$y=30-\dfrac{2}{5}\times 32=30-12.8=17.2$$

따라서 양초에 불을 붙인 지 32분 후의 양초의 길이는 17.2 cm이다.

**03** (1) 처음 용수철저울의 길이는 20 cm이고, 무게가 $x$ g인 물체를 매달았을 때 용수철저울의 길이는 $1.5x$ cm만큼 늘어나므로 $y$를 $x$에 대한 식으로 나타내면 $y=20+1.5x$

(2) $x=16$을 $y=20+1.5x$에 대입하면

$$y=20+1.5\times 16=20+24=44$$

따라서 무게가 16 g인 물체를 매달았을 때의 용수철저울의 길이는 44 cm이다.

(3) $y=50$을 $y=20+1.5x$에 대입하면

$$50=20+1.5x,\ 1.5x=30,\ x=20$$

따라서 용수철저울의 길이가 50 cm가 되는 것은 무게가 20 g인 물체를 매달았을 때이다.

**04** 추의 무게에 따라 길이가 일정하게 늘어나는 용수철저울에 무게가 30 g인 추를 매달았더니 길이가 2 cm만큼 늘어났으므로 1 g인 추를 매달 때마다 길이가 $\dfrac{2}{30}=\dfrac{1}{15}$ (cm)씩 늘어난다.

처음 용수철저울의 길이는 25 cm이고, 무게가 $x$ g인 물체를 매달았을 때 용수철저울의 길이는 $\dfrac{1}{15}x$ cm만큼 늘어나므로 $y$를 $x$에 대한 식으로 나타내면 $y=25+\dfrac{1}{15}x$

$x=75$를 $y=25+\dfrac{1}{15}x$에 대입하면

$$y=25+\dfrac{1}{15}\times 75=25+5=30$$

따라서 무게가 75 g인 추를 매달았을 때의 용수철저울의 길이는 30 cm이다.

**B** 102쪽

**01** (1) $y=10+4x$  (2) 70 ℃  (3) 20초
**02** (1) $y=20+0.5x$  (2) 160초
**03** (1) $y=100-5x$  (2) 50 ℃
**04** (1) 30 ℃  (2) $-9$ ℃

**01** (1) 현재 물의 온도가 10 ℃이고, $x$초 동안 가열하면 물의 온도는 $4x$ ℃ 만큼 올라가므로 $y$를 $x$에 대한 식으로 나타내면

$$y=10+4x$$

(2) $x=15$를 $y=10+4x$에 대입하면 $y=10+4\times 15=70$

따라서 가열한 지 15초 후의 물의 온도는 70 ℃이다.

(3) $y=90$을 $y=10+4x$에 대입하면

$$90=10+4x,\ 4x=80,\ x=20$$

따라서 물의 온도가 90 ℃가 되는 것은 가열한 지 20초 후이다.

**02** (1) 물의 온도가 10초마다 5 ℃씩 올라가므로 1초마다

$\dfrac{5}{10}=0.5$ (℃)씩 올라간다.

처음 물의 온도가 20 ℃이고, 물의 온도가 $x$초 동안 $0.5x$ ℃만큼 올라가므로 $y$를 $x$에 대한 식으로 나타내면

$$y=20+0.5x$$

(2) $y=100$을 $y=20+0.5x$에 대입하면

$$100=20+0.5x,\ 0.5x=80,\ x=160$$

따라서 물이 끓기 시작하는 것은 가열한 지 160초 후이다.

**03** (1) 물의 온도가 4분 동안 20 ℃가 내려갔고 일정하게 내려가므로 1분에 $\dfrac{20}{4}=5$ (℃)씩 내려간다.

처음 물의 온도가 100 ℃이고, 물의 온도가 $x$분 동안 $5x$ ℃만큼 내려가므로 $y$를 $x$에 대한 식으로 나타내면

$$y=100-5x$$

(2) $x=10$을 $y=100-5x$에 대입하면

$$y=100-5\times 10=50$$

따라서 주전자를 실온에 둔 지 10분 후의 물의 온도는 50 ℃이다.

**04** (1) 지면에서의 기온을 $k$ ℃라 하면 지면으로부터 $x$ km 높아지면 기온은 $6.5x$ ℃만큼 내려가므로 $y$를 $x$에 대한 식으로 나타내면

$y=k-6.5x$  …… ㉠

이날 지면으로부터 높이가 2 km인 곳의 기온이 17 ℃이므로 $x=2$, $y=17$을 ㉠에 대입하면

$17=k-6.5\times2$, $17=k-13$, $k=30$

따라서 이날 지면에서의 기온은 30 ℃이다.

(2) $x=6$을 $y=30-6.5x$에 대입하면

$y=30-6.5\times6=-9$

따라서 같은 날 지면으로부터 높이가 6 km인 곳의 기온은 $-9$ ℃이다.

103쪽

**C**

**01** (1) $y=300-2x$  (2) 210 L  (3) 150분
**02** (1) $y=400+8x$  (2) 200시간
**03** (1) $y=15-\dfrac{1}{20}x$  (2) 8 L
**04** (1) $y=70-\dfrac{1}{6}x$  (2) 30 kWh

**01** (1) 처음 물의 양은 300 L이고, $x$분 동안 줄어드는 물의 양은 $2x$ L이므로 $y$를 $x$에 대한 식으로 나타내면 $y=300-2x$

(2) $x=45$를 $y=300-2x$에 대입하면

$y=300-2\times45=210$

따라서 물을 빼내기 시작한 지 45분 후 물통에 들어 있는 물의 양은 210 L이다.

(3) 물통에서 물을 모두 빼내면 물통에 들어 있는 물의 양이 0 L가 되므로 $y=0$을 $y=300-2x$에 대입하면

$0=300-2x$, $2x=300$, $x=150$

따라서 물통에서 물을 모두 빼내는 데 걸리는 시간은 150분이다.

**02** (1) 처음 물의 양은 400톤이고, $x$시간 동안 채운 물의 양은 $8x$톤이므로 $y$를 $x$에 대한 식으로 나타내면 $y=400+8x$

(2) 아쿠아리움을 가득 채웠을 때 아쿠아리움에 들어 있는 물의 양은 2000톤이 되므로 $y=2000$을 $y=400+8x$에 대입하면

$2000=400+8x$, $8x=1600$, $x=200$

따라서 아쿠아리움을 가득 채우는 데 걸리는 시간은 200시간이다.

**03** (1) 1 L의 휘발유로 20 km를 달릴 수 있으므로 1 km를 달리는 데 소비되는 휘발유의 양은 $\dfrac{1}{20}$ L이다.

처음 자동차의 연료 탱크에 들어 있는 휘발유의 양은 15 L이고, $x$ km를 달리는 데 소비되는 휘발유의 양은 $\dfrac{1}{20}x$ L이므로 $y$를 $x$에 대한 식으로 나타내면

$y=15-\dfrac{1}{20}x$

(2) $x=140$을 $y=15-\dfrac{1}{20}x$에 대입하면

$y=15-\dfrac{1}{20}\times140=15-7=8$

따라서 140 km를 달린 후 자동차에 남은 휘발유의 양은 8 L이다.

**04** (1) 1 kWh의 전력량으로 6 km를 달릴 수 있으므로 1 km를 달리는 데 소비되는 전력량은 $\dfrac{1}{6}$ kWh이다.

처음 자동차에 충전된 전력량은 70 kWh이고, $x$ km를 달리는 데 소비되는 전력량은 $\dfrac{1}{6}x$ kWh이므로 $y$를 $x$에 대한 식으로 나타내면 $y=70-\dfrac{1}{6}x$

(2) $x=240$을 $y=70-\dfrac{1}{6}x$에 대입하면

$y=70-\dfrac{1}{6}\times240=70-40=30$

따라서 240 km를 달린 후 자동차에 남은 전력량은 30 kWh이다.

104쪽

**💡 시험에는 이렇게 나온다**

**01** (1) $y=331+0.6x$  (2) 초속 346 m  (3) 15 ℃
**02** ④  **03** ③

**01** (1) 소리의 속력은 기온이 0 ℃일 때, 초속 331 m이고 기온이 $x$ ℃ 오르면 소리의 속력은 초속 $0.6x$ m만큼 증가하므로 $y$를 $x$에 대한 식으로 나타내면 $y=331+0.6x$

(2) $x=25$를 $y=331+0.6x$에 대입하면

$y=331+0.6\times25=331+15=346$

따라서 기온이 25 ℃일 때의 소리의 속력은 초속 346 m이다.

(3) $y=340$을 $y=331+0.6x$에 대입하면

$340=331+0.6x$, $0.6x=9$, $x=15$

따라서 소리의 속력이 초속 340 m일 때의 기온은 15 ℃이다.

**02** 추의 무게에 따라 길이가 일정하게 늘어나는 용수철저울에 무게가 50 g인 추를 매달았더니 길이가 $20-15=5\,(cm)$만큼 늘어났으므로 1 g인 추를 매달 때마다 길이가 $\dfrac{5}{50}=\dfrac{1}{10}\,(cm)$씩 늘어난다.

처음 용수철저울의 길이는 15 cm이고, 무게가 $x$ g인 추를 매달았을 때 용수철의 길이는 $\dfrac{1}{10}x$ cm만큼 늘어나므로 $y$를 $x$에 대한 식으로 나타내면 $y=15+\dfrac{1}{10}x$

$x=140$을 $y=15+\dfrac{1}{10}x$에 대입하면

$y=15+\dfrac{1}{10}\times140=15+14=29$

따라서 무게가 140 g인 추를 매달았을 때의 용수철저울의 길이는 29 cm이다.

03 휴대전화의 배터리 충전량이 2시간마다 6 %씩 줄어들므로 1시간마다 $\dfrac{6}{2}=3(\%)$씩 줄어든다.

처음 휴대전화의 배터리 충전량이 96 %이고, $x$분 동안 $3x\,\%$만큼 줄어들므로 $y$를 $x$에 대한 식으로 나타내면

$y=96-3x$

휴대전화의 배터리 충전량이 0 %가 되면 휴대전화가 꺼지므로 $y=0$을 $y=96-3x$에 대입하면

$0=96-3x,\ 3x=96,\ x=32$

따라서 휴대전화의 배터리 충전량을 기록하기 시작했을 때부터 휴대전화가 꺼질 때까지 걸리는 시간은 32시간이다.

 **19** 속력, 도형, 그래프에 대한 일차함수의 활용

**A** 106쪽

01 (1) $240x,\ y=6000-240x$　(2) 2400 m　(3) 25분
02 (1) $y=350-140x$　(2) 70 km　(3) 2시간 30분
03 (1) $y=150-2x$　(2) 33초

01 (1) 분속 240 m로 $x$분 동안 은아가 간 거리는 $\boxed{240x}$ m이므로 $y$를 $x$에 대한 식으로 나타내면 $y=6000-240x$

(2) $x=15$를 $y=6000-240x$에 대입하면

$y=6000-240\times15=6000-3600=2400$

따라서 출발한 지 15분 후 백화점까지 남은 거리는 2400 m이다.

(3) $y=0$을 $y=6000-240x$에 대입하면

$0=6000-240x,\ 240x=6000,\ x=25$

따라서 백화점에 도착하는 것은 출발한 지 25분 후이다.

02 (1) 시속 140 km로 $x$시간 동안 기차가 간 거리는 $140x$ km이므로 $y$를 $x$에 대한 식으로 나타내면 $y=350-140x$

(2) $x=2$를 $y=350-140x$에 대입하면

$y=350-140\times2=350-280=70$

따라서 출발한 지 2시간 후 B역까지 남은 거리는 70 km이다.

(3) $y=0$을 $y=350-140x$에 대입하면

$0=350-140x,\ 140x=350,\ x=\dfrac{5}{2}=2.5$

따라서 B역에 도착하는 것은 A역에서 출발한 지 2.5시간, 즉 2시간 30분 후이다.

03 (1) 초속 2 m로 $x$초 동안 엘리베이터가 내려온 거리는 $2x$ m이므로 $y$를 $x$에 대한 식으로 나타내면 $y=150-2x$

(2) $y=84$를 $y=150-2x$에 대입하면

$84=150-2x,\ 2x=66,\ x=33$

따라서 엘리베이터의 높이가 84 m가 되는 것은 출발한 지 33초 후이다.

**B** 107쪽

01 (1) $2x,\ y=10x$　(2) 50 cm²　(3) 8초
02 (1) $y=40-5x$　(2) 5초
03 (1) $y=36+3x$　(2) 4초

01 (1) 점 P가 매초 2 cm의 속력으로 움직이므로 점 P가 출발한 지 $x$초 후 $\overline{\mathrm{BP}}=\boxed{2x}$ cm이다.

(삼각형 ABP의 넓이)$=\dfrac{1}{2}\times\overline{\mathrm{BP}}\times\overline{\mathrm{AB}}$이므로

$y=\dfrac{1}{2}\times2x\times10$

따라서 $y=10x$

(2) $x=5$를 $y=10x$에 대입하면

$y=10\times5=50$

따라서 점 P가 출발한 지 5초 후의 삼각형 ABP의 넓이는 50 cm²이다.

(3) $y=80$을 $y=10x$에 대입하면

$80=10x,\ x=8$

따라서 삼각형 ABP의 넓이가 80 cm²가 되는 것은 점 P가 출발한 지 8초 후이다.

02 (1)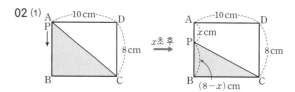

점 P가 매초 1 cm의 속력으로 움직이므로 점 P가 출발한 지 $x$초 후 $\overline{\mathrm{AP}}=x$ cm이고, 이때 $\overline{\mathrm{BP}}=8-x(\mathrm{cm})$이다.

(삼각형 PBC의 넓이)$=\dfrac{1}{2}\times\overline{\mathrm{BC}}\times\overline{\mathrm{PB}}$이므로

$y=\dfrac{1}{2}\times10\times(8-x)$

따라서 $y=40-5x$

(2) $y=15$를 $y=40-5x$에 대입하면

$15=40-5x,\ 5x=25,\ x=5$

따라서 삼각형 PBC의 넓이가 15 cm²가 되는 것은 점 P가 출발한 지 5초 후이다.

**03** (1)

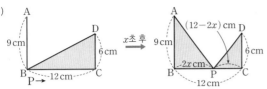

점 P가 매초 2 cm의 속력으로 움직이므로 점 P가 출발한 지 $x$초 후 $\overline{BP}=2x$ cm이고, 이때 $\overline{PC}=12-2x$(cm)이다.

(삼각형 ABP의 넓이)+(삼각형 DPC의 넓이)

$$=\frac{1}{2}\times\overline{BP}\times\overline{AB}+\frac{1}{2}\times\overline{PC}\times\overline{DC}$$

이므로

$$y=\frac{1}{2}\times 2x\times 9+\frac{1}{2}\times(12-2x)\times 6$$

따라서 $y=36+3x$

(2) $y=48$을 $y=36+3x$에 대입하면

$48=36+3x,\ 3x=12,\ x=4$

따라서 삼각형 ABP와 삼각형 DPC의 넓이의 합이 48 cm²가 되는 것은 점 P가 출발한 지 4초 후이다.

---

$24=-\frac{2}{3}\times 15+b,\ 24=-10+b,\ b=34$

따라서 $y=-\frac{2}{3}x+34$

(2) 물통에서 물을 모두 빼내면 물통에 들어 있는 물의 양이 0 L가 되므로 $y=0$을 $y=-\frac{2}{3}x+34$에 대입하면

$0=-\frac{2}{3}x+34,\ \frac{2}{3}x=34,\ x=51$

따라서 물통에서 물을 모두 빼내는 데 걸리는 시간은 51분이다.

**03** (1) 택시 요금은 이동 거리에 따라 일정하게 증가하므로 $y$는 $x$에 대한 일차함수이다.

이 택시를 타고 2 km 이동했을 때의 요금은 6400원이었고, 5 km 이동했을 때의 요금은 8800원이었으므로 $x$와 $y$ 사이의 관계를 그래프로 나타내면 오른쪽 그림과 같다.

그래프가 두 점 $(2,\ 6400)$, $(5,\ 8800)$을 지나므로 기울기는

$\dfrac{8800-6400}{5-2}=800$이다.

그러므로 주어진 직선을 그래프로 하는 일차함수의 식을 $y=800x+b$로 놓자. 이 그래프가 점 $(2,\ 6400)$을 지나므로

$6400=800\times 2+b,\ 6400=1600+b,\ b=4800$

따라서 $y=800x+4800$

(2) $y=12800$을 $y=800x+4800$에 대입하면

$12800=800x+4800,\ 800x=8000,\ x=10$

따라서 목적지에 도착했을 때의 요금이 12800원일 때, 처음 택시를 탄 곳으로부터 목적지까지의 거리는 10 km이다.

---

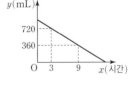

**01** (1) $y=-\dfrac{1}{4}x+125$ (2) 200일

**02** (1) $y=-\dfrac{2}{3}x+34$ (2) 51분

**03** (1) $y=800x+4800$ (2) 10 km

**04** (1) $y=-60x+900$ (2) 15시간

**01** (1) 주어진 그래프가 두 점 $(0,\ 125)$, $(500,\ 0)$을 지나므로 기울기는 $\dfrac{0-125}{500-0}=-\dfrac{1}{4}$이고, $y$절편은 125이다.

따라서 $y$를 $x$에 대한 식으로 나타내면 $y=-\dfrac{1}{4}x+125$

(2) $y=75$를 $y=-\dfrac{1}{4}x+125$에 대입하면

$75=-\dfrac{1}{4}x+125,\ \dfrac{1}{4}x=50,\ x=200$

따라서 남아 있는 허브향 방향제의 용량이 75 mL가 되는 것은 개봉하고 200일이 지난 후이다.

**02** (1) 주어진 그래프가 두 점 $(15,\ 24)$, $(30,\ 14)$를 지나므로 기울기는 $\dfrac{14-24}{30-15}=-\dfrac{2}{3}$이다.

그러므로 주어진 직선을 그래프로 하는 일차함수의 식을 $y=-\dfrac{2}{3}x+b$로 놓자. 이 그래프가 점 $(15,\ 24)$를 지나므로

**04** (1) 매시간 당 일정한 양의 수증기가 발생하므로 $y$는 $x$에 대한 일차함수이다.

이 가습기를 가동한 지 3시간 후에 남아 있는 물의 양이 720 mL였고, 9시간 후에 남아 있는 물의 양이 360 mL였으므로 $x$와 $y$ 사이의 관계를 그래프로 나타내면 오른쪽 그림과 같다.

그래프가 두 점 $(3,\ 720)$, $(9,\ 360)$을 지나므로 기울기는 $\dfrac{360-720}{9-3}=-60$이다.

그러므로 주어진 직선을 그래프로 하는 일차함수의 식을 $y=-60x+b$로 놓자. 이 그래프가 점 $(3,\ 720)$을 지나므로

$720=-60\times 3+b,\ 720=-180+b,\ b=900$

따라서 $y=-60x+900$

(2) 처음 가습기에 들어 있던 물을 모두 수증기로 발생시키면 가습기에 남아 있는 물의 양이 0 mL가 되므로 $y=0$을 $y=-60x+900$에 대입하면

$0=-60x+900,\ 60x=900,\ x=15$

따라서 처음 가습기에 들어 있던 물을 모두 수증기로 발생시키는 데 걸리는 시간은 15시간이다.

01 (1) $y=250-60x$　(2) 130 km
02 (1) $y=240-12x$　(2) 7초
03 ③

01 (1) 시속 60 km의 속력으로 $x$시간 동안 간 거리는 $60x$ km이
　므로 $y$를 $x$에 대한 식으로 나타내면 $y=250-60x$
　(2) $x=2$를 $y=250-60x$에 대입하면
　$y=250-60\times2=250-120=130$
　따라서 출발한 지 2시간 후 할머니 댁까지 남은 거리는
　130 km이다.

02 (1)

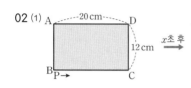 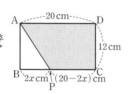

　점 P가 매초 2 cm의 속력으로 움직이므로 점 P가 출발한
　지 $x$초 후 $\overline{BP}=2x$ cm이고, 이때 $\overline{PC}=20-2x$(cm)이다.
　(사각형 APCD의 넓이)$=\dfrac{1}{2}\times(\overline{AD}+\overline{PC})\times\overline{DC}$이므로

　$y=\dfrac{1}{2}\times\{20+(20-2x)\}\times12$

　따라서 $y=240-12x$
　(2) $y=156$을 $y=240-12x$에 대입하면
　$156=240-12x,\ 12x=84,\ x=7$
　따라서 사각형 APCD의 넓이가 156 cm²가 되는 것은 점
　P가 출발한 지 7초 후이다.

03 주어진 그래프가 두 점 $(0,\ 32)$, $(100,\ 212)$를 지나므로 기울

　기는 $\dfrac{212-32}{100-0}=\dfrac{9}{5}$이고, $y$절편은 32이다.

　그러므로 $y$를 $x$에 대한 식으로 나타내면 $y=\dfrac{9}{5}x+32$

　$y=95$를 $y=\dfrac{9}{5}x+32$에 대입하면

　$95=\dfrac{9}{5}x+32,\ \dfrac{9}{5}x=63,\ x=35$

　따라서 화씨온도 95 °F는 섭씨온도 35 °C이다.

## 20 일차방정식과 일차함수는 어떤 관계일까?

### A

01

| $x$ | ... | $-2$ | $-1$ | $0$ | $1$ | $2$ | ... |
|---|---|---|---|---|---|---|---|
| $y$ | ... | 5 | 3 | 1 | 1 | 3 | ... |

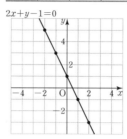

02 $-2x+1$
03 $y=-2x+1$

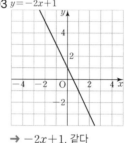

　→ $-2x+1$, 같다
04 $-x-2$　　　　　　05 $2x-5$

06 $x+2,\ \dfrac{1}{2}x+1$　　07 $-x+6,\ -\dfrac{1}{3}x+2$

08 $-3x+1,\ -\dfrac{3}{2}x+\dfrac{1}{2}$　09 $2x+7,\ \dfrac{1}{2}x+\dfrac{7}{4}$

### B

01 $x+1,\ 1,\ -1,\ 1$　　02 $-3x+3,\ -3,\ 1,\ 3$

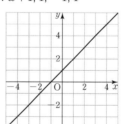 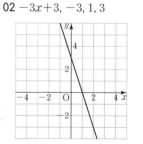

03 $\dfrac{2}{3}x+2,\ \dfrac{2}{3},\ -3,\ 2$

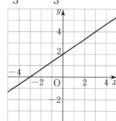

04 그래프는 풀이 참조, 1　　05 그래프는 풀이 참조, 3
06 그래프는 풀이 참조, 4　　07 그래프는 풀이 참조, 2

04 $x+y+4=0$에서 $y=-x-4$
즉, (기울기)$=-1<0$, ($y$절편)$=-4<0$이므로 그래프의 개형은 오른쪽 그림과 같다.
따라서 그래프는 제1사분면을 지나지 않는다.

05 $2x+y-8=0$에서 $y=-2x+8$
즉, (기울기)$=-2<0$, ($y$절편)$=8>0$이므로 그래프의 개형은 오른쪽 그림과 같다.
따라서 그래프는 제3사분면을 지나지 않는다.

06 $x-3y+4=0$에서
$3y=x+4$, $y=\dfrac{1}{3}x+\dfrac{4}{3}$
즉, (기울기)$=\dfrac{1}{3}>0$, ($y$절편)$=\dfrac{4}{3}>0$이므로 그래프의 개형은 오른쪽 그림과 같다.
따라서 그래프는 제4사분면을 지나지 않는다.

07 $5x-2y-1=0$에서
$2y=5x-1$, $y=\dfrac{5}{2}x-\dfrac{1}{2}$
즉, (기울기)$=\dfrac{5}{2}>0$, ($y$절편)$=-\dfrac{1}{2}<0$ 이므로 그래프의 개형은 오른쪽 그림과 같다.
따라서 그래프는 제2사분면을 지나지 않는다.

C                                                          115쪽

| 01 × | 02 ○ | 03 ○ | 04 × |
| 05 ○ | 06 ○ | 07 ㄴ, ㄷ | 08 ㄱ, ㄹ |
| 09 ㄱ, ㄴ | 10 ㄱ, ㄹ | 11 ㄴ | |

01 $3x+2y-6=0$에서 $2y=-3x+6$, $y=-\dfrac{3}{2}x+3$
즉, 일차방정식 $3x+2y-6=0$의 그래프의 (기울기)$=-\dfrac{3}{2}<0$이므로 $x$의 값이 증가하면 $y$의 값은 감소한다.

02 일차방정식 $3x+2y-6=0$, 즉 $y=-\dfrac{3}{2}x+3$ 의 그래프의 (기울기)$=-\dfrac{3}{2}<0$이므로 오른쪽 아래로 향하는 직선이다.

03 일차방정식 $3x+2y-6=0$, 즉 $y=-\dfrac{3}{2}x+3$의 그래프와 일차함수 $y=-\dfrac{3}{2}x+1$의 그래프의 기울기가 같고, $y$절편이 다르므로 두 그래프는 서로 평행하다.

04 일차방정식 $3x+2y-6=0$, 즉 $y=-\dfrac{3}{2}x+3$의 그래프의 $y$절편이 3이므로 그래프는 $y$축과 점 $(0,\,3)$에서 만난다.

다른 풀이
$y$절편을 구하기 위해 $3x+2y-6=0$에 $x=0$을 대입하면 $2y-6=0$, $2y=6$, $y=3$
따라서 일차방정식 $3x+2y-6=0$의 그래프의 $y$절편이 3이므로 그래프는 $y$축과 점 $(0,\,3)$에서 만난다.

05 $x$절편을 구하기 위해 $3x+2y-6=0$에 $y=0$을 대입하면 $3x-6=0$, $3x=6$, $x=2$
따라서 일차방정식 $3x+2y-6=0$의 그래프의 $x$절편이 2이므로 그래프는 $x$축과 점 $(2,\,0)$에서 만난다.

06 일차방정식 $3x+2y-6=0$, 즉 $y=-\dfrac{3}{2}x+3$의 그래프의 (기울기)$=-\dfrac{3}{2}<0$, ($y$절편)$=3>0$ 이므로 그래프의 개형은 오른쪽 그림과 같다.
따라서 그래프는 제1, 2, 4사분면을 지난다.

07 보기의 각 일차방정식을 일차함수의 꼴로 나타내면
ㄱ. $y=-\dfrac{1}{2}x-2$  ㄴ. $y=2x-2$
ㄷ. $y=\dfrac{1}{2}x+2$  ㄹ. $y=-\dfrac{1}{2}x+\dfrac{1}{4}$
오른쪽 위로 향하는 직선은 (기울기)$>0$이므로 ㄴ, ㄷ이다.

08 $x$의 값이 증가하면 $y$의 값은 감소하는 직선은 (기울기)$<0$이므로 ㄱ, ㄹ이다.

09 $y$축 위에서 만나는 두 직선은 $y$절편이 서로 같으므로 ㄱ, ㄴ이다.

10 서로 평행한 두 직선은 기울기가 같고, $y$절편이 다르므로 ㄱ, ㄹ이다.

11 ㄱ. (기울기)$=-\dfrac{1}{2}<0$  ㄴ. (기울기)$=2>0$
($y$절편)$=-2<0$    ($y$절편)$=-2<0$

ㄷ. (기울기)$=\dfrac{1}{2}>0$  ㄹ. (기울기)$=-\dfrac{1}{2}<0$
($y$절편)$=2>0$    ($y$절편)$=\dfrac{1}{4}>0$

따라서 제2사분면을 지나지 않는 직선은 ㄴ이다.

| | | | |
|---|---|---|---|
| 01 ○ | 02 ○ | 03 × | 04 ○ |
| 05 × | 06 ○ | 07 −6 | 08 2 |
| 09 3 | 10 −2 | 11 3 | 12 1 |

01 $x=-1$, $y=1$을 $x+5y-4=0$에 대입하면

$-1+5\times1-4=0$

따라서 등식이 성립하므로 점 $(-1,\ 1)$은 일차방정식 $x+5y-4=0$의 그래프 위의 점이다.

02 $x=9$, $y=-1$을 $x+5y-4=0$에 대입하면

$9+5\times(-1)-4=9-5-4=0$

따라서 등식이 성립하므로 점 $(9,\ -1)$은 일차방정식 $x+5y-4=0$의 그래프 위의 점이다.

03 $x=5$, $y=\dfrac{1}{5}$을 $x+5y-4=0$에 대입하면

$5+5\times\dfrac{1}{5}-4=5+1-4=2\ne0$

따라서 등식이 성립하지 않으므로 점 $\left(5,\ \dfrac{1}{5}\right)$은 일차방정식 $x+5y-4=0$의 그래프 위의 점이 아니다.

04 $x=1$, $y=-1$을 $2x-y-3=0$에 대입하면

$2\times1-(-1)-3=2+1-3=0$

따라서 등식이 성립하므로 점 $(1,\ -1)$은 일차방정식 $2x-y-3=0$의 그래프 위의 점이다.

05 $x=3$, $y=2$를 $2x-y-3=0$에 대입하면

$2\times3-2-3=6-2-3=1\ne0$

따라서 등식이 성립하지 않으므로 점 $(3,\ 2)$는 일차방정식 $2x-y-3=0$의 그래프 위의 점이 아니다.

06 $x=-\dfrac{1}{2}$, $y=-4$를 $2x-y-3=0$에 대입하면

$2\times\left(-\dfrac{1}{2}\right)-(-4)-3=-1+4-3=0$

따라서 등식이 성립하므로 점 $\left(-\dfrac{1}{2},\ -4\right)$는 일차방정식 $2x-y-3=0$의 그래프 위의 점이다.

07 $x=a$, $y=1$을 $x-y+7=0$에 대입하면

$a-1+7=0$, $a+6=0$

따라서 $a=-6$

08 $x=-2$, $y=a$를 $x+3y-4=0$에 대입하면

$-2+3a-4=0$, $3a-6=0$, $3a=6$

따라서 $a=2$

09 $x=a$, $y=a+1$을 $2x+y-10=0$에 대입하면

$2a+(a+1)-10=0$, $3a-9=0$, $3a=9$

따라서 $a=3$

10 $x=6$, $y=1$을 $x-4y+a=0$에 대입하면

$6-4\times1+a=0$, $a+2=0$

따라서 $a=-2$

11 $x=-3$, $y=4$를 $ax+y+5=0$에 대입하면

$-3a+4+5=0$, $-3a+9=0$, $3a=9$

따라서 $a=3$

12 $x=-1$, $y=5$를 $2x+ay-3=0$에 대입하면

$2\times(-1)+5a-3=0$, $5a-5=0$, $5a=5$

따라서 $a=1$

| | | | |
|---|---|---|---|
| 01 ② | 02 ④ | 03 ③ | 04 −4 |

01 $x+2y-6=0$에서 $2y=-x+6$, $y=-\dfrac{1}{2}x+3$

따라서 일차방정식 $x+2y-6=0$의 그래프의 기울기는 $-\dfrac{1}{2}$, $y$절편은 3이다.

$x$절편을 구하기 위하여 $x+2y-6=0$에 $y=0$을 대입하면

$x-6=0$, $x=6$

즉, $x$절편은 6이다.

따라서 일차방정식 $x+2y-6=0$의 그래프는 ②이다.

02 $2x-3y+5=0$에서 $3y=2x+5$, $y=\dfrac{2}{3}x+\dfrac{5}{3}$

① (기울기)$=\dfrac{2}{3}>0$이므로 오른쪽 위로 향하는 직선이다.

② $x$절편을 구하기 위하여 $2x-3y+5=0$에 $y=0$을 대입하면

$2x+5=0$, $2x=-5$, $x=-\dfrac{5}{2}$

즉, $x$절편은 $-\dfrac{5}{2}$이다.

③ $x=2$, $y=3$을 $2x-3y+5=0$에 대입하면
$2\times2-3\times3+5=4-9+5=0$
따라서 등식이 성립하므로 점 $(2, 3)$은 일차방정식
$2x-3y+5=0$의 그래프 위의 점이다.

④ 일차방정식 $2x-3y+5=0$, 즉 $y=\dfrac{2}{3}x+\dfrac{5}{3}$의 그래프와
일차함수 $y=\dfrac{3}{2}x-3$의 그래프의 기울기가 다르므로 두 그래프는 서로 평행하지 않다.

⑤ 일차방정식 $2x-3y+5=0$의 그래프의 (기울기)$=\dfrac{2}{3}>0$,
($y$절편)$=\dfrac{5}{3}>0$이므로 그래프의 개형은 오른쪽 그림과 같다.

따라서 그래프는 제4사분면을 지나지 않는다.
이상에서 옳지 않은 것은 ④이다.

03 $x=a$, $y=a+2$를 $2x-y+3=0$에 대입하면
$2a-(a+2)+3=0$, $a+1=0$
따라서 $a=-1$

04 점 $(4, 2)$가 일차방정식 $ax-3y+2=0$의 그래프 위의 점이
므로 $x=4$, $y=2$를 $ax-3y+2=0$에 대입하면
$4a-3\times2+2=0$, $4a-4=0$, $4a=4$, $a=1$
점 $(b, -1)$이 일차방정식 $x-3y+2=0$의 그래프 위의 점이
므로 $x=b$, $y=-1$을 $x-3y+2=0$에 대입하면
$b-3\times(-1)+2=0$, $b+3+2=0$, $b+5=0$, $b=-5$
따라서 $a+b=1+(-5)=-4$

## 21 직선 $ax+by+c=0$에서 $a, b, c$의 값 또는 부호를 구해

### A
119쪽

| | |
|---|---|
| 01 $2, 2$ | 02 $\dfrac{1}{2}, 4, 2, 8$ |
| 03 $2, 4, 2, 4$ | 04 $-\dfrac{3}{2}, 3, 2, 6$ |
| 05 $a=2, b=-5$ | 06 $a=3, b=1$ |
| 07 $a=5, b=2$ | 08 $a=-3, b=-6$ |

01 기울기가 1이고, $y$절편이 2인 직선의 방정식은
$y=x+\boxed{2}$, 즉 $x-y+\boxed{2}=0$

02 기울기가 $\dfrac{1}{2}$이므로 직선의 방정식을 $y=\dfrac{1}{2}x+k$로 놓자.
이 직선이 점 $(2, 5)$를 지나므로
$5=\dfrac{1}{2}\times2+k$, $5=1+k$, $k=4$
따라서 직선의 방정식은
$y=\boxed{\dfrac{1}{2}}x+\boxed{4}$, $2y=x+8$, 즉 $x-\boxed{2}y+\boxed{8}=0$

03 기울기가 $\dfrac{4-(-2)}{4-1}=\dfrac{6}{3}=2$이므로 직선의 방정식을
$y=2x+k$로 놓자.
이 직선이 점 $(1, -2)$를 지나므로
$-2=2\times1+k$, $k=-4$
따라서 직선의 방정식은
$y=\boxed{2}x-\boxed{4}$, 즉 $\boxed{2}x-y-\boxed{4}=0$

04 직선은 두 점 $(2, 0)$, $(0, 3)$을 지난다.
따라서 기울기는 $\dfrac{3-0}{0-2}=-\dfrac{3}{2}$이고, $y$절편은 3이므로 직선의
방정식은
$y=\boxed{-\dfrac{3}{2}}x+\boxed{3}$, $2y=-3x+6$, $3x+\boxed{2}y-\boxed{6}=0$

05 $y$축 위에서 만나는 두 직선의 $y$절편이 같으므로 일차함수
$y=x+5$의 그래프와 $y$축 위에서 만나는 직선의 $y$절편은 5이
다. 따라서 기울기가 $-2$이고, $y$절편이 5인 직선의 방정식은
$y=-2x+5$, 즉 $2x+y-5=0$
이므로 $a=2$, $b=-5$

06 일차함수 $y=-3x+2$의 그래프의 기울기가 $-3$이므로 이 그
래프와 평행한 직선의 기울기는 $-3$이다.
그러므로 구하는 직선의 방정식을 $y=-3x+k$로 놓자.
이 직선이 점 $(1, -4)$를 지나므로
$-4=-3+k$, $k=-1$
따라서 구하는 직선의 방정식은
$y=-3x-1$, 즉 $3x+y+1=0$
이므로 $a=3$, $b=1$

07 주어진 직선은 두 점 $(-1, 3)$, $(1, -2)$를 지난다.
기울기는 $\dfrac{-2-3}{1-(-1)}=-\dfrac{5}{2}$이므로 구하는 직선의 방정식을
$y=-\dfrac{5}{2}x+k$로 놓자.
이 직선이 점 $(1, -2)$를 지나므로
$-2=-\dfrac{5}{2}\times1+k$, $k=\dfrac{1}{2}$

따라서 구하는 직선의 방정식은

$y=-\dfrac{5}{2}x+\dfrac{1}{2}$, $2y=-5x+1$, 즉 $5x+2y-1=0$

이므로 $a=5$, $b=2$

08 주어진 직선은 두 점 $(6, 0)$, $(0, -2)$를 지난다.

기울기는 $\dfrac{-2-0}{0-6}=\dfrac{1}{3}$이고, $y$절편은 $-2$이므로 직선의 방정

식은 $y=\dfrac{1}{3}x-2$, $3y=x-6$, 즉 $x-3y-6=0$

따라서 $a=-3$, $b=-6$

# B

120쪽

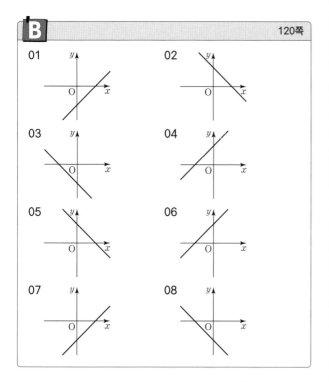

01 $ax-by-1=0$에서 $by=ax-1$, $y=\dfrac{a}{b}x-\dfrac{1}{b}$

즉, 일차방정식 $ax-by-1=0$의 그래프의

$(기울기)=\dfrac{a}{b}$, $(y절편)=-\dfrac{1}{b}$이고,

$a>0$, $b>0$이므로

$(기울기)=\dfrac{a}{b}>0$, $(y절편)=-\dfrac{1}{b}<0$

따라서 일차방정식 $ax-by-1=0$의 그래
프의 개형은 오른쪽 그림과 같다.

02 일차방정식 $ax-by-1=0$의 그래프의

$(기울기)=\dfrac{a}{b}$, $(y절편)=-\dfrac{1}{b}$이고,

$a>0$, $b<0$이므로

$(기울기)=\dfrac{a}{b}<0$, $(y절편)=-\dfrac{1}{b}>0$

따라서 일차방정식 $ax-by-1=0$의 그래
프의 개형은 오른쪽 그림과 같다.

03 일차방정식 $ax-by-1=0$의 그래프의

$(기울기)=\dfrac{a}{b}$, $(y절편)=-\dfrac{1}{b}$이고,

$a<0$, $b>0$이므로

$(기울기)=\dfrac{a}{b}<0$, $(y절편)=-\dfrac{1}{b}<0$

따라서 일차방정식 $ax-by-1=0$의 그래
프의 개형은 오른쪽 그림과 같다.

04 일차방정식 $ax-by-1=0$의 그래프의

$(기울기)=\dfrac{a}{b}$, $(y절편)=-\dfrac{1}{b}$이고,

$a<0$, $b<0$이므로

$(기울기)=\dfrac{a}{b}>0$, $(y절편)=-\dfrac{1}{b}>0$

따라서 일차방정식 $ax-by-1=0$의 그래
프의 개형은 오른쪽 그림과 같다.

05 $ax+by-c=0$에서 $by=-ax+c$, $y=-\dfrac{a}{b}x+\dfrac{c}{b}$

즉, 일차방정식 $ax+by-c=0$의 그래프의

$(기울기)=-\dfrac{a}{b}$, $(y절편)=\dfrac{c}{b}$이고,

$a>0$, $b>0$, $c>0$이므로

$(기울기)=-\dfrac{a}{b}<0$, $(y절편)=\dfrac{c}{b}>0$

따라서 일차방정식 $ax+by-c=0$의 그래
프의 개형은 오른쪽 그림과 같다.

06 일차방정식 $ax+by-c=0$의 그래프의

$(기울기)=-\dfrac{a}{b}$, $(y절편)=\dfrac{c}{b}$이고,

$a>0$, $b<0$, $c<0$이므로

$(기울기)=-\dfrac{a}{b}>0$, $(y절편)=\dfrac{c}{b}>0$

따라서 일차방정식 $ax+by-c=0$의 그래
프의 개형은 오른쪽 그림과 같다.

07 일차방정식 $ax+by-c=0$의 그래프의

$(기울기)=-\dfrac{a}{b}$, $(y절편)=\dfrac{c}{b}$이고,

$a<0$, $b>0$, $c<0$이므로

$(기울기)=-\dfrac{a}{b}>0$, $(y절편)=\dfrac{c}{b}<0$

따라서 일차방정식 $ax+by-c=0$의 그래
프의 개형은 오른쪽 그림과 같다.

08 일차방정식 $ax+by-c=0$의 그래프의

$(기울기)=-\dfrac{a}{b}$, $(y절편)=\dfrac{c}{b}$이고,

$a<0$, $b<0$, $c>0$이므로

$(기울기)=-\dfrac{a}{b}<0$, $(y절편)=\dfrac{c}{b}<0$

따라서 일차방정식 $ax+by-c=0$의 그래프의 개형은 오른쪽 그림과 같다.

따라서 $\dfrac{1}{a}<0$에서 $a<0$이고,

$\dfrac{b}{a}>0$에서 $a$, $b$는 부호가 같으므로 $b<0$

04 일차방정식 $x-ay+b=0$의 그래프의

(기울기)$=\dfrac{1}{a}$, ($y$절편)$=\dfrac{b}{a}$이고,

주어진 직선에서 (기울기)$<0$, ($y$절편)$<0$이므로

$\dfrac{1}{a}<0$, $\dfrac{b}{a}<0$

따라서 $\dfrac{1}{a}<0$에서 $a<0$이고,

$\dfrac{b}{a}<0$에서 $a$, $b$는 부호가 다르므로 $b>0$

121쪽

**C**

| 01 >, > | 02 >, < | 03 <, < | 04 <, > |
|---|---|---|---|
| 05 <, <, >, > | | 06 <, >, >, < | |
| 07 >, >, <, < | | 08 >, <, <, > | |

01 $x-ay+b=0$에서 $ay=x+b$, $y=\dfrac{1}{a}x+\dfrac{b}{a}$

즉, 일차방정식 $x-ay+b=0$의 그래프의

(기울기)$=\dfrac{1}{a}$, ($y$절편)$=\dfrac{b}{a}$이고,

주어진 직선에서 (기울기)$>0$, ($y$절편)$>0$이므로

$\dfrac{1}{a}>0$, $\dfrac{b}{a}>0$

따라서 $\dfrac{1}{a}>0$에서 $a>0$이고,

$\dfrac{b}{a}>0$에서 $a$, $b$는 부호가 같으므로 $b>0$

02 일차방정식 $x-ay+b=0$의 그래프의

(기울기)$=\dfrac{1}{a}$, ($y$절편)$=\dfrac{b}{a}$이고,

주어진 직선에서 (기울기)$>0$, ($y$절편)$<0$이므로

$\dfrac{1}{a}>0$, $\dfrac{b}{a}<0$

따라서 $\dfrac{1}{a}>0$에서 $a>0$이고,

$\dfrac{b}{a}<0$에서 $a$, $b$는 부호가 다르므로 $b<0$

03 일차방정식 $x-ay+b=0$의 그래프의

(기울기)$=\dfrac{1}{a}$, ($y$절편)$=\dfrac{b}{a}$이고,

주어진 직선에서 (기울기)$<0$, ($y$절편)$>0$이므로

$\dfrac{1}{a}<0$, $\dfrac{b}{a}>0$

05 $ax+by-c=0$에서 $by=-ax+c$, $y=-\dfrac{a}{b}x+\dfrac{c}{b}$

즉, 일차방정식 $ax+by-c=0$의 그래프의

(기울기)$=-\dfrac{a}{b}$, ($y$절편)$=\dfrac{c}{b}$이고,

주어진 직선에서 (기울기)$>0$, ($y$절편)$>0$이므로

$-\dfrac{a}{b}>0$, $\dfrac{c}{b}>0$, 즉 $\dfrac{a}{b}<0$, $\dfrac{c}{b}>0$

따라서 $a$, $b$는 부호가 다르고, $b$, $c$는 부호가 같으므로
$a>0$, $b<0$, $c<0$ 또는 $a<0$, $b>0$, $c>0$

06 일차방정식 $ax+by-c=0$의 그래프의

(기울기)$=-\dfrac{a}{b}$, ($y$절편)$=\dfrac{c}{b}$이고,

주어진 직선에서 (기울기)$>0$, ($y$절편)$<0$이므로

$-\dfrac{a}{b}>0$, $\dfrac{c}{b}<0$, 즉 $\dfrac{a}{b}<0$, $\dfrac{c}{b}<0$

따라서 $a$, $b$는 부호가 다르고, $b$, $c$도 부호가 다르므로
$a>0$, $b<0$, $c>0$ 또는 $a<0$, $b>0$, $c<0$

07 일차방정식 $ax+by-c=0$의 그래프의

(기울기)$=-\dfrac{a}{b}$, ($y$절편)$=\dfrac{c}{b}$이고,

주어진 직선에서 (기울기)$<0$, ($y$절편)$>0$이므로

$-\dfrac{a}{b}<0$, $\dfrac{c}{b}>0$, 즉 $\dfrac{a}{b}>0$, $\dfrac{c}{b}>0$

따라서 $a$, $b$는 부호가 같고, $b$, $c$도 부호가 같으므로
$a>0$, $b>0$, $c>0$ 또는 $a<0$, $b<0$, $c<0$

08 일차방정식 $ax+by-c=0$의 그래프의

(기울기)$=-\dfrac{a}{b}$, ($y$절편)$=\dfrac{c}{b}$이고,

주어진 직선에서 (기울기)$<0$, ($y$절편)$<0$이므로

$-\dfrac{a}{b}<0$, $\dfrac{c}{b}<0$, 즉 $\dfrac{a}{b}>0$, $\dfrac{c}{b}<0$

따라서 $a$, $b$는 부호가 같고 $b$, $c$는 부호가 다르므로

$a>0$, $b>0$, $c<0$ 또는 $a<0$, $b<0$, $c>0$

**04** $ax+by+c=0$에서 $by=-ax-c$, $y=-\dfrac{a}{b}x-\dfrac{c}{b}$

즉, 일차방정식 $ax+by+c=0$의 그래프의

(기울기)$=-\dfrac{a}{b}$, ($y$절편)$=-\dfrac{c}{b}$이고,

주어진 직선에서 (기울기)$>0$, ($y$절편)$<0$이므로

$-\dfrac{a}{b}>0$, $-\dfrac{c}{b}<0$, 즉 $\dfrac{a}{b}<0$, $\dfrac{c}{b}>0$

따라서 $a$, $b$는 부호가 다르고, $b$, $c$는 부호가 같으므로

$a>0$, $b<0$, $c<0$ 또는 $a<0$, $b>0$, $c>0$

---

| 01 ② | 02 ③ | 03 제1사분면 | 04 ③ |
|---|---|---|---|

**01** 기울기가 $\dfrac{6}{2}=3$이므로 직선의 방정식을 $y=3x+k$로 놓자.

이 직선이 점 $(-3,\ 4)$를 지나므로

$4=3\times(-3)+k$, $4=-9+k$, $k=13$

그러므로 직선의 방정식은

$y=3x+13$, 즉 $3x-y+13=0$

따라서 $a=3$, $b=13$이므로

$b-a=13-3=10$

**02** 오른쪽 직선은 기울기가 $\dfrac{4}{3}$이므로 이 직
선과 평행한 직선의 기울기는 $\dfrac{4}{3}$이다.

구하는 직선의 방정식을 $y=\dfrac{4}{3}x+k$로

놓으면 직선 $y=\dfrac{4}{3}x+k$가 점 $(6,\ 0)$

을 지나므로

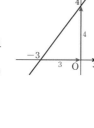

$0=\dfrac{4}{3}\times6+k$, $0=8+k$, $k=-8$

그러므로 구하는 직선의 방정식은

$y=\dfrac{4}{3}x-8$, $3y=4x-24$, 즉 $4x-3y-24=0$

따라서 $a=4$, $b=-3$이므로

$a+b=4+(-3)=1$

**03** $ax-by-c=0$에서 $by=ax-c$, $y=\dfrac{a}{b}x-\dfrac{c}{b}$

즉, 일차방정식 $ax-by-c=0$의 그래프의

(기울기)$=\dfrac{a}{b}$, ($y$절편)$=-\dfrac{c}{b}$이고,

$a>0$, $b<0$, $c<0$이므로

(기울기)$=\dfrac{a}{b}<0$, ($y$절편)$=-\dfrac{c}{b}<0$

따라서 일차방정식 $ax-by-c=0$의 그래
프의 개형은 오른쪽 그림과 같으므로 제1사
분면을 지나지 않는다.

---

**A**      124쪽

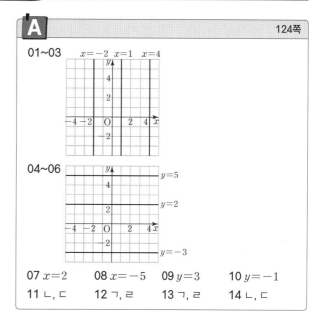

| 07 $x=2$ | 08 $x=-5$ | 09 $y=3$ | 10 $y=-1$ |
|---|---|---|---|
| 11 ㄴ, ㄷ | 12 ㄱ, ㄹ | 13 ㄱ, ㄹ | 14 ㄴ, ㄷ |

**11~14** ㄱ. $2x=-6$에서 $x=-3$

따라서 일차방정식 $x=-3$의 그래
프는 오른쪽 그림과 같다.

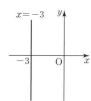

ㄴ. $4y=2$에서 $y=\dfrac{1}{2}$

따라서 일차방정식 $y=\dfrac{1}{2}$의 그래프
는 오른쪽 그림과 같다.

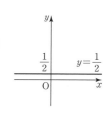

ㄷ. $3y+12=0$에서

$3y=-12$, 즉 $y=-4$

따라서 일차방정식 $y=-4$의 그
래프는 오른쪽 그림과 같다.

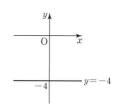

ㄹ. $6x-10=0$에서

$6x=10$, 즉 $x=\dfrac{5}{3}$

따라서 일차방정식 $x=\dfrac{5}{3}$의 그래프는
오른쪽 그림과 같다.

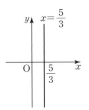

**09** $y$축에 평행한 직선 위의 점은 모두 $x$좌표가 같으므로 두 점
$(a,\ -1)$, $(2a+1,\ 3)$의 $x$좌표가 같아야 한다.
따라서 $a=2a+1$에서 $a=-1$

**10** $x$축에 수직인 직선 위의 점은 모두 $x$좌표가 같으므로 두 점
$(2a,\ -4)$, $(-a+6,\ 2)$의 $x$좌표가 같아야 한다.
따라서 $2a=-a+6$에서 $3a=6$, $a=2$

**11** $x$축에 평행한 직선 위의 점은 모두 $y$좌표가 같으므로 두 점
$(-6,\ a-8)$, $(1,\ 3a)$의 $y$좌표가 같아야 한다.
따라서 $a-8=3a$에서 $-2a=8$, $a=-4$

**12** $y$축에 수직인 직선 위의 점은 모두 $y$좌표가 같으므로 두 점
$(3,\ -a+2)$, $(5,\ 2a-7)$의 $y$좌표가 같아야 한다.
따라서 $-a+2=2a-7$에서 $-3a=-9$, $a=3$

125쪽

| 01 $x=-1$ | 02 $x=5$ | 03 $y=3$ | 04 $y=-6$ |
|---|---|---|---|
| 05 $x=7$ | 06 $y=-2$ | 07 $x=2$ | 08 $y=-3$ |
| 09 $-1$ | 10 2 | 11 $-4$ | 12 3 |

**01**

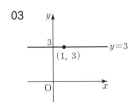

**02**

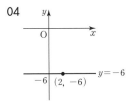

**03**

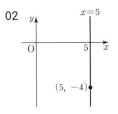

**04**

**05**

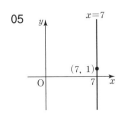

**06**

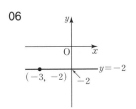

**07**

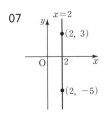

**08**

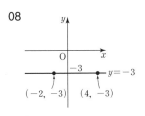

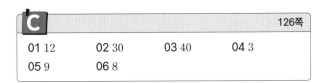

126쪽

| 01 12 | 02 30 | 03 40 | 04 3 |
|---|---|---|---|
| 05 9 | 06 8 | | |

**01** $2y=6$에서 $y=\boxed{3}$

$x-1=0$에서 $x=\boxed{1}$

그러므로 주어진 네 방정식의 그래프는 다음 그림과 같다.

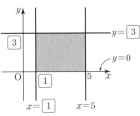

따라서 구하는 넓이는

$(5-\boxed{1})\times\boxed{3}=4\times3=\boxed{12}$

**02** $2x=12$에서 $x=6$

$y+3=0$에서 $y=-3$

그러므로 주어진 네 방정식의 그
래프는 오른쪽 그림과 같다.

따라서 구하는 넓이는

$6\times\{2-(-3)\}=6\times5=30$

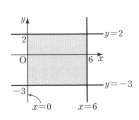

**03** $3x=-9$에서 $x=-3$
$x-7=0$에서 $x=7$
그러므로 주어진 네 방정식
의 그래프는 오른쪽 그림과
같다.
따라서 구하는 넓이는
$\{7-(-3)\}\times\{2-(-2)\}=10\times4=40$

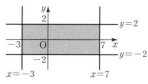

**04** 두 직선 $y=\dfrac{2}{3}x$, $x=3$의
교점의 $y$좌표는
$y=\dfrac{2}{3}\times3=2$
이므로 교점의 좌표는 $(3, \boxed{2})$이다.
따라서 구하는 넓이는
$\dfrac{1}{2}\times3\times\boxed{2}=\boxed{3}$

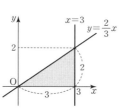

**05** 두 직선 $y=2x$, $y=6$의 교점의
$x$좌표는
$6=2x$, 즉 $x=3$
이므로 교점의 좌표는 $(3, 6)$이다.
따라서 구하는 넓이는
$\dfrac{1}{2}\times3\times6=9$

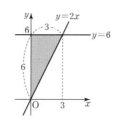

**06** 두 직선 $y=x+2$, $x=4$의 교점의
$y$좌표는
$y=4+2=6$
이므로 교점의 좌표는 $(4, 6)$이다.
따라서 구하는 넓이는
$\dfrac{1}{2}\times4\times4=8$

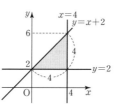

💡 **시험에는 이렇게 나온다**      **127쪽**

**01** ②, ⑤     **02** ③     **03** ④     **04** ⑤

**01** $x$축에 평행한 직선의 방정식은 $y=q\ (q\neq0)$ 꼴이다.
    ③ $4y=0$에서 $y=0$($x$축)
    ④ $-3x=15$에서 $x=-5$
    ⑤ $5y-10=0$에서 $5y=10$, 즉 $y=2$
    따라서 $x$축에 평행한 직선의 방정식은 ②, ⑤이다.

**02** $y$축에 평행한 직선 위의 점은 모두 $x$좌표가 같으므로 두 점
    $(-a, 4)$, $(3a+8, -5)$의 $x$좌표가 같아야 한다.
    따라서 $-a=3a+8$에서 $-4a=8$, $a=-2$

**03** 주어진 직선은 점 $(0, -3)$을 지나고 $x$축에 평행하므로 직선의
    방정식은 $y=-3$이다.
    $y=-3$에서 $2y=-6$, $2y+6=0$
    이 식이 $ax+by+6=0$과 같으므로
    $a=0$, $b=2$
    따라서 $b-a=2-0=2$

**04** $2y=8$에서 $y=4$
$x+1=0$에서 $x=-1$
그러므로 주어진 네 방정식의 그래
프는 오른쪽 그림과 같다.
따라서 구하는 넓이는
$\{2-(-1)\}\times\{4-(-2)\}$
$=3\times6=18$

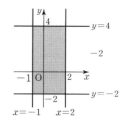

**23** 연립방정식의 해는 두 직선의 교점의 좌표야

🅰                           **129쪽**

**01** $1, 2, 1, 2$               **02** $-1, 3, -1, 3$
**03** $3, -2, 3, -2$
**04** $1, -3, 1, -3$

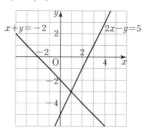

**05** $2, -2, 2, -2$

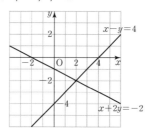

**06** $1, 1, 1, 1$

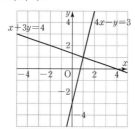

| | |
|---|---|
| 01 $(2,\ 3)$ | 02 $(1,\ -2)$ |
| 03 $(4,\ 1)$ | 04 $(-3,\ 2)$ |
| 05 $(-1,\ -1)$ | 06 $(-1,\ -2)$ |
| 07 $a=1,\ b=-1$ | 08 $a=-2,\ b=3$ |
| 09 $a=-1,\ b=1$ | 10 $a=-6,\ b=2$ |

01 $\begin{cases} x-y=-1 & \cdots\cdots\ \text{㉠} \\ 2x-y=1 & \cdots\cdots\ \text{㉡} \end{cases}$

㉡$-$㉠을 하면 $x=2$

$x=2$를 ㉠에 대입하면 $2-y=-1,\ y=3$

따라서 두 그래프의 교점의 좌표는 $(2,\ 3)$이다.

02 $\begin{cases} x+2y=-3 & \cdots\cdots\ \text{㉠} \\ 3x-y=5 & \cdots\cdots\ \text{㉡} \end{cases}$

㉠$+$㉡$\times 2$를 하면 $7x=7,\ x=1$

$x=1$을 ㉡에 대입하면 $3-y=5,\ y=-2$

따라서 두 그래프의 교점의 좌표는 $(1,\ -2)$이다.

03 $\begin{cases} x-5y=-1 & \cdots\cdots\ \text{㉠} \\ 2x+y=9 & \cdots\cdots\ \text{㉡} \end{cases}$

㉠$\times 2-$㉡을 하면 $-11y=-11,\ y=1$

$y=1$을 ㉠에 대입하면 $x-5=-1,\ x=4$

따라서 두 그래프의 교점의 좌표는 $(4,\ 1)$이다.

04 $\begin{cases} x+4y-5=0 & \cdots\cdots\ \text{㉠} \\ x+3y-3=0 & \cdots\cdots\ \text{㉡} \end{cases}$

㉠$-$㉡을 하면 $y-2=0,\ y=2$

$y=2$를 ㉠에 대입하면 $x+8-5=0,\ x=-3$

따라서 두 그래프의 교점의 좌표는 $(-3,\ 2)$이다.

05 $\begin{cases} 2x+y+3=0 & \cdots\cdots\ \text{㉠} \\ 2x-3y-1=0 & \cdots\cdots\ \text{㉡} \end{cases}$

㉠$-$㉡을 하면 $4y+4=0,\ 4y=-4,\ y=-1$

$y=-1$을 ㉠에 대입하면 $2x-1+3=0$

$2x+2=0,\ 2x=-2,\ x=-1$

따라서 두 그래프의 교점의 좌표는 $(-1,\ -1)$이다.

06 $\begin{cases} 4x-3y-2=0 & \cdots\cdots\ \text{㉠} \\ 3x+2y+7=0 & \cdots\cdots\ \text{㉡} \end{cases}$

㉠$\times 2+$㉡$\times 3$을 하면 $17x+17=0,\ 17x=-17,\ x=-1$

$x=-1$을 ㉡에 대입하면 $-3+2y+7=0$

$2y+4=0,\ 2y=-4,\ y=-2$

따라서 두 그래프의 교점의 좌표는 $(-1,\ -2)$이다.

07 두 직선의 교점의 좌표가 $(1,\ 2)$이므로 연립방정식

$\begin{cases} ax-y=-1 \\ 3x+by=1 \end{cases}$ 의 해는 $x=1,\ y=2$이다.

$x=1,\ y=2$를 $ax-y=-1$에 대입하면

$a-2=-1,\ a=1$

$x=1,\ y=2$를 $3x+by=1$에 대입하면

$3+2b=1,\ 2b=-2,\ b=-1$

08 두 직선의 교점의 좌표가 $(3,\ 1)$이므로 연립방정식

$\begin{cases} x+ay=1 \\ x+by=6 \end{cases}$ 의 해는 $x=3,\ y=1$이다.

$x=3,\ y=1$을 $x+ay=1$에 대입하면

$3+a=1,\ a=-2$

$x=3,\ y=1$을 $x+by=6$에 대입하면

$3+b=6,\ b=3$

09 두 직선의 교점의 좌표가 $(-4,\ 2)$이므로 연립방정식

$\begin{cases} x+ay=-6 \\ bx-2y=-8 \end{cases}$ 의 해는 $x=-4,\ y=2$이다.

$x=-4,\ y=2$를 $x+ay=-6$에 대입하면

$-4+2a=-6,\ 2a=-2,\ a=-1$

$x=-4,\ y=2$를 $bx-2y=-8$에 대입하면

$-4b-4=-8,\ -4b=-4,\ b=1$

10 두 직선의 교점의 좌표가 $(-3,\ -3)$이므로 연립방정식

$\begin{cases} 3x-y=a \\ bx+3y=-15 \end{cases}$ 의 해는 $x=-3,\ y=-3$이다.

$x=-3,\ y=-3$을 $3x-y=a$에 대입하면

$-9-(-3)=a,\ a=-6$

$x=-3,\ y=-3$을 $bx+3y=-15$에 대입하면

$-3b+(-9)=-15,\ -3b=-6,\ b=2$

| | |
|---|---|
| 01 $y=2x-4$ | 02 $y=-3x+9$ |
| 03 $y=4x+14$ | 04 $y=x+2$ |
| 05 $3$ | 06 $-5$ |
| 07 $8$ | 08 $-1$ |

01 $\begin{cases} x+y+1=0 & \cdots\cdots\ \text{㉠} \\ 3x-2y-7=0 & \cdots\cdots\ \text{㉡} \end{cases}$

㉠$\times 2+$㉡을 하면 $5x-5=0,\ x=\boxed{1}$

$x=1$을 ㉠에 대입하면 $1+y+1=0,\ y=\boxed{-2}$

즉, 두 직선 $x+y+1=0,\ 3x-2y-7=0$의 교점의 좌표는

$(\boxed{1},\ \boxed{-2})$이다.

따라서 두 점 $(\boxed{1},\ \boxed{-2})$, $(0,\ -4)$를 지나는 직선의 기울기

는 $\dfrac{-2-(-4)}{1-0}=\boxed{2}$이고, $y$절편은 $-4$이므로 이 직선의 방

정식은

$y=\boxed{2}x-4$

02 $\begin{cases} 2x+5y-6=0 & \cdots\cdots \ \text{㉠} \\ x+2y-3=0 & \cdots\cdots \ \text{㉡} \end{cases}$

㉠$-$㉡$\times 2$를 하면 $y=0$

$y=0$을 ㉡에 대입하면 $x-3=0$, $x=3$

즉, 두 직선 $2x+5y-6=0$, $x+2y-3=0$의 교점의 좌표는
$(3,\ 0)$이다.

두 점 $(3,\ 0)$, $(2,\ 3)$을 지나는 직선의 기울기는 $\dfrac{0-3}{3-2}=-3$

이므로 구하는 직선의 방정식을 $y=-3x+k$로 놓자.

이 직선이 점 $(3,\ 0)$을 지나므로 $0=-9+k$, $k=9$

따라서 구하는 직선의 방정식은 $y=-3x+9$이다.

03 $\begin{cases} x-y+5=0 & \cdots\cdots \ \text{㉠} \\ 3x-y+11=0 & \cdots\cdots \ \text{㉡} \end{cases}$

㉡$-$㉠을 하면 $2x+6=0$, $x=-3$

$x=-3$을 ㉠에 대입하면 $-3-y+5=0$, $y=2$

즉, 두 직선 $x-y+5=0$, $3x-y+11=0$의 교점의 좌표는
$(-3,\ 2)$이다.

한편, 구하는 직선은 기울기가 $4$이므로 이 직선의 방정식을
$y=4x+k$로 놓자.

이 직선이 점 $(-3,\ 2)$를 지나므로 $2=-12+k$, $k=14$

따라서 구하는 직선의 방정식은 $y=4x+14$이다.

04 $\begin{cases} 4x+y+3=0 & \cdots\cdots \ \text{㉠} \\ x-3y+4=0 & \cdots\cdots \ \text{㉡} \end{cases}$

㉠$\times 3+$㉡을 하면 $13x+13=0$, $x=-1$

$x=-1$을 ㉠에 대입하면 $-4+y+3=0$, $y=1$

즉, 두 직선 $4x+y+3=0$, $x-3y+4=0$의 교점의 좌표는
$(-1,\ 1)$이다.

한편, 직선 $x-y-1=0$, 즉 $y=x-1$의 기울기가 $1$이므로 이
직선과 평행한 직선의 방정식을 $y=x+k$로 놓자.

이 직선이 점 $(-1,\ 1)$을 지나므로 $1=-1+k$, $k=2$

따라서 구하는 직선의 방정식은 $y=x+2$이다.

05 $\begin{cases} x+2y-10=0 & \cdots\cdots \ \text{㉠} \\ x-y+2=0 & \cdots\cdots \ \text{㉡} \end{cases}$

㉠$-$㉡을 하면 $3y-12=0$, $y=\boxed{4}$

$y=4$를 ㉡에 대입하면 $x-4+2=0$, $x=\boxed{2}$

즉, 두 직선 $x+2y-10=0$, $x-y+2=0$의 교점의 좌표는
$(\boxed{2},\ \boxed{4})$이다.

따라서 직선 $ax+2y-14=0$이 점 $(\boxed{2},\ \boxed{4})$를 지나므로
$2a+8-14=0$, $2a-6=0$, $a=\boxed{3}$

06 $\begin{cases} x-2y=0 & \cdots\cdots \ \text{㉠} \\ 2x+y+5=0 & \cdots\cdots \ \text{㉡} \end{cases}$

㉠에서 $x=2y$ $\cdots\cdots$ ㉢

㉢을 ㉡에 대입하면 $4y+y+5=0$, $5y+5=0$, $y=-1$

$y=-1$을 ㉢에 대입하면 $x=-2$

즉, 두 직선 $x-2y=0$, $2x+y+5=0$의 교점의 좌표는
$(-2,\ -1)$이다.

따라서 직선 $3x+ay+1=0$이 점 $(-2,\ -1)$을 지나므로
$-6-a+1=0$, $-a-5=0$, $a=-5$

07 $\begin{cases} x-3y-8=0 & \cdots\cdots \ \text{㉠} \\ 2x-y-11=0 & \cdots\cdots \ \text{㉡} \end{cases}$

㉠$\times 2-$㉡을 하면 $-5y-5=0$, $y=-1$

$y=-1$을 ㉠에 대입하면 $x+3-8=0$, $x=5$

즉, 두 직선 $x-3y-8=0$, $2x-y-11=0$의 교점의 좌표는
$(5,\ -1)$이다.

따라서 직선 $x+ay+3=0$이 점 $(5,\ -1)$을 지나므로
$5-a+3=0$, $-a+8=0$, $a=8$

08 $\begin{cases} 3x+2y+4=0 & \cdots\cdots \ \text{㉠} \\ 5x-4y-8=0 & \cdots\cdots \ \text{㉡} \end{cases}$

㉠$\times 2+$㉡을 하면 $11x=0$, $x=0$

$x=0$을 ㉠에 대입하면 $2y+4=0$, $y=-2$

즉, 두 직선 $3x+2y+4=0$, $5x-4y-8=0$의 교점의 좌표는
$(0,\ -2)$이다.

따라서 직선 $2x+ay-2=0$이 점 $(0,\ -2)$를 지나므로
$-2a-2=0$, $a=-1$

---

### 🔆 시험에는 이렇게 나온다    132쪽

| 01 ④ | 02 ③ | 03 ⑤ | 04 ② |
| --- | --- | --- | --- |

01 $\begin{cases} x-2y+4=0 & \cdots\cdots \ \text{㉠} \\ 3x-y+7=0 & \cdots\cdots \ \text{㉡} \end{cases}$

㉠$\times 3-$㉡을 하면 $-5y+5=0$, $y=1$

$y=1$을 ㉠에 대입하면 $x-2+4=0$, $x+2=0$, $x=-2$

즉, 두 그래프의 교점의 좌표는 $(-2,\ 1)$이다.

따라서 $a=-2$, $b=1$이므로 $a+b=-2+1=-1$

02 두 직선의 교점의 좌표가 $(2,\ -3)$이므로 연립방정식

$\begin{cases} 3x+ay=3 \\ bx-4y=18 \end{cases}$ 의 해는 $x=2$, $y=-3$이다.

$3x+ay=3$에 $x=2$, $y=-3$을 대입하면
$6-3a=3$, $-3a=-3$, $a=1$

$bx-4y=18$에 $x=2$, $y=-3$을 대입하면
$2b+12=18$, $2b=6$, $b=3$

따라서 $b-a=3-1=2$

03 $\begin{cases} x-3y-4=0 & \cdots\cdots \ \text{㉠} \\ 2x+y-1=0 & \cdots\cdots \ \text{㉡} \end{cases}$

㉠$+$㉡$\times 3$을 하면 $7x-7=0$, $x=1$

$x=1$을 ㉡에 대입하면 $2+y-1=0$, $y+1=0$, $y=-1$

즉, 두 직선 $x-3y-4=0$, $2x+y-1=0$의 교점의 좌표는
$(1,\ -1)$이다.

한편, 직선 $4x-y-6=0$, 즉 $y=4x-6$의 기울기가 4이므로 이 직선과 평행한 직선의 방정식을 $y=4x+k$로 놓자.
이 직선이 점 $(1, -1)$을 지나므로 $-1=4+k$, $k=-5$
따라서 구하는 직선의 방정식은 $y=4x-5$이다.

04 $\begin{cases} 2x-3y+9=0 & \cdots\cdots \text{㉠} \\ x+y+2=0 & \cdots\cdots \text{㉡} \end{cases}$

㉠$-$㉡$\times 2$를 하면 $-5y+5=0$, $y=1$
$y=1$을 ㉡에 대입하면 $x+1+2=0$, $x=-3$
따라서 두 직선 $2x-3y+9=0$, $x+y+2=0$의 교점의 좌표는 $(-3, 1)$이고, 직선 $ax+3y+12=0$이 점 $(-3, 1)$을 지나므로 $-3a+3+12=0$, $-3a+15=0$, $a=5$

## 24 두 그래프의 위치 관계로 해의 개수를 구해

134쪽

**A**

01 한 점, 한 쌍

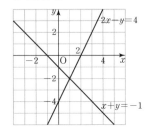

02 없다., 없다.

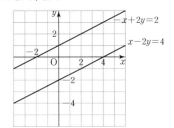

03 무수히 많다., 무수히 많다.

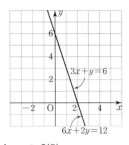

04 $x-3$, 없다.

05 $-3x-1$, $3x+1$, 한 쌍

06 $4x-5$, $4x-5$, 무수히 많다.

07 $-\dfrac{1}{2}x+\dfrac{1}{2}$, $-\dfrac{1}{2}x+\dfrac{1}{2}$, 무수히 많다.

08 $\dfrac{2}{3}x-2$, $\dfrac{2}{3}x+\dfrac{1}{3}$, 없다.

04 $\begin{cases} x-y=-3 \\ 2x-2y=6 \end{cases} \rightarrow \begin{cases} y=x+3 \\ y=\boxed{x-3} \end{cases}$

즉, 두 직선의 기울기는 같고, $y$절편은 다르므로 두 직선은 평행하다. 따라서 연립방정식의 해는 없다.

05 $\begin{cases} 3x+y=-1 \\ -3x+y=1 \end{cases} \rightarrow \begin{cases} y=\boxed{-3x-1} \\ y=\boxed{3x+1} \end{cases}$

즉, 두 직선의 기울기가 다르므로 두 직선은 한 점에서 만난다. 따라서 연립방정식의 해는 한 쌍이다.

06 $\begin{cases} 4x-y=5 \\ 8x-2y=10 \end{cases} \rightarrow \begin{cases} y=\boxed{4x-5} \\ y=\boxed{4x-5} \end{cases}$

즉, 두 직선의 기울기가 같고, $y$절편도 같으므로 두 직선은 일치한다. 따라서 연립방정식의 해는 무수히 많다.

07 $\begin{cases} x+2y=1 \\ 3x+6y=3 \end{cases} \rightarrow \begin{cases} y=\boxed{-\dfrac{1}{2}x+\dfrac{1}{2}} \\ y=\boxed{-\dfrac{1}{2}x+\dfrac{1}{2}} \end{cases}$

즉, 두 직선의 기울기가 같고, $y$절편도 같으므로 두 직선은 일치한다. 따라서 연립방정식의 해는 무수히 많다.

08 $\begin{cases} 2x-3y=6 \\ -6x+9y=3 \end{cases} \Rightarrow \begin{cases} y=\boxed{\dfrac{2}{3}x-2} \\ y=\boxed{\dfrac{2}{3}x+\dfrac{1}{3}} \end{cases}$

즉, 두 직선의 기울기는 같고, $y$절편은 다르므로 두 직선은 평행하다. 따라서 연립방정식의 해는 없다.

**B**

135쪽

01 $a \neq -1$     02 $a \neq 2$     03 $a \neq 9$
04 $a=-2, b \neq -3$     05 $a=-8, b \neq 2$
06 $a=-1, b \neq 6$     07 $a=-4, b=3$
08 $a=-6, b=-2$     09 $a=-1, b=-20$

01 $\dfrac{a}{1} \neq \dfrac{1}{-1}$이어야 하므로 $a \neq -1$

02 $\dfrac{1}{2} \neq \dfrac{a}{4}$이어야 하므로 $a \neq 2$

03 $\dfrac{-3}{2} \neq \dfrac{a}{-6}$이어야 하므로 $a \neq 9$

**04** $\dfrac{a}{2}=\dfrac{-1}{1}\neq\dfrac{3}{b}$ 이어야 하므로

$\dfrac{a}{2}=\dfrac{-1}{1}$ 에서 $a=-2$

$\dfrac{-1}{1}\neq\dfrac{3}{b}$ 에서 $b\neq-3$

**05** $\dfrac{2}{1}=\dfrac{a}{-4}\neq\dfrac{4}{b}$ 이어야 하므로

$\dfrac{2}{1}=\dfrac{a}{-4}$ 에서 $a=-8$

$\dfrac{2}{1}\neq\dfrac{4}{b}$ 에서 $b\neq2$

**06** $\dfrac{3}{a}=\dfrac{3}{-1}\neq\dfrac{b}{-2}$ 이어야 하므로

$\dfrac{3}{a}=\dfrac{3}{-1}$ 에서 $a=-1$

$\dfrac{3}{-1}\neq\dfrac{b}{-2}$ 에서 $b\neq6$

**07** $\dfrac{a}{2}=\dfrac{4}{-2}=\dfrac{-6}{b}$ 이어야 하므로

$\dfrac{a}{2}=\dfrac{4}{-2}$ 에서 $a=-4$

$\dfrac{4}{-2}=\dfrac{-6}{b}$ 에서 $b=3$

**08** $\dfrac{a}{4}=\dfrac{3}{b}=\dfrac{-3}{2}$ 이어야 하므로

$\dfrac{a}{4}=\dfrac{-3}{2}$ 에서 $a=-6$

$\dfrac{3}{b}=\dfrac{-3}{2}$ 에서 $b=-2$

**09** $\dfrac{-2}{8}=\dfrac{a}{4}=\dfrac{5}{b}$ 이어야 하므로

$\dfrac{-2}{8}=\dfrac{a}{4}$ 에서 $a=-1$

$\dfrac{-2}{8}=\dfrac{5}{b}$ 에서 $b=-20$

**C** 136쪽

**01** 15      **02** 24      **03** 12

**04** (1) 총수입: 5000원, 총비용: 9000원    (2) 20개

**05** (1) 물통 A: $y=-\dfrac{3}{2}x+48$, 물통 B: $y=-\dfrac{1}{2}x+30$

     (2) 18분

**01** 연립방정식 $\begin{cases} y=-2x+6 & \cdots\cdots\ \text{㉠} \\ y=3x+6 & \cdots\cdots\ \text{㉡} \end{cases}$ 에서

㉠을 ㉡에 대입하면 $-2x+6=3x+6$, $5x=0$, $x=0$

$x=0$을 ㉠에 대입하면 $y=6$

즉, 두 직선 $y=-2x+6$, $y=3x+6$의 교점의 좌표는 $(0,\boxed{6})$

이다.

$y=-2x+6$에 $y=0$을 대입하면 $0=-2x+6$, $x=3$

즉, 직선 $y=-2x+6$의 $x$절편은 $\boxed{3}$이다.

$y=3x+6$에 $y=0$을 대입하면

$0=3x+6$, $x=-2$

즉, 직선 $y=3x+6$의 $x$절편은 $-2$이

다.

따라서 오른쪽 그림에서 구하는 넓이는

$\dfrac{1}{2}\times\{\boxed{3}-(-2)\}\times\boxed{6}=\boxed{15}$

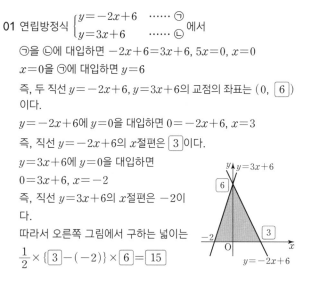

**02** 연립방정식 $\begin{cases} x+4y-8=0 & \cdots\cdots\ \text{㉠} \\ x+y-8=0 & \cdots\cdots\ \text{㉡} \end{cases}$ 에서

㉠-㉡을 하면 $3y=0$, $y=0$

$y=0$을 ㉡에 대입하면 $x-8=0$, $x=8$

즉, 두 직선 $x+4y-8=0$, $x+y-8=0$의 교점의 좌표는

$(8,\ 0)$이다.

$x+4y-8=0$에 $x=0$을 대입하면 $4y-8=0$, $y=2$

즉, 직선 $x+4y-8=0$의 $y$절편은 2이다.

$x+y-8=0$에 $x=0$을 대입하면 $y-8=0$, $y=8$

즉, 직선 $x+y-8=0$의 $y$절

편은 8이다.

따라서 오른쪽 그림에서 구하

는 넓이는

$\dfrac{1}{2}\times(8-2)\times8=24$

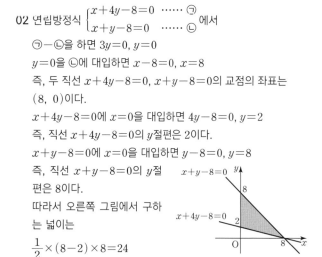

**03** 연립방정식 $\begin{cases} x-2y+4=0 & \cdots\cdots\ \text{㉠} \\ 3x+2y-12=0 & \cdots\cdots\ \text{㉡} \end{cases}$ 에서

㉠+㉡을 하면 $4x-8=0$, $x=2$

$x=2$를 ㉠에 대입하면 $2-2y+4=0$, $-2y+6=0$, $y=3$

즉, 두 직선 $x-2y+4=0$, $3x+2y-12=0$의 교점의 좌표는

$(2,\ 3)$이다.

$x-2y+4=0$에 $y=0$을 대입하면 $x+4=0$, $x=-4$

즉, 직선 $x-2y+4=0$의 $x$절편은 $-4$이다.

$3x+2y-12=0$에 $y=0$을 대입하면 $3x-12=0$, $x=4$

즉, 직선 $3x+2y-12=0$의

$x$절편은 4이다.

따라서 오른쪽 그림에서 구하

는 넓이는

$\dfrac{1}{2}\times\{4-(-4)\}\times3=12$

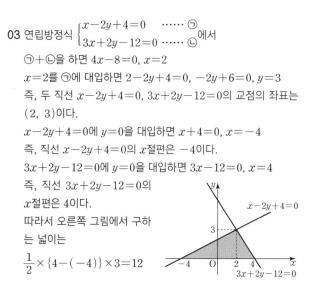

**04** (1) 총수입에 대한 직선의 방정식 $y=500x$에 $x=10$을 대입하면 $y=5000$이므로 호떡 10개를 팔았을 때의 총수입은 5000원이다.

총비용에 대한 직선의 방정식 $y=100x+8000$에 $x=10$을 대입하면 $y=1000+8000=9000$이므로 호떡 10개를 팔았을 때의 총비용은 9000원이다.

(2) 연립방정식 $\begin{cases} y=500x & \cdots\cdots\ \text{㉠} \\ y=100x+8000 & \cdots\cdots\ \text{㉡} \end{cases}$ 에서

㉠을 ㉡에 대입하면 $500x=100x+8000$

$400x=8000,\ x=20$

$x=20$을 ㉠에 대입하면 $y=10000$

따라서 호떡을 20개 팔았을 때, 총수입과 총비용이 10000원으로 같아진다.

**05** (1) 물통 A에 대한 직선은 두 점 $(0,\ 48),\ (32,\ 0)$을 지난다.

즉, 기울기는 $\dfrac{0-48}{32-0}=-\dfrac{3}{2}$이고, $y$절편은 48이므로 직선의 방정식은 $y=-\dfrac{3}{2}x+48$

물통 B에 대한 직선은 두 점 $(0,\ 30),\ (60,\ 0)$을 지난다.

즉, 기울기는 $\dfrac{0-30}{60-0}=-\dfrac{1}{2}$이고, $y$절편은 30이므로 직선의 방정식은 $y=-\dfrac{1}{2}x+30$

(2) 연립방정식 $\begin{cases} y=-\dfrac{3}{2}x+48 & \cdots\cdots\ \text{㉠} \\ y=-\dfrac{1}{2}x+30 & \cdots\cdots\ \text{㉡} \end{cases}$ 에서

㉠을 ㉡에 대입하면

$-\dfrac{3}{2}x+48=-\dfrac{1}{2}x+30,\ x=18$

$x=18$을 ㉡에 대입하면 $y=-9+30=21$

따라서 물을 빼내기 시작한 지 18분 후에 두 물통에 남아 있는 물의 양이 21 L로 같아진다.

---

**03** $\dfrac{2}{3}=\dfrac{a}{-1}\neq\dfrac{4}{b}$ 이어야 하므로

$\dfrac{2}{3}=\dfrac{a}{-1}$에서 $a=-\dfrac{2}{3}$

$\dfrac{2}{3}\neq\dfrac{4}{b}$에서 $b\neq6$

**04** 연립방정식 $\begin{cases} x-y-1=0 & \cdots\cdots\ \text{㉠} \\ 2x+y-5=0 & \cdots\cdots\ \text{㉡} \end{cases}$ 에서

㉠+㉡을 하면 $3x-6=0,\ 3x=6,\ x=2$

$x=2$를 ㉠에 대입하면 $2-y-1=0,\ -y+1=0,\ y=1$

즉, 두 직선 $x-y-1=0,\ 2x+y-5=0$의 교점의 좌표는 $(2,\ 1)$이다.

$x-y-1=0$에 $x=0$을 대입하면 $-y-1=0,\ y=-1$

즉, 직선 $x-y-1=0$의 $y$절편은 $-1$이다.

$2x+y-5=0$에 $x=0$을 대입하면 $y-5=0,\ y=5$

즉, 직선 $2x+y-5=0$의 $y$절편은 5이다.

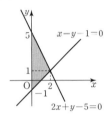

따라서 오른쪽 그림에서 구하는 넓이는 $\dfrac{1}{2}\times\{5-(-1)\}\times2=6$

**05** 형에 대한 직선은 두 점 $(0,\ 0),\ (10,\ 40)$을 지난다.

즉, 기울기는 $\dfrac{40-0}{10-0}=4$이고, 원점을 지나므로 직선의 방정식은 $y=4x$

동생에 대한 직선은 두 점 $(0,\ 50),\ (10,\ 80)$을 지난다.

즉, 기울기는 $\dfrac{80-50}{10-0}=3$이고, $y$절편은 50이므로 직선의 방정식은 $y=3x+50$

연립방정식 $\begin{cases} y=4x & \cdots\cdots\ \text{㉠} \\ y=3x+50 & \cdots\cdots\ \text{㉡} \end{cases}$ 에서

㉠을 ㉡에 대입하면 $4x=3x+50,\ x=50$

$x=50$을 ㉠에 대입하면 $y=200$

따라서 형과 동생이 출발한 지 50초 후에 A지점으로부터 200 m 떨어진 곳에서 만난다.

---

> 💡 **시험에는 이렇게 나온다**      137쪽
>
> 01 ①     02 ②     03 $a=-\dfrac{2}{3},\ b\neq6$
>
> 04 ③     05 ④

**01** $\dfrac{2}{a}\neq\dfrac{-1}{-4}$ 이어야 하므로 $a\neq8$

**02** $\dfrac{a}{4}=\dfrac{18}{-6}=\dfrac{-9}{b}$ 이어야 하므로

$\dfrac{a}{4}=\dfrac{18}{-6}$에서 $a=-12$

$\dfrac{18}{-6}=\dfrac{-9}{b}$에서 $b=3$

따라서 $a+b=-12+3=-9$

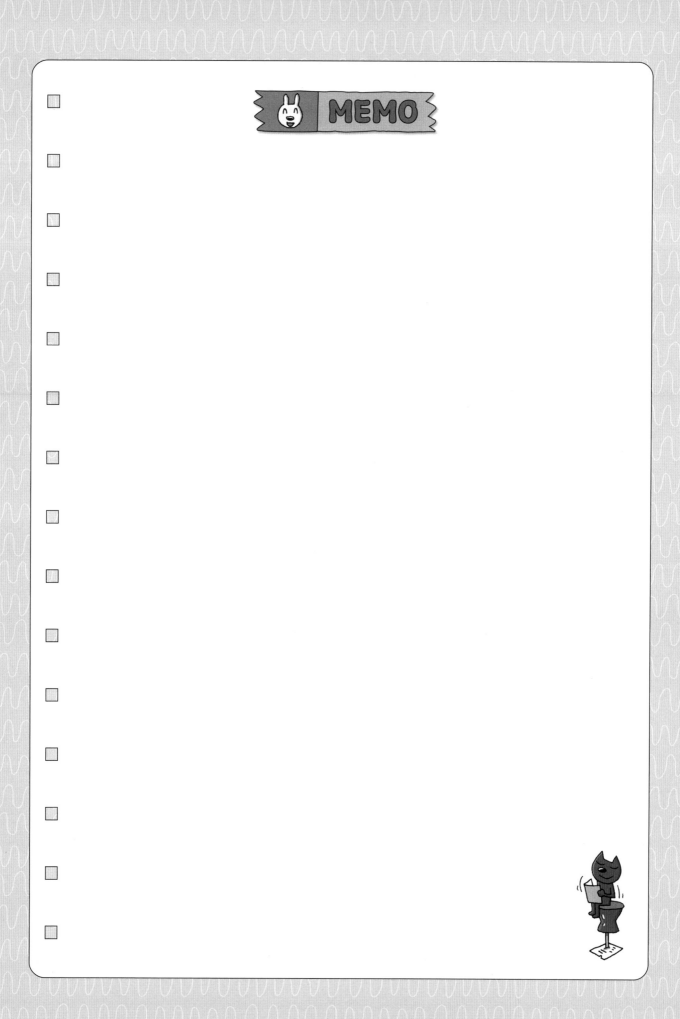

MEMO

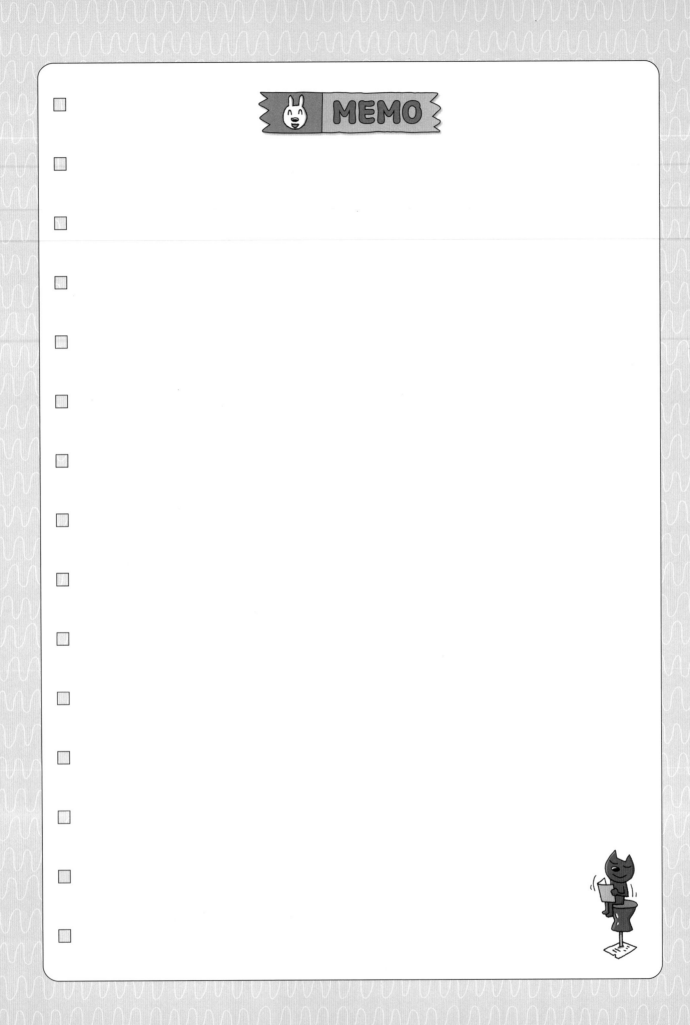

MEMO

# 바빠 중학연산·도형 시리즈

| 교재 | 1학기용(연산 영역) | | 2학기용(도형 영역) |
|---|---|---|---|
| | 바빠 중학연산 1권 | 바빠 중학연산 2권 | 바빠 중학도형 |
| **중1** 과정 | • 소인수분해<br>• 정수와 유리수 | • 일차방정식<br>• 그래프와 비례 | • 기본 도형과 작도<br>• 평면도형<br>• 입체도형<br>• 통계 |
| **중2** 과정 | • 수와 식의 계산<br>• 부등식 | • 연립방정식<br>• 함수 | • 도형의 성질<br>• 도형의 닮음<br>• 피타고라스 정리<br>• 확률 |
| **중3** 과정 | • 제곱근과 실수<br>• 다항식의 곱셈<br>• 인수분해 | • 이차방정식<br>• 이차함수 | • 삼각비<br>• 원의 성질<br>• 통계 |

# 고등수학까지 좌우하는
# '일차함수'만 모아 풀자!

## 바쁜 중학생을 위한 빠른 일차함수

부족한 영역만 딱 한 권으로 집중해서 끝내요!

**바빠 중학 일차방정식**
일차방정식 | 특강용 1권

**바빠 중학 일차함수**
일차함수 | 특강용 1권

바쁜 예비 고1이라면 고등수학에서 필요한 것만 빠르게 끝내자~!

**바빠 중학수학 총정리**
중학 3개년 전 영역 총정리

**바빠 중학도형 총정리**
중학 3개년 도형 영역 총정리

• **이지스에듀**는 학생들을 탈락시키지 않고 모두 목적지까지 데려가는 책을 만듭니다!

# 기본을 다지면 더 빠르게 간다!
# 바쁜 중1을 위한 빠른 중학연산

1학년 1학기 과정 | 1권 〈소인수분해, 정수와 유리수〉

1학년 1학기 과정 | 2권 〈일차방정식, 그래프와 비례〉

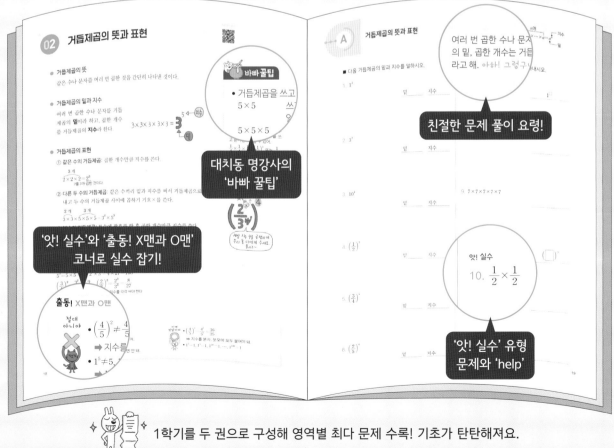

1학기를 두 권으로 구성해 영역별 최다 문제 수록! 기초가 탄탄해져요.